Alois Huning · Carl Mitcham (Hrsg.)

Technikphilosophie im Zeitalter der Informationstechnik

Alois Huning · Carl Mitcham (Hrsg.)

Technikphilosophie im Zeitalter der Informationstechnik

Beiträge
zum deutsch-amerikanischen Symposium
in Tarrytown, N. Y., und New York
September 1983

Friedr. Vieweg & Sohn Braunschweig / Wiesbaden

CIP-Kurztitelaufnahme der Deutschen Bibliothek

Technikphilosophie im Zeitalter der Informations-
technik: Beitr. zum dt.-amerikan. Symposium in
Tarrytown, N.Y. u. New York, September 1983 /
Alois Huning; Carl Mitcham (Hrsg.). –
Braunschweig; Wiesbaden: Vieweg, 1986.
    ISBN-13: 978-3-528-08545-2   e-ISBN-13: 978-3-322-84054-7
    DOI: 10.1007/978-3-322-84054-7
NE: Huning, Alois [Hrsg.]

Die Herausgabe dieses Sammelbandes wurde vom Stifterverband für die Deutsche Wissenschaft gefördert.

ISBN-13: 978-3-528-08545-2

Vorwort

Technikentwicklung vollzieht sich schon lange nicht mehr isoliert in einzelnen Ländern, sondern in weltweitem Austausch und Wettbewerb. Im Zeitalter der Datenverarbeitung und Informationstechnik hat die globale Vernetzung in bisher nicht gekanntem Ausmaß zugenommen.

Probleme, die sich aus der Technik, aus ihrem Fortschritt und aus ihren Auswirkungen ergeben, lassen sich daher nicht mehr in lokaler Beschränkung lösen. Auch die philosophische Diskussion über die Technik hält sich längst nicht mehr im Rahmen bestimmter Denkrichtungen und vollzieht sich immer mehr im internationalen Gespräch, das inzwischen auch politisch-weltanschauliche Grenzen überschreitet.

So fand die erste amerikanisch-deutsche Tagung zur Technikphilosophie des Jahres 1981, die in Bad Homburg stattfand, ihre Fortsetzung in der deutsch-amerikanischen Begegnung (unter Beteiligung eines Niederländers und eines Franzosen) im Jahre 1983 in Tarrytown N.Y. und New York. Im Mittelpunkt dieser Tagung stand die Erörterung der erkenntnistheoretischen und der anthropologisch-ethischen Probleme der Mikroelektronik und der Informationstechnik.

Wichtige Beiträge zu diesem internationalen Gedankenaustausch werden in diesem Band der deutschsprachigen Öffentlichkeit vorgelegt; ein Teil davon, ergänzt um hier nicht aufgenommene Beiträge, erscheint auch in englischer Sprache in der Reihe "Boston Studies in the Philosophy of Science" des Verlags D. Reidel, Dordrecht, sowie im 8. Band des Jahrbuchs "Research in Philosophy and Technology".

Die Herausgeber haben vielfältigen Dank abzustatten, nicht nur den Autoren, die ihre Vorträge für die Veröffentlichung überarbeitet haben, sondern auch den Organisationen (in Deutschland vor allem der DFG — Deutsche Forschungsgemeinschaft), die durch ihre finanzielle Unterstützung die Tagung erst ermöglichten, dazu jetzt vor allem dem Stifterverband für die Deutsche Wissenschaft, der die Herausgabe dieses Bandes durch einen erheblichen Zuschuß unterstützt hat.

Sodann danken wir Frau M. Schürmann und Frau E. Neujahr von der Volkshochschule Mettmann-Wulfrath, die das Manuskript geschrieben haben, sowie Frau A. Heints von der Universität Düsseldorf für ihre Hilfe beim Lesen der Korrekturen. Auch die selbstlose Arbeit der Übersetzer (sie sind bei den jeweiligen Beiträgen genannt) darf nicht vergessen bleiben. Für alle Fehler dieser Veröffentlichung muß der deutsche Herausgeber einstehen.

Wir sind überzeugt, daß die Veröffentlichung dieser Tagungsergebnisse zum philosophischen und gesellschaftlichen Gespräch über die Technik und ihre Auswirkungen im Zeitalter der Informationstechnik beitragen wird.

Alois Huning und Carl Mitcham

Inhaltsverzeichnis

I. Informationstechnik in der Technikphilosophie

‚Information' – in philosophischer Sicht

Werner Strombach
Universität Dortmund

Einleitung

Information ist auf den ersten Blick eine Angelegenheit der 'Einzelwissenschaften' - Informationswissenschaft, Informatik, Kybernetik, Nachrichtentechnik, Linguistik usw. -, die den Begriff bereichsspezifisch präzisieren und anwenden. Nun ist aber bekannt, daß man diese Wissenschaften und ihre Gegenstände wiederum philosophisch problematisieren kann, in einem speziellen Sinne geschieht das in der Wissenschaftstheorie. So gibt es folgerichtig eine Philosophie der Mathematik, der Physik, der Biologie, der Technik usw. Eine Philosophie der Informatik oder der Informationswissenschaft[1] gibt es - von vereinzelten Ansätzen abgesehen - noch nicht. Dabei ist z.B. die Informatik schon deshalb philosophisch hoch interessant, weil sie mit ihrer Methodik und ihrer hardware Bereiche erschließt, die man traditionell anderen wissenschaftlichen Ansätzen (etwa psychologischen, anthropologischen oder soziologischen) vorzubehalten pflegte: Fragen des Denkens und Erkennens, des Entscheidens, Planens oder der Kommunikation.

Es ist aber auch falsch anzunehmen - wie es gelegentlich geschieht -, daß alles, was das Feld der Informatik tangiert, entweder in die Zuständigkeit von Technikern oder von Mathematikern (einschließlich der Logiker und Statistiker) oder von Sozialwissenschaftlern falle, also insbesondere des Philosophen gar nicht bedürfe. Wir wollen demgegenüber am Beispiel der Information zeigen, daß es eine besondere philosophische Sicht gibt <u>neben</u> der einzelwissenschaftlichen, die in ihrem Bereich und zu ihrem Zweck durchaus ihre Berechtigung hat. So wird niemand bestreiten, daß der Techniker, der sich mit Kanalkapazitäten von Nachrichtenübertragungssystemen befaßt, den metrisierten Shannonschen Informationsbegriff im Auge hat, wenn er von Information spricht, der Soziologe dagegen einen kommunikativen Aspekt. Aber diese alle wollen wir hier ausblenden und nach dem spezifisch Philosophischen fragen. Dabei müssen wir in Kauf nehmen, daß wir nur <u>einen</u> philosophischen Standpunkt vertreten, andere vielleicht nur am Rande erwähnen können. Aber das mag Diskussionen anregen.

Der Beitrag soll also - in der gebotenen Kürze - vier philosophische Aspekte umreißen: einen logischen, einen phänomenalen, einen ontologischen, einen Erkenntnisaspekt. Es wird also nicht vom Shannonschen Informationsbegriff die Rede sein, nicht von Entropie und Negentropie[2], nicht von Anwendungen in Linguistik, Psychologie oder Ästhetik.

1. Der logische Aspekt

Eine _logische_ Bestimmung des Informationsbegriffes finden wir bei zwei Vertretern des dialektischen Materialismus, G. Klaus und M. Buhr: "Wenn Informationen ... als Zeichen von Klassen äquivalenter Signale (die ihrerseits physikalische Sachverhalte darstellen) zu begreifen sind, ist Information im Sinne der Logik weder ein Objekt noch die Eigenschaft eines Objektes, sondern eine Eigenschaft von Eigenschaften (Prädikatenprädikat). Entsprechendes gilt z.B. für die natürlichen Zahlen, die Abstraktionsklassen äquivalenter Mengen sind. Die Stellung des Informationsbegriffs zur Grundfrage der Philosophie ist demnach die gleiche wie die aller Prädikatenprädikate".[3] Unter der 'Grundfrage der Philosophie' versteht der dialektische Materialismus das Verhältnis zwischen Materie und Bewußtsein.

Ohne sein Vorbild aus der DDR ausdrücklich zu erwähnen, nimmt E. Oeser diese Gedanken auf, wenn er sagt: "Damit ist Information weder als ein Objekt, noch als eine Eigenschaft von Objekten, sondern als eine Eigenschaft von Eigenschaften bestimmt. Information ist eine Eigenschaft zum Beispiel bestimmter Signalmengen, die wiederum Eigenschaften eines materiellen Systems sind, das diese erzeugt. Während die Signale als Eigenschaften materieller Systeme selbst materiell sein müssen, muß man den Informationen, die durch solche Signale übermittelt werden, keine Materialität zuschreiben. Denn sie sind als solche Abstraktionsprodukte im Sinne von Prädikatenprädikaten. Entsprechendes gilt für die natürlichen Zahlen 1, 2, 3, ..., die unter anderem als Abstraktionsklassen äquivalenter Mengen interpretiert werden können. Der Informationsbegriff hat daher denselben logischen Status wie ihn alle Prädikate zweiter Stufe besitzen".[4] Also eine fast wörtliche Übereinstimmung mit Klaus und Buhr - bis auf den Vorbehalt der Nichtmaterialität von Information, aber davon später.

Was ich an dieser Bestimmung vermisse, ist eine Rücksichtnahme auf den _Relationscharakter_ des Begriffs 'Information'. Bekanntlich heißen mehrstellige Prädikate in der Logik Relationen, und das sind nicht nur Beziehungen wie 'größer als' oder 'Vater von', sondern auch _Begriffe_ wie z.B. der Begriff 'Freiheit', von dem B. v. Freytag-Löringhoff sagt, er sei in logischer Sicht weder ein Substanzbegriff noch bezeichne er ein einstelliges Prädikat, sondern eine komplizierte, mindestens dreistellige Relation.[5] Begriffe ähnlicher Natur sind etwa 'Bewegung', 'Handlung' oder auch 'Information'. Denn Information ist bezogen auf Geber, Empfänger, Träger und Inhalt, also eine tetradische Relation. Um das zu verdeutlichen, reicht eine Bestimmung als Metaprädikat nicht aus. Denn es ist zwar richtig, daß es materielle Systeme gibt, die beispielsweise die Eigenschaft haben, rot zu leuchten (so z.B. Leuchtkugeln). Ferner kann die Klasse aller roten Leuchtkugeln die Eigenschaft haben, ein Notsignal darzustellen, etwa in den Bergen. Und dann ist das Notsignal folgerichtig ein Prädikatenprädikat, aber es ist damit noch nicht Information in dem hier zu entwickelnden Sinne. Um Information zu werden, fehlt dem Notsignal noch ein wesentliches Moment: der Empfänger, der das Signal als Zeichen wahrnimmt und erkennt, d.h. seinen Inhalt decodiert und darauf reagiert. Dieses Erfordernis des Auslösens von Aktivität - wir werden darauf noch genauer zurückkommen - wird bei einer Bestimmung als Prädikatenprädikat vernachlässigt.

2. Der phänomenale Aspekt

Wenn wir den Begriffsinhalt von 'Information' phänomenal beschreiben wollen, so sollten wir vom Kommunikationsbereich ausgehen, wo er am deutlichsten hervortritt. Hier befindet sich auf der einen Seite ein Geber, ein Wissender, von dem Information ausgeht, ohne daß sich sein Informationsgehalt ändert, auf der anderen Seite ein partiell Uninformierter, so daß ein Informationsgefälle vorliegt, das abgebaut werden soll. In bezug auf den Empfänger ist der Informationsgehalt als Neuigkeit zu verstehen, als nicht voraussagbarer Teil einer Nachricht, dem insofern auch Marktwert zukommt, objektiv ist er ein codierter Sekundärsachverhalt, wobei ich in Anlehnung an eine Sprechweise B. Thums einen Sachverhalt 'in der Wirklichkeit' als primären, den abgebildeten als sekundären bezeichne.[6]

Information kann man setzen, also selbst Informationsquelle sein, aber auch vorfinden durch intentionales Richten der Aufmerksamkeit, z.B. bei Besichtigungen, in Gesprächen, Experimenten, Büchern usw., aber auch unfreiwillig, ja sogar widerwillig. Die Information kann belanglos oder wertvoll sein, zuverlässig oder unsicher, vertraulich oder öffentlich. Sie kann auch ganz oder teilweise verlorengehen, z.B. durch Vergessen, durch Umcodieren, Übertragungsstörung oder durch den Tod eines Lebewesens.

Die durch ein Medium übertragene Information befindet sich in der Form einer Nachricht, die an einen materiellen Träger gebunden ist, ein Signal, das in dieser Hinsicht Zeichenträger genannt wird. Die Nachricht kann aus einem oder mehreren Zeichen bestehen, wobei es sich in der Regel um Repräsentationszeichen handelt, deren Informationsgehalt festgelegt wurde. Anzeichen kommt dagegen der Informationsgehalt natürlich zu.

Der Informationsgehalt einer Nachricht ist potentielle Information. Aktualisiert wird sie durch das empfangende, decodierende System, das die Nachricht aufnimmt und verarbeitet, also reagiert, wie oben am Beispiel der Leuchtkugel gezeigt wurde.

Weitere Anwendungen von Information, d.h. außerhalb des Kommunikationsbereiches im engeren Sinne, wo - zumindest auf _einer_ Seite - der Mensch beteiligt ist, finden wir bei Daten, Maschinenbefehlen, Erbinformationen und anderem.

Diese Beispiele mögen die phänomenale Vielfalt des Begriffs 'Information' aufzeigen und verständlich machen, weshalb Y. Bar-Hillel sagen kann, Quantifizierbarkeit sei zwar eine interessante Einsicht, Quantifizierung aber nicht das letzte Wort im Hinblick auf Information.[7]

3. Der ontologische Aspekt

In ontologischer Sicht geht es um die Frage der seinsmäßigen Einordnung, um das _Wesen_ - wenn man so will - von Information. N. Wiener hatte offengelassen, was Information sei und sich mit einer Limitation (im kantischen Sinne) begnügt: nicht Materie und nicht Energie. G. Klaus wird da konkreter und bezeichnet sie als dritten wesentlichen Aspekt der Materie (neben Stoff und Energie)[8], was - wie oben gezeigt - E. Oeser in Frage stellt. G. Günther sieht sie als dritte protometaphysische Komponente unserer phänomenalen Welt.[9]

Nun hat Günther sicher Recht, wenn er sagt, man könne Information weder nur auf der physisch-materiellen, noch allein auf der subjektiv-spirituellen Seite unterbringen, denn sie ist weder bloßer Bewußtseinsinhalt noch identisch mit ihrem materiellen Träger, also ein Drittes. Doch was ist dieses Dritte, diese 'Nichtmaterialität'? Gewinnen wir mehr Verständnis für sie, wenn wir sie mit Günther als metaphysische Fundamentalgegebenheit kennzeichnen? Und müßten wir dann nicht folgerichtig noch vieles andere, das zwischen Subjektivität und Materialität steht, ebenfalls proto-metaphysisch deuten?

Die jüngere Diskussion hat zwei Auffassungen hinsichtlich des ontologischen Status von Information in den Vordergrund gerückt, die meines Erachtens volle Aufmerksamkeit verdienen. Es sind dies K. R. Poppers Welt 3 und C. F. von Weizsäckers Rückgriff auf die aristotelische forma.

Popper ist der Meinung, daß weder die monistische noch die dualistische Weltsicht befriedigen könne und daß man sein Augenmerk deshalb auf jene Philosophen richten solle, die auf die Existenz einer 'dritten Welt' hingewiesen haben wie z.B. Platon, die Stoiker, Leibniz, Bolzano und Frege, ohne daß er sich jedoch mit diesen im einzelnen identifizieren möchte. Aber den Grundgedanken einer pluralistischen Weltdeutung nimmt er auf und sagt, die erste Welt (Welt 1) sei die physikalische, Welt 2 die bewußtseinsimmanente und Welt 3 die der Intelligibila oder der Ideen im objektiven Sinne. "Es ist die Welt der möglichen Gegenstände des Denkens: die Welt der Theorien an sich und ihrer logischen Beziehungen; die Welt der Argumente an sich;

die Welt der Problemsituationen an sich."[10] Diese Welt ist selbständig und doch vom Menschen geschaffen (im Gegensatz zur Ideenwelt Platons). Sie enthält nicht nur Wahrheiten - ebenfalls entgegen Platon -, sondern auch Irrtümer. Und sie ist selbständig, weil sie - einmal geschaffen - neue Probleme und damit neue 'Gegenstände' produziert. Aber trotzdem könnte sie nicht sein, wenn es nicht den Menschen gäbe, und sie kann in Welt 1 nichts bewegen, wenn der Mensch es nicht vermittelt. Erfaßt werden ihre Gegenstände vom Menschen in einem aktiven Prozeß, in einer Art Nachschöpfung[11] oder auch Aktualisierung des Möglichen.[12] Wenn wir also unterscheiden zwischen aktueller Information, die in einem empfangenden System Wirkung zeigt, Handlung auslöst, und einer potentiellen Information, in der aktuelle Information lediglich bevorratet ist, dann können wir mit Popper sagen, daß jene potentielle Information, jene 'Gehalte von Informationsspeichern'[13] und von Sprache[14], Gegenstände der Welt 3 sind.

'Information in Sprache' ist aber auch ein zentraler Gedanke in C. F. von Weizsäckers Vortrag 'Sprache als Information'.[15] Auch für ihn hat Information objektiven Charakter, und wie Popper sieht er Verbindungen zum Platonischen eidos. Wichtiger jedoch erscheint ihm der aristotelische Begriff der Form, der ja, wie man leicht sieht, auch etymologisch in 'Information' enthalten ist. Da v. Weizsäcker ihn jedoch zunächst synonym mit 'Gestalt' und 'Struktur' verwendet, vernachlässigt er den dynamischen Aspekt des forma-Begriffes gegenüber einer statischen Deutung. Das ändert sich, als er 10 Jahre später (1969) das Thema nochmals aufnimmt. Hier bringt er die Frage nach der Metrik zur Sprache: Wenn nach antiker Auffassung Form das ist, was man wissen kann, und wenn Information den durch ein Ereignis gewonnenen Wissenszuwachs mißt, dann mißt die Information eine 'Menge von Form'. Der Zusammenhang von Wissenkönnen und Information führt ihn zu der These, daß Information nur vorliege, wenn etwas verstanden wird, und da der Empfänger von Information reagiert, d.h. auch wieder Sender ist, wie man etwa am Beispiel des Erbgutes zeigen kann, folgert er schließlich: Information ist nur, was Information erzeugt.[16] Damit gewinnt v. Weizsäcker das dynamische Element von 'Information' zurück, das dem traditionellen forma-Begriff seit je innewohnt.

Zur ontologischen Bestimmung von 'Information' übernehmen wir die beiden Komponenten: Aktivität und Ordnung (Struktur), denn Ordnung im Seienden heißt, daß eine Mannigfaltigkeit zu einer Einheit gebracht, von einem Gesetz oder Sinn geprägt ist. Damit steht der Ordnungsbegriff einerseits in der Nähe des Ganzheits- und des Systembegriffs (und damit implizit des Strukturbegriffs)[17], andererseits ist er bezogen auf die Regelmäßigkeit von Ereignissen. Aber nicht jede Struktur oder Sequenz ist Information, vielmehr müssen ein Informationsgefälle (vergleichbar einem Energiegefälle beim Arbeitsprozeß), die 'Verstehbarkeit' der Nachricht und das Auslösen von Eigenaktivität hinzutreten. Dazu ist zunächst der Mensch in der Lage: er erforscht das Unbekannte, er entschlüsselt den Code und er handelt auf Grund empfangener Information. Deshalb könnte man in einem ersten Ansatz sagen, daß Ordnungsdarstellung, wie sie sich, schrittweise komplizierend, vom Anorganischen über das Organische und Beseelte hin zum Menschen vollzieht, auf dieser Stufe 'Information' wird: Information als Ordnungsdarstellung auf der Stufe des logisch denkenden, begrifflich erkennenden, ethisch wertenden und sinnvoll-final handelnden Menschen.

Aber diese Deutung erscheint schließlich doch zu eng, weil sie noch an das sprachlich-inhaltliche Denken gebunden ist, während man, wie oben angedeutet, schon dort sinnvoll von Information spricht, wo der Empfänger kein Mensch, sondern ein Computer (hinsichtlich eines Inputs) oder ein Organismus (hinsichtlich der Erbinformation) ist. Deshalb suchen wir einen neutraleren Ansatz, indem wir statt von Ordnungsentfaltung und reflektierendem Bewußtsein von Struktur und System, von Einheit in Vielheit, ausgehen. Und außerdem wollen wir auf die Unterscheidung von Wirken und Bewirken achten. Nachrichten wirken, sagt H. Sachsse[18]; es gibt aber Nachrichten, die nichts <u>bewirken</u>, entweder weil der Empfänger sie schon kennt oder weil er sie nicht versteht oder weil sie eventuell das empfangende System zerstören. Solche Nachrichten sind für den Empfänger keine Information, sie lösen keine Eigenaktivität aus. H. Dolch schrieb kürzlich in einem Brief an den Verfasser: Ein Nußknacker, der eine Nuß knackt, 'informiert' diese wohl nicht. Ganz recht, kann ich da nur sagen, das ist für die Nuß keine Information, allerdings im Sinne Sachsses eine Nachricht, wenn auch eine traurige.

Nach alledem neige ich dazu, <u>Information wie folgt zu bestimmen</u>: "Ontisch ist Information eine Struktur, die in einem empfangenden System etwas bewirkt".[19] Der Zusammenhang mit dem Ordnungsgedanken ist dabei über den Strukturbegriff hergestellt, denn Struktur ist die Ordnung eines Systems, also eines Wirkungsgefüges, durch die dieses auch Informationsträger werden kann.

Die Übertragung des Gehaltes von forma im Sinne der aristotelisch-scholastischen Philosophie ist nur <u>analog</u> möglich, weil in der substantiellen Konzeption Materie und Form metaphysische entia sind, während wir es bei unseren Betrachtungen zur Information mit empirischen Gegebenheiten zu tun haben. Jedoch kann man mit Hilfe dieser Analogie zeigen, daß die Merkmale der Aktualität und der Aktivität des traditionellen Forma-Verständnisses eine Entsprechung darin finden, daß Information den Zeichenträger zwar nicht als physische Realität, wohl aber als Zeichenträger aktualisiert und als Nachricht die Eigenaktivität des Empfängers auslöst, der damit die in der Nachricht enthaltene potentielle Information aktualisiert, und zwar 'auf seine Weise' und nach seinen Möglichkeiten.

4. Der Aspekt der Erkenntnis

Mit der letzten Bemerkung tangieren wir eine weitere Verwendung des Forma-Begriffs, und zwar im Bereich der Erkenntnistheorie. Nach klassischer Auffassung ist das Erkannte im Erkennenden in der Weise des Erkennenden. Denn, so heißt es, wenn auch das Sein der Dinge im Erkennenden 'Bild' genannt wird, so muß man doch berücksichtigen, daß der Eindruck, den das Sinnesorgan empfängt, nur Anlaß ist, um tätig zu werden. Deshalb unterschied schon die traditionelle Philosophie das Empfangen eines Eindrucks (Rezeptivität) vom Erfassen des Gegenstandes (Spontaneität), das wegen der damit verbundenen Hinwendung auch als intentio bezeichnet wurde und bis zu N. Hartmanns Unterscheidung von intentio recta und intentio obliqua Anwendung findet. Entsprechend verhält sich das empfangende System gegenüber der potentiellen Information eines Zeichens oder einer Zeichenfolge: passiv und aktiv, hinnehmend und aktualisierend, entschlüsselnd, wie K. R. Popper gesagt hat.[20]

Evolutionstheoretisch gesehen resultiert die Notwendigkeit zur Verarbeitung dieser Information aus dem Zwang zur Anpassung des Lebewesens an die Tatsachen. C. F. von Weizsäcker bestimmt deshalb die organische Evolution als Anpassung des genetischen Codes und des durch ihn ermöglichten Verhaltens an die Tatsachen. In diesem Sinne ist Evolution Informationsgewinn, also Erkenntnis.[21]

Während nun aber auf niederer Stufe Umwelteinflüsse Spontanreaktionen auslösen, führt die Eigenaktivität des Empfängers auf höheren Stufen zum Auf- und Ausbau eines inneren Modells. Dies gründet nach Sachsse zwar in den Wahrnehmungen der Außenwelt, ist aber keine einfache Kopie der empfangenden Information, sondern das Ergebnis ihrer Verarbeitung.[22] Die im Zuge personaler Selbstgestaltung entwickelte Aktivität löst auf der Grundlage aktuierter und selektierter Information auf die Umwelt gerichtete Handlungen aus. Dabei ist wichtig, daß das Bewußtsein einen Versuch, wie R. Riedl das nennt, zunächst im 'zentral repräsentierten Raum' prüfen kann, "ohne bei jedem Irrtum sogleich die eigene Haut riskieren zu müssen"[23], eine Bewußtseinsfähigkeit, die durch die Möglichkeiten der Computersimulation noch erheblich erweitert wird. Und da die veränderte Außenwelt wiederum Quelle neuer Informationen wird, die sowohl eine Handlungskontrolle ermöglichen als auch neue Operationen motivieren - man denke an den v. Weizsäckerschen Satz: "Information ist nur, was Information erzeugt" -, kann man in Anlehnung an H. Stachowiak sagen, daß die Theorie rückgekoppelter Systeme ein adäquates Rahmeninstrument zur Beschreibung der adaptiven Informationsprozesse und Verhaltensformen bilde.[24] Der zentrale Begriff dabei ist wiederum der Informationsbegriff, der nun hier, wo es um Handlung geht, eine ambivalente anthropologische Dimension gewinnt, und zwar insbesondere in den informationstechnologischen Anwendungsbereichen.

Ich möchte nicht unterlassen anzumerken, daß eine auf Ideen von Evolution und Information basierende Erkenntnisauffassung in der Philosophie nicht ungeteilte Zustimmung findet; insbesondere werfen Vertreter der Transzendentalphilosophie ihr vor, daß ein solcher Weg zwar in gewissen empirischen Bereichen eine Berechtigung haben möge, daß es aber von hier aus unmöglich sei, fundamentale Fragen wie z.B. die nach der Möglichkeit von Erkenntnis, zu diskutieren.[25]

Wir wollen die Information nicht zum Mythos des 21. Jahrunderts machen, aber sie ist der Wirtschafts- und Wachstumsfaktor Nummer eins, vielleicht ein Anzeichen von Evolution im kulturellen und sozialen Bereich, sicherlich aber auch eine Herausforderung. Denn gerade weil sie das technologische Netz, in dem wir ja alle drinstecken, im Positiven wie im Negativen, verdichtet, lückenloser macht, ermöglicht und erzwingt sie höhere Rationalität. Dies verringert die Gefahr irrationaler Aktionen in unserer hoch-sensibilisierten Gesellschaft, und dies kann - muß nicht - zu einer Standardisierung des Menschen führen. Man kann aber auch unter rationalen Bedingungen der nicht-rationalisierbaren Seite menschlicher Existenz Freiräume schaffen.

Literaturnachweis

1) Vgl. hierzu C. B. Brookes, The foundations of information science, Journal of Information Science Vol. 2 und 3 (1980/81)

2) W. Strombach, Information und Entropie, in: Strukturierung mit Superzeichen, Paderborner Arbeitspapiere, hrsg. von M. Lansky, FEoLL Paderborn 1981

3) G. Klaus und M. Buhr (Hrsg.), Philosophisches Wörterbuch, Artikel 'Information', Berlin 1972

4) E. Oeser, Wissenschaft und Information Bd. 2, Wien/München 1976; 10 f

5) B. v. Freytag-Löringhoff, Die logische Struktur des Begriffs Freiheit, in: Freiheit, hrsg. von J. Simon, München 1977; 41 ff

6) B. Thum, Die Formalismen als Produkte und Instrumente des Geistes, in: Informationsverarbeitung und Kybernetik, Würzburg o.J.; 129

7) Y. Bar-Hillel, Wesen und Bedeutung der Informationstheorie, in: Informationen über Information, hrsg. von H. v. Ditfurth, Hamburg 1969

8) G. Klaus, Rationalität - Integration - Information, München 1974. G. Klaus und H. Liebscher, Systeme, Informationen, Strategien, Berlin 1974; 155

9) G. Günther, Das Bewußtsein der Maschinen, Krefeld 1953; 35 ff

10) K. R. Popper, Objektive Erkenntnis, ein evolutionärer Entwurf, Hamburg 1973, 174

11) K. R. Popper und J. C. Eccles, Das Ich und sein Gehirn, 2. Aufl., München Zürich 1982, 70

12) K. R. Popper, Objektive Erkenntnis 179, Anm. 8

13) K. R. Popper, Objektive Erkenntnis 88

14) K. R. Popper, Objektive Erkenntnis 176

15) C. F. von Weizsäcker, Die Einheit der Natur, 5. Aufl. München 1979, 39-60

16) C. F. von Weizsäcker, Die Einheit der Natur 352

17) W. Strombach, Ganzheit-Gestalt-System, zur Deutung der Begriffe, in: Informatik und Psychologie, hrsg. von H. Schauer und M. J. Tauber, Wien/München 1982

18) H. Sachsse, Einführung in die Kybernetik, Braunschweig 1971, 28

19) Dieser 'objektiven' Information kann - und sollte man vielleicht sogar - eine 'subjektive' Variante gegenüberstellen, in die das menschliche Vorwissen, seine Erwartungen und Interessen, seine Gemütslage, seine Neugier usw. eingehen und in der dann - in Anlehnung an die Überlegungen Fred Dretskes (Minds, Machines, and Meaning) - die Frage nach der Wahrheit eine Rolle spielt. Von hier aus kann man auch Information qualifizieren bzw. bewerten.

20) K. R. Popper, Objektive Erkenntnis 77

21) C. F. von Weizsäcker, Der Garten des Menschlichen - Beiträge zur geschichtlichen Anthropologie, München/Wien 1977, 200

22) H. Sachsse, Anthropologie der Technik, ein Beitrag zur Stellung des Menschen in der Welt, Braunschweig 1978, 50

23) R. Riedl, Biologie der Erkenntnis, Berlin und Hamburg 1980, 34

24) H. Stachowiak, Allgemeine Modelltheorie, Wien/New York 1973, 70

25) F. Kaulbach, Philosophische und informationstheoretische Erkenntnistheorie, in: Zur Philosophie der mathematischen Erkenntnis, hrsg. von E. Börger, D. Barnocchi und F. Kaulbach, Würzburg 1981.

Informationstechnologien als Vehikel der Evolution

Paul Levinson
Fairleigh Dickinson University

Die Evolution oder die Umgebungsanpassung von Organismen kann man als einen Erkenntnisakkumulationsprozeß oder als Verhaltensentwicklung ansehen, die ein wenigstens zum Überleben hinreichend zutreffendes Umgebungsverständnis spiegelt. Geht man von der Voraussetzung aus, daß die Welt keine Illusion ist und das auf diesem Planeten zu sehende blühende Leben wirklich dynamisch und vorwärtstreibend ist, so müssen wir schließen, daß Organismen (Er-)Kenntnis der von ihnen bewohnten äußeren Wirklichkeit besitzen, die in gewissem Sinne auf einem Mindestniveau zutreffend sind. Eine Bergziege jedenfalls, die nicht in der Lage wäre, Luft von Felsen zu unterscheiden, würde schnell vom Berg fallen.

Die Heraufkunft des Menschen hat diesen Erkenntnisprozeß in zwei einzigartigen miteinander verbundenen Weisen verbessert: Anders als andere Arten sind wir uns unserer Erkenntnis bewußt und können sie daher bewußt verfolgen; und ebenfalls anders als andere Arten können wir unser Wissen in materiellen Techniken verkörpern, die die Welt umprägen. In einer Umwelt zu leben, bedeutet natürlich nicht nur, etwas aus ihr herauszunehmen, sondern auch, ihr etwas zu geben; und daher sind alle Organismen am Umschaffen der Welt beteiligt - wenigstens in dem unterschwelligen Sinn, daß Teilchen lebender und nichtlebender Materie von einem Ort zum anderen umverteilt werden. Aber in der menschlichen Technik hat dieser organische Beitrag zur Welt solche Ausmaße angenommen, daß er ein Hauptbestandteil der Welt wird; und tatsächlich wird unser Planet zunehmend eher ein Produkt der menschlichen Erkenntnis als der natürlichen Selektion. Da nun menschliches Verstehen und sein materieller Ausdruck in der Technik offensichtlich Folgen der zum Menschen führenden natürlichen Selektion sind, kann diese Vermenschlichung unseres Teils des Universums durch die Technik als natürliche Selektion angesehen werden oder als Evolutionsprozeß, der sich selbst transzendiert. Wie die Ziege kennen auch wir Menschen den Unterschied zwischen Luft und Felsen; aber anders als die Ziege bauen wir Brücken zwischen Bergen, so daß wir nicht herunterfallen, oder wir erheben uns in Flugzeugen oder gar Raumfahrzeugen über die Berge.

In manchen Fällen konstruieren wir Techniken nicht nur zum Zweck einer unmittelbaren Verbesserung unserer äußeren materiellen Umgebung, sondern zur Verbesserung unserer Erkenntnis der äußeren Wirklichkeit (was natürlich früher oder später zu einer Veränderung der materiellen Realität führt). Einige dieser Informations-

techniken wie etwa Fernrohre und Mikroskope versuchen, unser Wissen zu verbessern, indem sie unsere Wahrnehmung der äußeren Welt ausdehnen; andere, wie die
Computer, beschleunigen unsere kognitiven Fähigkeiten selbst, indem sie eine
schnelle Verarbeitung von ungeheuer angewachsenen Datenmengen gestatten; und
wiederum andere wie Schreibmaschinen, Bücher und wiederum Computer tragen
dadurch zum Wissenswachstum bei, daß sie unsere Ideen weit verbreiten und auf
diese Weise vielen Testgelegenheiten und der Kritik aussetzen. In diesem Beitrag
werden einige der beabsichtigten und unbeabsichtigten Folgen solcher Informationstechnologien für die Evolution unserer Erkenntnis und ferner für uns, unsere Welt
und letztlich das Universum untersucht. Denn die menschliche Erkenntnis wurde
durch das Vehikel der menschlichen Technik zu einer Speerspitze im Prozeß einer
tiefgehenden Veränderung des sich bisher blind - ohne Voraussicht - entwickelnden
Universums; dies bedeutet eine Selbsttranszendenz, in der der ungerichtete Kosmos
beginnt, in sich selbst das Innere nach außen zu wenden, sich umzuwandeln in eine
geplante und gewollte Existenzform. In dieser Perspektive arbeiten das Radiotele-
skop und das Elektronenmikroskop, die Schreibmaschine, die Xeroxmaschine und
natürlich der Computer - Vorrichtungen, die unser Wissen erzeugen und verbreiten
helfen und, in andere Einrichtungen eingebaut, anfangen, das Universum umzugestalten - als Schneise der kosmischen Evolution.

Technik und evolutionäre Erkenntnistheorie

Bevor wir den Beitrag der Technik zur Entwicklung der menschlichen Erkenntnis
betrachten, wollen wir ein wenig mehr im einzelnen die Beziehung zwischen
Erkenntnis ud Evolution prüfen. Die Bewertung von Erkenntnis vom evolutionären
Standpunkt aus und umgekehrt der Evolution vom Blickpunkt der Erkenntnis hat
solche Denker wie Konrad Lorenz, Karl Popper beschäftigt und in Amerika besonders
den Psychologen Donald T. Campbell. Dieser hat den Ansatz als "evolutionäre
Erkenntnistheorie" ("evolutionary epistemology") bezeichnet und eine Bibliographie
von fast 50 Aufsätzen auf diesem Gebiet zusammengestellt, die in den letzten 100
Jahren erschienen sind, und von mehr als 100 weiteren aus den letzten zwei
Jahrzehnten.[1] Einer von Campbells eigenen Hauptbeiträgen zu diesem Gebiet war
seine Beschreibung der Evolution als die Weiterentwicklung von zunehmend
stellvertretenden und so mit Irrtumsrisiko behafteten, jedoch physisch sicheren
Methoden, Erkenntnis über die Umgebung zu gewinnen. Die primitive Amöbe zum
Beispiel erlangt ihr ganzes Umweltwissen, indem sie durch diese hindurchschwimmt
und auf etwas stößt - eine sehr genaue, aber gefährliche Technik, bei der die Amöbe
immer wieder gezwungen ist, in physischen Kontakt mit jedem Gegenstand zu
gelangen, den sie erkennt. Sehen, Hören und Wahrnehmungsweisen entwickelter

Organismen funktionieren als Ersatz für physischen Kontakt beim Sammeln von Erkenntnis, indem sie zugleich die Tür zu einer größeren Anzahl falscher Berichte öffnen (Amöben unterliegen keinen optischen Täuschungen), aber ihren Besitzern auch eine Distanzierung von dem wahrgenommenen Objekt erlauben, was die Manövrierfähigkeit und Sicherheit erhöht. Campbells Analyse endet bei der menschlichen Entfaltung des Denkens, der Kultur und der Wissenschaft, indem diesen ähnlich eine Stellvertreterfunktion für Wahrnehmungen bei der Erkenntnisgewinnung zugeordnet werden; aber wie wir bald sehen werden, sind Techniken, die unsere Sinne bis zu entlegenen Gebieten des Universums und des subatomaren Bereichs ausdehnen, gleichermaßen krönende Leistungen bei der Evolution zunehmend stellvertretender Erkenntnisrezeptoren.

Zusätzlich zu solchen im wahrsten Sinne biologischen Funktionen der Erkenntnis stellt die evolutionäre Erkenntnistheorie verschiedene Analogien zwischen dem Wachstum lebender Organismen und dem Wachstum menschlicher Ideen fest. Campbell liefert wiederum ein überzeugendes Beispiel[2], indem er in gleicher Weise die Evolution des Lebens und die des Wissens als einen indirekten darwinschen Drei-Stufen-Prozeß darstellt. Zu Anfang werden sowohl neue Organismen wie auch neue Ideen unabhängig von der Umgebung erzeugt, in der sie agieren oder angewendet werden. Diese Abgetrenntheit der Hervorbringung gegenüber Anforderungen der Umgebung ist im biologischen Sinne nicht lamarckisch, zugleich nicht induktiv, was den Erkenntniserwerb angeht. Danach werden biologische und kognitive Schöpfungen beide einer Konfrontation mit der äußeren Wirklichkeit unterworfen, wobei sie nur überleben, wenn sie ein bestimmtes Maß an Vereinbarkeit mit der äußeren Welt zeigen. Dieser Siebungsprozeß der natürlichen Selektion wird durch Kritik und Tests im Bereich der Wissenschaft und der menschlichen Erkenntnis durchgeführt. Schließlich müssen die Überlebenden der zweiten Phase in den Systemen des Lebens und des Wissens jeweils bewahrt werden, wenn die kreativen und selektiven Prozesse von irgendeinem Wert sein sollen. Dieses Ziel wird durch Erblichkeitsmechanismen im biologischen und durch Verbreitungsmedien im Bereich des Wissens zustande gebracht. Wie wir sehen werden, tragen Informationstechniken zwar zu allen drei Phasen des Wissenprozesses bei; sie lassen sich jedoch danach beurteilen, zu welcher der drei Phasen - Erzeugung, Kritik oder Verbreitung von Wissen - sie ihren wesentlichsten Beitrag leisten. Die Technik spielt daher eine wichtige Rolle sowohl in der unmittelbaren biologischen Umsetzung von Erkenntnis (als ein evolutionär fortgeschrittener Ersatz für persongebundene Wahrnehmung) als auch in der der biologischen ähnlichen oder eben evolutionären Weise, in der sich das Wissen selbst entwickelt.

Technik als Verkörperung von Ideen

Techniken, die zweckdienlich für den Erkenntnisfortschritt angewendet werden, sind natürlich Teil einer größeren Klasse, der Technik im allgemeinen, und daher beginnen wir unsere Übersicht über den technischen Beitrag zur Wissensevolution, indem wir betrachten, wie alle Technik, sei sie als informationsorientierte beabsichtigt oder anderweitig, zum Wissenswachstum beiträgt. Die epistemische Bedeutung selbst eines Zahnstochers ist bedeutsam und wird deutlich, wenn wir den ontologischen Status der Technik untersuchen oder einfach fragen: Was ist Technik? Es ist klar, daß Technik etwas Besonderes in der Welt ist, denn sie ist weder wie Wolken noch wie Bäume (ausgenommen die Bäume, die zweckbewußt gepflanzt worden sind), nicht wie der natürliche Bereich der toten oder lebenden Materie, deren Schöpfung Menschen nicht beeinflußten, noch wie das Wissen in unseren Köpfen, menschliche Schöpfungen, die, obwohl in materiellen Substraten unseres Gehirns verortet, keine materielle Ausformulierung in der Welt erlauben (Wissen über ein Automobil zu haben, bedeutet nicht, ein Miniaturauto im wörtlichen Sinn im Kopf zu haben). Ohne Technik ist daher die ganze Welt - und vielleicht das Universum - entweder materiell und nichtmenschlich oder menschlich und immateriell. Menschliche Wesen selbst sind natürlich die Ausnahme; und indem sie das Material der äußeren Welt menschlicher Besonderung und Bearbeitung unterwirft, indem sie unkörperlichen Ideen materiellen Ausdruck gibt, dehnt die Technik die menschliche Ausnahme im Bereich des Universums im großen aus. Technik ist daher materiell und geistig, wirkliche Atome und Moleküle werden durch den Zauberstab unseres Intellekts umgestaltet, substanzlose Vorstellungen dadurch zum materiellen Leben erweckt.

Die Folgen dieser technischen Wechselwirkung von Geist und Materie sind von offensichtlicher Bedeutsamkeit für viele traditionelle philosophische Gedankengänge. Das Beispiel des aktiven Eindringens des menschlichen Geistes in die materielle Welt, wie es durch die Technik geschieht, bestreitet einseitige materialistische oder empirische Perspektiven, die den Geist als einen bloß passiven Aufnehmer von Lektionen aus der Welt ansahen, während die technische Voraussetzung eines schon existierenden äußeren Materials, das nur nach den menschlichen Ideen neu angeordnet werden muß, gänzlich den subjektivistischen oder idealistischen Auffassungen der Welt als eines vollständigen Produktes des menschlichen Geistes ohne jede unabhängige Existenz widerspricht. Bestärkt und tatsächlich unterstützt werden durch die Technik solche Wechselwirkungsmodelle wie etwa Kants, die das Wissen als Darstellungen der äußeren Welt ansehen, das durch die Konturen unseres Verstandes geprägt ist. (Die Evolutionstheorie unterstützt ebenfalls Wechselwirkungsgesichtspunkte, indem sie eine äußere Wirklichkeit annimmt, die auf geistlose Organismen wirkt und daher unabhängig vom Geist sein muß, und indem sie angeborenes Wissen berücksichtigt als genetisch übertragene Anpassung an frühere Umgebungen.)[3]

Aber das technische Unternehmen als ganzes hat nicht nur große Bedeutsamkeit für Erkenntnisphilosophien, die Technik hat auch einen großen Einfluß auf das Wachstum der Erkenntnis selbst. Denn indem sie eine oder mehrere menschliche Ideen verkörpert, bietet jede Technik einen dauerhaften Bericht und Speicher dieses Wissens, einen Ausdruck des menschlichen Denkens, der weit haltbarer und daher zugänglicher ist als eine immaterielle Auffassung. Ein Automobil ist somit eine Zusammenfassung materiell verkörperter Ideen über Verbrennung, Legierungen, Hydraulik und natürlich Reisen, eine ganz wörtliche Verkörperung zahlreicher Theorien in Glas, Gummi und Metallteilen. Gehen wir ein wenig zurück, so können wir sehen, daß alle jemals von Menschen produzierten Technologien, angefangen von Höhlenzeichnungen bis hin zu den Pyramiden und Schubkarren eine riesige, unbeabsichtigte Bibliothek menschlichen Wissens mit offenen Regalen darstellt - durch die Zeitalter hindurch eine panhistorische kulturübergreifende große Library of Congress, die jedem zugänglich ist, der sie als solche erkennt.

Ferner: Trotz ihres enzyklopädischen Anspruchs und Spektrums ist diese unbeabsichtigte Bibliothek ziemlich selektiv in ihrem Inhalt, indem sie nur jene Bände führt, deren verkörperte Ideen einen bestimmten Grad an Genauigkeit oder Vereinbarkeit mit der äußeren Wirklichkeit aufweisen. So sind in dieser Bibliothek nicht enthalten Entwürfe von Kraftfahrzeugen, deren materielle Verkörperung im Laboratorium explodierte, oder Flugmaschinen zu Beginn dieses Jahrhunderts, die niemals starteten oder kurz nach dem Start abstürzten. Unter dem Gesichtpunkt der drei zuvor erörterten Stadien der Wissensentwicklung ist jede Technik, die funktionierte, ein Beispiel einer Idee, die die stärkstmögliche Kritik überlebt hat: eine Konfrontation mit der materiellen Wirklichkeit. Obwohl die Lösungen für in Techniken verkörperte Probleme niemals vollkommen oder die einzig möglichen sind, sind sie notwendigerweise minimal zutreffend, das heißt, sie können nicht gänzlich unrichtig sein.

In diesem Sinne sind deshalb alle Techniken gehaltvoll oder nützlich für das Erkenntniswachstum - unabhängig von ihrem beabsichtigten Zweck oder vom besonderen Entwurf. Obwohl der Zweck des Automobils - der Transport - wenig oder nichts direkt mit der Wissensentwicklung zu tun hat, trägt die physische Struktur des Autos, wie wir gesehen haben, daher nichtsdestoweniger zu unserer Erkenntnis bei, indem sie unterschiedliche und minimal zutreffende Ideen materiell verkörpert. In einigen Fällen jedoch verkörpern Techniken nicht nur Wissen in ihren materiellen Strukturen, sondern sie sind bewußt entworfen, um in ihrem Ablauf anderes Wissen zu erzeugen und zu verbreiten. Ein Fernrohr zum Beispiel verkörpert in seinen physischen Komponenten nicht nur die Theorien der Optik und des Linsenherstellens usw., sondern es hilft auch, unsere Erkenntnis des Kosmos zu vergrößern, wenn diese physischen Komponenten auf die Sterne gerichtet werden. Soweit solche Techniken unserer Erkenntnis eine "Doppelunterstützung" verleihen, wobei das Wissen selbst eher als etwa Transport oder Zähnereinigen der Zweck ihres Funktionierens ist, können sie als "metakognitive" Techniken betrachtet werden oder als Erkenntnismittel, deren Ziel es ist, die Erkenntnis zu erweitern. Es ist klar, daß diese informationsgerichteten Techniken eine viel aktivere, ja explosive Rolle beim Wachstum menschlicher Erkenntnis gespielt haben als die eher passiv darstellenden und berichtenden Beiträge der Technik im allgemeinen. Wir werden das Funktionieren von vier Klassen der metakognitiven oder Informationstechniken in der Erkenntnisevolution untersuchen: solche, die unsere Wahrnehmung der äußeren Welt ausdehnen, z.B. Fernrohre und Mikroskope; solche, die unsere inneren kognitiven Prozesse vergrößern, z.B. Computer; solche, die Information durch hochgradige Abstraktion verbreiten, z.B. gesprochene und geschriebene Sprachen; solche, die Information durch hochgradig realistische Wiedergabe verbreiten, z.B. Photographie und Videotechnik. Entsprechend der dreistufigen Erkenntnisentwicklung sind die zwei ersten Klassen solche, die in erster Linie zur anfänglichen Erzeugungsphase des Wissens beitragen, die beiden letzteren tragen mehr zu den Phasen der Kritik und der Verbreitung bei.

Fernrohre, Mikroskope und Erfahrungsausdehner

Nach Kant entsteht Erkenntnis aus der Verarbeitung äußerer Erfahrung durch unsere kognitiven Fähigkeiten. Das Fehlen einer dieser Komponenten, der äußeren oder inneren, macht Erkenntnisgewinnung unmöglich: Unbedingte Erkenntnis der äußeren Welt, selbst wenn sie möglich wäre, würde gänzlich unbegreiflich sein ohne einen kognitiven Filter, der sie aussiebt; und die Ausübung kognitiver Fähigkeiten in bezug auf anderes als äußere Erfahrung wird zu einer selbstreflexiven, chimärischen Übung - ähnlich wie auf Spiegel gerichtete Spiegel oder eine Videokamera, die auf einen Schirm gerichtet ist, der das von der Videokamera produzierte Bild zeigt. Techniken wie Fernrohre oder Mikroskope helfen bei der Erzeugung von Wissen durch Vergrößerung der Komponente äußerer Erfahrung - indem sie unsere Nahrung für Gedanken buchstäblich vermehrt durch die Ausdehnung unseres Bewußtseins auf Bereiche, die auf der Grundlage unserer nackten Sinne jenseits unserer Erfahrungs- und somit Verständnisfähigkeit lägen.

In einigen Fällen ist die Ausdehnung viel radikaler als in anderen. So bringt das Fernrohr uns in besseren Kontakt mit Sternen und Milchstraßen, die in beschränkter, sehr verzerrter Weise schon unseren bloßen Augen sichtbar sind, während die Entdeckung der Mikroorganismen mit dem Mikroskop einen Bereich eröffnet, der der ununterstützten Beobachtung völlig unsichtbar wäre. In allen Fällen solcher technischen Ausdehnung werden jedoch Ereignisse, deren Größe oder Entfernung vom menschlichen Beobachter über die erreichbaren Grenzen unserer Wahrnehmung hinausgehen, in Dimensionen gebracht, die unseren Sinnen zugänglich sind und so potentiell durch unseren Verstand verarbeitet werden können. Der Akt der Ausdehnung ist daher ein Akt der Transformation, in dem an das Unendliche und Infinitesimale grenzende Aspekte in menschliche Proportionen transformiert werden; oder vielleicht funktioniert die Transformation in anderer Richtung, vielleicht sind wir es, die mit Fernrohren und Mikroskopen vor unseren Augen in die Dimensionen des Universums hineinwachsen. Ganz gleich in welcher Richtung, das Ergebnis ist, daß Aspekte der Existenz, für die wir zuvor blind und taub (oder wenigstens kurzsichtig) waren, unserer Prüfungsmöglichkeit erschlossen werden, verpackt in eine Form, die unserem Verstand den Zugriff erlaubt.[4] (Dieser Vorteil wird von allen Aspekten unserer Erkenntnis geteilt, nicht nur von den rein intellektuellen. E. H. Gombrich zum Beispiel erinnert uns daran, daß einzelne Schneeflocken schwer beschreibbare weiße Klümpchen sind, bis die Vergrößerung ihre feinverzweigte Gitterstruktur und Schönheit herausbringt[5] - d.h. sie in Proportionen transformiert, die unsere ästhetischen Fähigkeiten ansprechen können.) Unter dem Gesichtspunkt der Entwicklung unseres Wissens von der äußeren Welt bringen Fernrohre und Mikroskope das Ferne und Verborgene des Universums in unseren kognitiven Hinterhof. Die "Unverhältnismäßigkeit des Menschen" angesichts des Kosmos, die Pascal[6] so erschreckte, wird zugleich enthüllt und geheilt.

Unausweichlich taucht die Frage auf, in welchem Ausmaß die Beobachtung von Ereignissen durch Technik sich auf die Ereignisse bezieht, wie sie unabhängig von der Technik sind, und in welchem Grade die Beobachtungen Artefakte oderProdukte der Technik sind. Daß Aristoteles dem Zeugnis unserer nackten Sinne den Vorzug vor der Technik gab, wurde wahrscheinlich durch die schlechte Qualität der erfahrungsausdehnenden Vorrichtungen in der Antike gerechtfertigt (obwohl Aristoteles' Ansicht Galilei später große Schwierigkeiten bereiten sollte)[7]; und natürlich funktionieren alle Techniken, selbst die fortgeschrittensten, notwendigerweise mit einem bestimmten Grad an Rauschen oder Unvollkommenheit. Aber die Dichotomie von einer künstlichen Welt, die uns durch unsere Techniken serviert wird, gegenüber einer natürlichen realen Welt, wie sie von unseren biologischen Sinnesorganen dargestellt wird, verschwindet, wenn wir uns an Kants Insistieren erinnern, daß die durch unsere Sinne aufgenommene Welt nicht die Welt ist und sein kann, "wie sie ist", sondern vielmehr die Welt, wie sie von unseren Sinnen geformt ist. So sind die Farben, die wir sehen, Teil eines viel größeren Strahlungsspektrums, das durch die Struktur unserer visuellen Organe hervorgebracht wird. In diesem Lichte hat die natürliche wahrgenommene Welt nicht mehr ontologische oder erkenntnistheoretische Rechtfertigung als die Welt, wie sie durch die Technik enthüllt wird: Beide sind Darstellungen oder Rekonstruktionen der Wirklichkeit, und die Tatsache, daß die eine durch lebendes Gewebe zustandegebracht wird, die andere aber nur durch Glas oder Plastik, liefert keinen entscheidenden Vorteil oder keine größere Realitätsnähe bei der einen. Natürlich sind unsere biologischen Strukturen in Wechselwirkung mit der äußeren Realität Millionen von Jahren lang geprüft worden; und daher müssen wir ihnen wenigstens den Mindestgrad an Richtigkeit oder Realitätsentsprechung zutrauen, wie sie für das Überleben nötig sind. Aber es gibt keinen Grund anzunehmen, daß wir aufgrund des schon vorhandenen Verständnisses unserer biologischen Sinne und der Wahrnehmungsprinzipien nicht in der Lage wären, Techniken zu kontruieren, die mit zumindest gleichwertiger Fehlerlosigkeit in über die Reichweite unserer nackten Wahrnehmung hinausgehenden Bereichen funktionieren.[8]

Aber gestehen wir einmal die Annahme von technologisch erzeugten Wahrnehmungen zu, so begegnen wir dennoch einem anderen möglichen Risiko, das aus der technischen Vermehrung der Erfahrung entspringt. Selbst hier auf dem Planeten Erde erfahren wir viele Phänomene in unserer alltäglichen bloßen Wahrnehmung, die sich einem zufriedenstellenden Verständnis entziehen (z.B. den Magnetismus); wir haben tatsächlich weit mehr Erfahrung als unser Erkenntnisvermögen überhaupt nur berücksichtigen kann. Wenn wir nun zu diesem bereits reich gedeckten Tisch die Fülle unserer technischen Ausdehnungen hinzufügen, geraten wir nicht in Gefahr, daß wir die Fähigkeiten unseres Verstandes überfordern, daß wir so viel Nahrung auf den Erkenntnistisch legen, daß die gesamte Struktur zusammenbricht? Dieses Überladen der Erfahrung bedeutete wirklich ein ernsthaftes Problem, gäbe es nicht besonders entworfene Techniken dafür, unsere natürlichen kognitiven Verarbeitungskräfte erheblich zu vergrößern und das Überquellen der Erfahrung in einen Vorteil zu verwandeln.

Computer und die Vergrößerung der kognitiven Verarbeitung

Wie oben schon erwähnt, mag selbst zu Beginn des Aufstiegs des Menschen gegolten haben, daß wir weit mehr Erfahrungen hatten als unsere kognitiven Prozesse verarbeiten konnten. Zahlen waren eine frühe Technik, diesem Problem entgegenzutreten. (Nach Alexander Marshak ist dies eine sehr frühe Technik, vielleicht 300.000 Jahre alt[9]) : Das Zählen von bei der Jagd erlegten Tieren erlaubte den Jägern, den Erfolg ihrer Beutezüge zu vergleichen, d.h., die bloßen Jagdergebnisse in ein Muster zu bringen, das als eine Grundlage zur Verbesserung des Jagderfolges dienen konnte. Allgemein erleichtert die Abstraktion von wirklichen Ereignissen in Zahlen ihre Klassifikation und Sortierung, was wiederum die kognitive Behandlung dieser Ereignisse und ihre Einbringung in Verallgemeinerungen und Theorien erlaubt. Die Erfindung des Platzhalters, der Null, war besonders bedeutsam in diesem Zusammenhang, sie erlaubte die Entwicklung von zunehmend komplizierteren Berechnungen, die immer mehr reale Erfahrungen in immer weniger Zeit behandelten - nämlich durch Multiplikation, Algebra und schließlich die Infinitesimalrechnung, die unerläßliche Bedingung von Newtons Kosmologie. (Tatsächlich mag der Fehlschlag des Römischen Imperiums, eine Industriekultur zu entwickeln - trotz aller Neigung zu einer ingenieurmäßigen Technik und zu technischer Tüftelei -, auf die Schwerfälligkeit seines Zahlensystems zurückzuführen sein, das ohne "Platzhalter" unfähig war, selbst Multiplikationen auszuführen.)

Computer nun leisten das für Zahlen, was Zahlen für wirkliche Erfahrungen tun: Sie erhöhen außerordentlich die Geschwindigkeit des Sortierens und Klassifizierens von numerischer Information. Das Resultat dieser Beschleunigung der Beschleunigung von Erfahrungsverarbeitung ist, daß unsere kognitiven Fähigkeiten mit handhabbaren Zusammenfassungen von riesigen Erfahrungsmengen ausgestattet werden, die uns in die Lage versetzen, eine kognitive Standortbestimmung auf viel breiteren und detaillierteren Existenzaspekten zu erlangen. Die Wissenschaft hat lange nach vereinigenden Theorien zur Verbindung verschiedenartiger Facetten der Realität gesucht, aber die begrenzten Erfahrungsmengen, die von unseren nackten kognitiven Fähigkeiten verarbeitet werden konnten, behinderten diese Suche und machten solche großen Theorien, wie sie vorgebracht wurden, mehr zu einem Ergebnis kühner Spekulation als empirischer Datenaufarbeitung. Das Berechnen von Daten mit Lichtgeschwindigkeit verändert dieses Ungleichgewicht und erlaubt uns ein großes Bild, das in einem großen Stück äußerer Realität gründet. In diesem Sinne kann man sagen, daß der Computer das Fernrohr nicht nur ergänzt, sondern bei seinem Funktionieren ihm analog ist: Das Fernrohr reduziert die Dimensionen des Universums auf menschliche Proportionen; der Computer reduziert die ungeheure Zahlenmasse des Universums, die reine Quantität der riesigen Ausdehnung und der Myriaden von Einzelheiten auf menschlich erfaßbare Einheiten. Indem sie ungeheure Mengen von Erfahrungen im voraus verarbeiten, gestatten die Computer unseren kognitiven Fähigkeiten, viel größere Stücke von der äußeren Realität abzubeißen, als diese Fähigkeiten allein kauen und verdauen könnten.

Die Vorteile einer solchen Expansion machen sich schon in den meisten Wissenschaftsgebieten bemerkbar.[10] Aber vielleicht ist der dramatischste Aufweis der möglichen Auswirkungen des Computers auf das Erkenntniswachstum in der

Erinnerung zu sehen, daß Isaac Newton den allergrößten Teil seiner Arbeitszeit nicht damit verbrachte, neue Ideen zu erzeugen, sondern in der mühsamen handgeschriebenen Berechnung seiner Gleichungen.[11] Wie hätte der Verlauf der Wissenschaft und Geschichte sein können, hätte Newton bloß die Dienste eines kleinen Taschenrechners zur Verfügung gehabt? Was wird sich daraus ergeben, wenn Genies von Newtons Größe frei sein werden, den Löwenanteil ihres Verstandes der kreativen Erschaffung statt der bloßen Berechnung zu widmen?

Die Erwähnung von Taschenrechnern jedoch rückt eine Furcht in den Vordergrund, die von manchen Erziehern oft geäußert wird, daß Computer eine gegenevolutionäre oder zerstörerische Auswirkung auf den menschlichen Verstand haben könnten, da sie unser Gedächtnis und unsere rechnerische Fähigkeit verarmen lassen könnten.[12] Diese Furcht ist in der einen oder anderen Form in der Tat sehr alt; sie wurde schon von Sokrates aufgebracht, der im Phaidros davor warnt, daß das Schreiben zu einer Atrophie des Gedächtnisses und zum Ende des Lernens durch den Dialog führen würde[13] (zum Glück für Sokrates - oder unglücklicherweise? - machte sich sein Schüler Platon die Mühe, diese Warnung niederzuschreiben). Solche Befürchtungen haben wohl ebensoviel Gültigkeit für Computer wie für das Schreiben: Sokrates hatte nicht Unrecht, im direkten Sinne wenigstens, wenn er meinte, daß der Zugang zum Geschriebenen oder irgendwie gespeicherten Material in der Tat den mechanischen Teil unseres Gedächtnisses abstumpfen lassen kann; und gewiß kann man eine geschriebene Seite nicht in eine wechselseitige Diskussion verwickeln. Jedoch ging er längerfristig weit in die Irre, denn das Schreiben stattet uns mit überpersönlichen, selbst überkulturellen Gedächtnismöglichkeiten aus, die zu einem exponentiell gesteigerten Informationsaustausch im Vergleich zu Kulturen mit rein mündlicher Überlieferung geführt haben. Wenn wir den Fall der Computer betrachten, ist nicht der Verlust der Fähigkeit, Quadratwurzeln zu ziehen oder selbst schwierige Multiplikationen von Hand durchzuführen, es sehr wohl wert hingenommen zu werden angesichts des enormen Gewinns an mathematischen und Kommunikationsmöglichkeiten an der Front der Wissenschaft und Erkenntnis (Gewinne, die - nebenbei bemerkt - die Fähigkeit zum direkt geschriebenen Dialog durch Eingabe am Computerbildschirm einschließen)? Und selbst wenn es zum Schlimmsten kommt - etwa so weit, daß (a) kein Mensch mehr in der Lage ist, irgendeine mathematische Aufgabe ohne Computerhilfe auszuführen und (b) alle Computer und irgendwie alles Wissen verschwindet, wie sie zu bauen sind, gäbe es irgendeinen zwingenden Grund, anzunehmen, daß der Mensch, der unser Zahlensystem (und viele andere Systeme) entwickelt hat, nicht in der Lage wäre, die mathematischen Techniken von neuem zu entwickeln und zu lernen?

Keine evolutionäre Struktur, sei sie technisch oder biologisch, ist jemals ein ungemischter Segen; vielmehr sind solche Strukturen als vorteilhaft zu beurteilen, wenn ihre Anwendung zu einem irgendwie gearteten Nettogewinn für die Organismen führt, denen sie dienen. Die technische Ausdehnung unserer Sinneserfahrung durch Fernrohre und Mikroskope und der kognitiven Verarbeitungsfähigkeit durch Computer leistet für die menschliche Erkenntnis solch einen Dienst, indem sie sowohl äußere als auch innere Grundfaktoren der Erkenntniserzeugung abdeckt. Aber wie wir gesehen haben, umfaßt das Erkenntniswachstum nicht nur die erste Erzeugung von Ideen und Darstellungen der Wirklichkeit, sondern auch die diesen folgende Kritik (Aussiebung) und Verbreitung. Ferner: Während die ursprüngliche Ideenerzeugung möglicherweise oder gar letztlich notwendigerweise eine einsame Aktivität ist, sind Kritik und Verbreitung sozial oder kommunikativ: die Verbreitung sogar per definitionem, die Kritik in der Praxis, da die Kritik der eigenen Ideen zumindest psychologisch fragwürdig ist. Der technische Beitrag zur Kritik und Verbreitung von Wissen hat daher eine von der ursprünglichen technischen Entdeckung und Erfahrungsverarbeitung verschiedene Form; das Ziel der technischen Erkenntniskommunikation ist nämlich nicht die Erzeugung von Wirklichkeitsdarstellungen, sondern die möglichst richtige Übermittlung solcher Darstellungen zu möglichst vielen Leuten unabhängig von ihrer Wahrheit (Realitätsentsprechung). Diese beiden Zielsetzungen - Vielzahl und Richtigkeit - sind nicht immer miteinander verträglich; man suchte sie durch zwei nun zu betrachtende Techniken zu erreichen: durch Abstraktion und Replikation.

Sprechen, Schreiben und Kommunikation durch Abstraktion

Welches Medium bietet nach Meinung des Lesers eine genauere Informationsübertragung: die Sprache oder die Photographie? Diese Frage kann nicht ohne Bezugnahme auf die Art der Information oder ihrer Darstellung beantwortet werden. Wenn wir die Größe und Wildheit eines gestern in der Steppe lauernden Löwen vermitteln wollen, würde eine Photographie offensichtlich viel eher zutreffend sein. Wenn wir andererseits einen abstrakten Begriff übermitteln wollen wie die evolutionäre Erkenntnistheorie oder den Begriff "Begriff" selbst, wäre eine Photographie nicht nur weniger geeignet, sondern unmöglich: Die Sprache ist das einzige von beiden Medien, das Informationen über solche ungreifbaren Entitäten übertragen kann. Wir erhalten so eine Ahnung der vierfachen Komplexität der Kommunikationsumgebung: zwei Klassen von Darstellungen der äußeren Wirklichkeit und solche von Abstraktionen -, die durch zwei Techniken vermittelt werden, nämlich durch Replikation und Abstraktion. Darüber hinaus unterscheiden sich die Medien nicht nur nach der Fehlerlosigkeit der Übermittlung, die zum großen Teil eine Funktion des

Zusammenpassens von Darstellung und entsprechender Technik ist, sondern auch danach, bis zu welcher Entfernung und in welchem Umkreis von der Informationsquelle sie ihre Information übertragen können.

Wie entstand ein so facettenreiches Kommunikationssystem? Es gibt zwei Dinge, die wir mit einiger Gewißheit wissen: erstens, daß die äußere Wirklichkeit existierte, bevor abstrakte Begriffe als ein möglicher Darstellungsgegenstand entstanden (Tiere nehmen die äußere Wirklichkeit wahr, erzeugen aber vermutlich keine abstrakten Begriffe), und zweitens, daß das hochabstrakte Medium der gesprochenen Sprache zunächst die Hauptart der menschlichen Kommunikation war. Unsere Medien scheinen daher in einem Mißverhältnis der abstrakten Technik (Sprache) bei der Anwendung auf die Übertragung von Darstellungen der greifbaren äußeren Wirklichkeit entstanden zu sein, wobei sich das folgende Bild vom Ursprung und der anschließenden Entwicklung der Kommunikationssysteme nahelegt: Die Anfangsfunktion der Sprache war die Übermittlung von Information über die äußere Realität. In einer technisch primitiven Welt, die solche schönen Dinge wie Tonbandgeräte, Kameras und selbst Papier vermissen mußte, gab es nur eine einzige Weise, die Darstellung der äußeren Wirklichkeit zu übermitteln oder sie von den Informationsquellen weiter fortzutragen, nämlich indem man sie in abstrakte Symbole (Worte) übersetzte, die angemessen übertragbar waren, aber keinerlei natürliche Verbindung zu den Realitäten aufwiesen, die sie letztlich beschrieben (das Wort "Löwe" hat keinerlei Ähnlichkeit zu irgendeinem Aspekt des wirklichen Löwen; onomatopoetische Wortbildungen wären eine triviale Ausnahme). In diesem frühen Zusammenhang war die Verzerrung der Abstraktion oder das Opfer an Genauigkeit der Preis, der für die Übertragung überhaupt jeder Information über die greifbare Welt zu zahlen war. Schließlich jedoch provozierte das abstrakte Trägersystem der Sprache die Entwicklung einer ganz neuen Klasse von Kommunikationsgegenständen: die Darstellung von Abstraktionen selbst, völlig vom Menschen geschaffene Entitäten, von Anfang an ohne greifbare Existenz in der Außenwelt. (Abstraktionen könnten natürlich auch vor der Sprache existiert haben, aber sie hätten wenig Zweck gehabt, weil sie in einer nichtsprachlichen Umgebung buchstäblich unvermittelbar gewesen wären.) Obwohl das Wort "Erkenntnistheorie" ("epistemology") keine größere Ähnlichkeit zum Begriff der Erkenntnistheorie aufweist als etwa das Wort "Löwe" zum Gegenstand Löwe, gibt es keine merklich weniger verzerrende oder eher zutreffende Weise der Begriffsvermittlung (in Ermangelung telepathischer Vorstellungsübermittlung wenigstens), und deshalb entwickelten sich abstrakte Medien und abstrakte Begriffe in einer wechselseitig sich verstärkenden Beziehung, die die Abstraktion sowohl zu einem zentralen Träger als auch zum Objekt menschlicher Erkenntnis machte. In der Tat blieb die Situation abstrakter Medien - zunächst der

Sprache und dann der Sprache und des Schreibens - als das einzige Kommunikationsspiel überhaupt, die einzige Möglichkeit der Übertragung von Information über die äußere Wirklichkeit wie auch über Abstraktionen bestehen bis zur Erfindung der kopierenden Photographie im 19. Jahrhundert, wenn man einmal von der weniger akkuraten kopierenden Malerei absieht.

Wenn das obige Bild richtig ist, dann hat die Sprache eine doppelte Rolle in der Ermöglichung der Erkenntnisevolution und somit von uns selbst gespielt, indem sie zunächst das einzige Mittel der Kommunikation über äußere Wirklichkeit bot und indem sie einen neuen, vom Menschen erst geschaffenen Bereich abstrakter Begriffe hervorrief. Dieser doppelte Einfluß wurde durch das Schreiben, besonders durch das Alphabet verstärkt, welches, wie Harold Innis und Marshall McLuhan gezeigt haben, viele Aspekte der klassischen Zivilisation erst möglich machte, einschließlich des frühen Aufstiegs von Wissenschaft und Monotheismus.[14] Dasselbe gilt später für die Druckerpresse, die, wie wiederum Innis und McLuhan betont haben, die mittelalterliche zur modernen Welt umformte, indem sie solche Entwicklungen anregte und förderte wie die wissenschaftliche Revolution, die protestantische Reformation und den Aufstieg der Nationalstaaten.[15] Das Schreiben hat über das Sprechen hinaus natürlich nicht nur den Vorteil, daß es Dauerhaftigkeit bietet, die im großen Ausmaß die Reichweite der Verbreitung ausdehnt, sondern auch, daß sie die jedesmal bei einer im Sprechen neuerlich wiedergegebenen Botschaft auftretende Verzerrung ausschaltet: Geschriebene Information braucht im Grunde nur einmal übermittelt zu werden, um für alle Ewigkeit bestehen zu können. Daß das Schreiben sozusagen das letzte Wort in der Übertragung eines Großteils unseres Wissens ist, wird dadurch nachgewiesen, daß wie oben gezeigt, immer mehr Computer Print-Outs oder Bildschirmtexte ausgetauscht werden. Print-Outs waren in der Tat immer ein integraler Bestandteil der Computer, wie das Schreiben ein Teil der elektronischen Revolution seit ihrem Beginn gewesen ist - etwa bei den Worten in Telegrammen oder beim Bücherlesen, das durch die Erfindung des elektrischen Lichts gefördert wurde.[16]

Aber wie oben auch gesagt wurde, läßt die abstrakte Herrschaft von Sprache, Schreiben und Druck die Übermittlung von einem Großteil der Grundlagen menschlicher Erkenntnis außen vor; diese Medien machen nämlich die ganze äußere Wirklichkeit sozusagen zu Bürgern zweiter Klasse des Kommunikationsreiches. Damit die äußere Welt gebührend berücksichtigt wurde, mußte das Wissen bis zu dem Punkt voranschreiten, an dem der Mensch eine ganz neue Medienart entdecken konnte: Der Anfang war die Entwicklung der Photographie vor 150 Jahren.

Photographie, Elektrizität und die Kopierung der äußeren Wirklichkeit

Vollständige Kopie eines Originals ist prinzipiell unmöglich und widerspricht sich selbst, da das Duplikat offensichtlich nicht die Einzigkeit des Originals erfassen kann, ja, tendenziell zerstört. Das Ziel der Kopie ist daher jeweils nur partiell, bedeutet gewöhnlich die möglichst zutreffende Wiedergabe von wesentlichen Aspekten des Originals.

Voralphabetische piktographische Systeme versuchten schon eine Kopie der visuellen Wirklichkeit, aber ihr Überleben scheiterte letztlich an schwacher Qualität sowohl der Wiedergabe als auch der Verbreitung. (Piktographische Systeme, die jeweils ein unterschiedliches Symbol für jedes Wort oder jeden dargestellten Gegenstand erfordern, sind viel schwieriger zu erlernen und zu benutzen als phonetische Alphabete wie das unsere, das mit 26 Symbolen arbeitet. Das Überleben der chinesischen Idiogramme, die zum Teil piktographisch und zum Teil phonetisch sind, bildet eine seltene Ausnahme.) Gemalte Bilder versuchten natürlich auch die visuelle Welt zu kopieren, aber der entscheidende Durchbruch kam erst mit der Photographie und ihrer Nachkommenschaft.

Die Photographie ist deswegen etwas Besonderes, weil sie, um André Bazin zu folgen, frei von der Erbsünde der Subjektivität ist[17] - das heißt, sie erfaßt die Welt ohne die unausweichlich abstrahierende Intervention der menschlichen Geistes- und Vorstellungskraft (mentality), die in jeder Malerei stattfindet, wie natürlich auch in allen verbalen und geschriebenen Beschreibungen der äußeren Wirklichkeit. Die Aspekte der dargestellten Welt sind in der fehlerlosen Erfassung der Photographie so nahe an der äußeren Realität wie das, was wir von ihnen mit unseren bloßen Augen oder durch Fernrohre und Mikroskope sehen. Ferner: Obwohl die ersten photographischen Bilder nur einen Zug der äußeren Wirklichkeit genau erfaßten, nämlich die visuelle Form, haben nachfolgende Entwicklungen in der Photographie Bewegung, synchronisierten Ton, Farbe und mit der Entwicklung der Holographie 1949 auch die Tiefendimension mit der übermittelten Darstellung wiedergegeben.[18] Diese vergrö-ßerte Reichweite der äußeren Wirklichkeit, deren Darstellungen ohne Abstraktion übertragbar sind, hat nicht nur der Kritik und Verbreitung dieser Darstellungen Hilfestellung geleistet, sondern sogar ihrer Hervorbringung; denn das lebensnahe photographische Bild der äußeren Wirklichkeit kann als Ersatz für ihre menschliche Wahrnehmung dienen bei jener ersten Begegnung von Außenwelt und menschlicher Erkenntnis, durch die Darstellungen oder Erkenntnis der Realität erzeugt werden (die von Raumsonden gewonnenen Photographien sind ein Beispiel).

Und zugleich hat die Einführung der Elektrizität und der elektromagnetischen Wellen in die Kommunikation nicht nur zu einer wechselwirkenden und unmittelbaren und gleichzeitigen Übertragung der gedruckten Information geführt, sondern auch zur unmittelbaren und gleichzeitigen Übermittlung von nichtabstrakten Bildern und Tonfolgen zu Millionen. In der Tat, durch die Schaltverbindung immer beweglicherer Computer- und Videosysteme steuern wir schnell auf eine Zeit hin, in der jeder jederzeit und überall sofortigen Zugang zu allem Wissen der Menschheit haben wird. Dies würde offensichtlich eine im höchsten Grade optimale Umgebung für Kritik und Erzeugung wie Verbreitung von Wissen bilden.

So hat in den letzten 150 Jahren die elektrochemische Revolution eine empirische Präsenz hergestellt, die in der Vermittlung von Darstellungen seit dem Beginn der Kommunikation und der Menschheit in der Sprache gefehlt hatte.

Kognitive Evolution als kosmische Evolution

Fassen wir zusammen: Die Technik leistet einen Beitrag zum Wachstum der menschlichen Erkenntnis in fünf unterschiedlichen, obwohl einander überlappenden Beziehungen: (a) alle Techniken sind materielle Verkörperungen und daher mehr oder weniger dauerhafte Abspeicherungen von Ideen, die in einem gewissen Grade den Test an der äußeren Wirklichkeit bestanden haben; (b) Fernrohre, Mikroskope und ähnliche Techniken dehnen unsere Außenwelterfahrungen aus und erlauben damit die Erzeugung von Erkenntnis in Bereichen, die unseren bloßen Sinnen unzugänglch sind; (c) Computer vergrößern die Möglichkeiten unserer inneren kognitiven Fähigkeiten selbst, indem sie die Erzeugung von Wissen aus riesigen Erfahrungsmengen fördern, die sonst unsere von Instrumenten nicht unterstützten Fähigkeiten überwältigt hätten; (d) die Sprache, das Schreiben und ähnliche Medien erleichtern die Kritik und Verbreitung von Wissen, indem sie Information und Darstellungen durch Abstraktion übertragen, durch einen Prozeß, der besonders für die Vermittlung abstrakter Begriffe geeignet und vielleicht sogar für deren Existenz verantwortlich ist; (e) fotografische und bild- wie tonerzeugende Medien übermitteln Darstellungen der äußeren Wirklichkeit mit wenig oder keiner Abstraktion, sie ermöglichen dadurch weitverbreitete Kritik und Verbreitung der Darstellungen mit sehr hohen Entsprechungsgraden zu Aspekten der äußeren Wirklichkeit so, wie sie unmittelbar von unseren Sinnen aufgenommen wird. Der technische Beitrag zu Wissen und Erkenntnis deckt somit alle notwendigen äußeren und inneren, abstrakten und sinnesgebundenen kognitiven Grundbereiche ab.

Wie zuvor schon erörtert, hat der technische Beitrag zur menschlichen Erkenntnis und in gewissem Maße auch ihre technische Bildung Folgen, die merklich über das menschliche Wissen an sich hinausgehen, denn unser Wissen ist sicherlich nicht nur ein geschlossenes oder selbstgenügsames System. Im Gegenteil, das menschliche

Wissen oder Verständnis und die Organisation der äußeren Umgebung scheinen sowohl an der Spitze der vorherigen kosmischen Evolution zu stehen als auch die Tür zur Zukunft des Universums aufzuschließen. Ob wir zum Beispiel mit Wiener denken, daß das menschliche Wissen letztlich ein unwirksamer Deich gegenüber dem Entropiewachstum ist,[19] oder etwa mit Prigogine, daß selbst nicht lebende Materie einige Kennzeichen des Erkenntnis- und Wissensspeicherungsprozesses, soweit Ordnung durch Fluktuation erzeugt wird, aufweist[20] (ich neige dazu, Prigogine zuzustimmen) -, wir können jedenfalls sehen, daß Wissen und Erkenntnis aus einem viel dümmeren und ungerichteten Universum entstanden sind und dieses transzendiert haben. Wenn wir weiterhin berücksichtigen, daß die Anwendung der Erkenntnis in der Technik buchstäblich und materiell die äußere Welt ändert, beginnen wir zu sehen, wie die Existenz zunehmend durch den Ausdruck des Wissens in der Technik geformt wird. Solche kosmischen Folgen der Technik sind von mehreren großen Philosophen gewürdigt worden, so etwa von Marx und Heidegger, wie auch von mehreren weniger hervorstechenden Gestalten - einschließlich Friedrich Dessauer[21] -, aber sie sind im allgemeinen von den Geistesströmungen unserer Zeit nicht angesprochen worden.

Die entscheidende Wirkung des menschlichen Wissens, der Erkenntnis und der Technik ist, daß sie ein Element der Gerichtetheit, der Abwägung und des Planens in die natürliche Selektion des Universums einbringen, das früher vermutlich keine solchen Elemente enthielt, obwohl Erkenntnis und Technik selbst gewiß nicht frei von unbeabsichtigten Folgen und Zusammenstößen mit unvorhergesehenen Elementen der Umgebung sind. Menschliche Steuerung bedeutet natürlich nicht, daß die natürliche Selektion oder Evolution unterbrochen oder aufhören wird, sondern vielmehr, daß sie vom Menschen angeregt oder hergeleitet wird.[22] Die Situation scheint ähnlich der einer "eingefrorenen" Filmaufnahme, bei der eine Zeitlang ein und dasselbe Bild auf der sich bewegenden Filmrolle erscheint und so auf der Leinwand stehengeblieben aussieht, obwohl der Film weiterhin durch den Projektor läuft und der Projektionsvorgang andauert. In der technischen Projektion auf dem kosmischen Bildschirm wird dieses Bild ein menschliches sein. Wir können sagen, daß aufgrund des Ausdrucks der menschlichen Erkenntnis in der Technik die Zukunft des Universums im menschlichen Geist liegt und somit in den Informationstechniken, die ihm Hilfe leisten.

Anmerkungen

[1] D.T. Campbell: "Evolutionary Epistemology", In: The Philosophy of Karl Popper, herausgegeben von P.A. Schilpp (La Salle, Ill: Open Court, 1974), S. 413-463; (45) "Evolutionary Epistemology: Partial Supplementary Bibliography", verteilt bei der Ersten Internationalen Zusammenkunft der Open Society and Its Friends, New York City, November 1982. Repräsentative Arbeiten sind von Lorenz und Popper: Lorenz: "Kants Lehre vom Apriorischen im Lichte gegenwärtiger Biologie" (zuerst veröffentlicht 1941 in: Blätter für Deutsche Philosophie 15, S. 94-125; übersetzt von D.T. Campbell, In: Konrad Lorenz: The Man and His Ideas, herausgegeben von R.I. Evans (New York: Harcourt Brace Jovanovich, 1975), S. 181-217; Popper, Objective Knowledge (New York: Oxford, 1972).

[2] "Unjustified Variation and Selective Retention in Scientific Discovery", in: Studies in the Philosophy of Biology, Hg. F.J. Ayala & T. Dobzhansky (Berkeley, Cal.: Univ. of California, 1974), S. 179-186.

[3] Die Relevanz der Technik für die Philosophie wird in meinem Aufsatz "What Technology Can Teach Philosophy" untersucht; in: In Pursuit of Truth: Essays on the Philosophy of Karl Popper, Hg. P. Levinson (Atlantic Highlands, NJ: Humanities, 1982), S. 157-175. Diese und die meisten anderen Themen, die im vorliegenden Aufsatz diskutiert werden, wurden in meinem im Druck befindlichen Buch Mind at Large: Knowing in the Technological Age weiterentwickelt.

[4] Eine solche Umwandlung oder maßstabgerechte Anpassung der Erfahrung an den Intellekt ist natürlich eine erkenntnistheoretische Anpassung, d.h. eine Anpassung der Beziehung zwischen äußerer Wirklichkeit und den kognitiven Strukturen des Individuums. Sie ist daher von Fragen der Technik und sozialen Zumessung zu unterscheiden, d.h., davon, welche Typen der Technik für verschieden große Gruppen und Ebenen der Gemeinschaft geeignet sind, wie sie z.B. von Robert McGinn diskutiert werden in: "The Problem of Scale in Human Life: A Framework for Analysis", in: Research in Philosophy and Technology, Vol. 1, Hg. P. Durbin (Greenwich, CT: JAI, 1978) S. 39-52. Die zwei Typen von Bewertungsmaßstäben stehen natürlich nicht vollkommen beziehungslos nebeneinander, insofern als gruppendynamische Prozesse Einfluß darauf haben, was und wie wir etwas wissen und insofern auch, als das Wissen die Gruppenbildung und Gruppenprozesse beeinflußt. Zu einer Diskussion des Einflusses konzertierter oder gruppenorientierter Vorstellungen auf evolutionär abgeleitete Erkenntnis vgl. Aharon Kantorovich, "The Collective A Priori in Science", Nature and System 5 (1983), S. 77-96; zu einer Diskussion über

den Einfluß von technischer Konstruktion durch neue Gruppentypen und soziale
Komplexe auf den Wissens- und Erkenntnisprozeß vgl. Kap. 8 meines Buches Mind At
Large.

[5] The Sense of Order (Ithaca, NY: Cornell, 1979), S. 9.

[6] Blaise Pascal: Pensées, übers. H.F. Stewart (New York: Pantheon, 1950), S. 18-31.

[7] Aristoteles glaubte, daß, obwohl natürliche und künstliche Prozesse fehleranfällig
sind (Physik II, 8), ein natürlicher Prozeß, nämlich die Wahrnehmung primärer
Qualitäten (z.B. der Farbe) durch die Sinne, "niemals irrt oder wenigstens den
geringsten Falschheitsbetrag zuläßt" (De Anima III, 3). Vgl. Paul Feyerabend, "Wider
den Methodenzwang" (Frankfurt 1976), Kap. 10.

[8] Unsere Fähigkeit, das Zutreffen von technisch ermöglichten Wahrnehmungen zu
prüfen, ist jedoch durch eine Variante von Menons Paradoxon beschränkt: Wir können
nur das entdecken, was wir bereits wissen, d.h., was wir in einer Begegnung
bemerken könen; aber wenn wir bereits wissen, wonach wir suchen, warum suchen
wir überhaupt? Dieses Paradoxon kann auch wie folgt dargestellt werden: Wir
konstruieren Techniken, weil unsere bloßen Sinne ungenügend oder unfähig sind, in
bestimmten Bereichen zu arbeiten; in der Tat, wenn unsere bloßen Sinne in diesen
Bereichen gut funktionierten, würden wir überhaupt nicht die entsprechenden
Techniken erfinden; daher sind unsere nicht durch Instrumente unterstützten
Fähigkeiten unfähig, die Wirksamkeit der Techniken in gerade jenen Bereichen zu
überprüfen, für die diese Techniken entworfen wurden - und solche technischen
Abläufe können nur durch andere Techniken getestet werden, d.h. durch Rückgang
auf genau die Aktivität oder Gegenstandsklasse, deren erkenntnistheoretischer
Status gerade in Frage steht. (Natürlich können wir den Ablauf einer Technik in
einem Bereich abschätzen, der unseren bloßen Sinnen zugänglich ist - z. B. indem wir
ein Fernrohr auf einen Gegenstand auf dem Planeten Erde richten -, und für den
Fall, daß unsere Sinne den technischen Ablauf bekräftigen, können wir eine
gleichermaßen zutreffende Anwendbarkeit der Technik für einen entfernten Bereich
annehmen.) Zu einer Diskussion einiger der moralischen Folgen dieses Problems -
nämlich, sind wir moralisch verantwortlich für Techniken, die über unsere
nichttechnischen Fähigkeiten der Einschätzung und Steuerung hinausgehen? - vgl.
Walther Zimmerlis Beitrag in diesem Band.
Zu einem Argument über die Einheit von natürlichen und technischen Arten des
Wissens vgl. Aharon Kantorovich: "Quarks: An Active Look At Matter", Fundamenta
Scientiae 3 (1982), S. 297-319; Kantorovich definiert Wissensgewinnung als Herunter-

ziehen von oberflächlichen und phänomenologischen Erfahrungsaspekten, um die zum jeweiligen Zeitpunkt als unveränderlich und beizubehaltende Menge von (Grund-) Elementen zu enthüllen; dies gilt gleichermaßen dafür, ob jemand Falschheit durch Logik von Wahrheit zu trennen, durch den Himmelsdunst mit einem Fernrohr hindurchzublicken oder eine der Materie zugrundeliegende Symmetrie zu entdecken versucht, indem er in der Quantenphysik Teilchenzusammenstöße hervorruft. In diesen Fällen ist das technologisch gewonnene Resultat nicht (so sehr) die angenommene Wahrheit oder Wirklichkeit, die wir bloßlegen - von der wird angenommen, daß sie vor allem technischen Eingriff existiert -, vielmehr ermöglichen die veränderte Umgebung oder die technisch hervorgerufenen Umstände erst den Zugang zur bis dahin verborgenen Realität.

[9] Das wird diskutiert in: "The World's Oldest Works of Art", The New York Times Magazine, 21. Mai 1978, S. 26-29f; vgl. Marshak, The Roots of Civilization (New York: McGraw-Hill, 1972), für eine Prüfung der Entwicklung der Mathematik in den letzten Perioden des Pleistozäns.

[10] Vgl. W.O. Baker et al., "Computers and Research", in: Electronics: The Continuing Revolution, Hg. P.H. Abelson & A.L. Hammond (Washington, DC: AAAS, 1977), S. 56-61 für einen einführenden Überblick.

[11] In der Tat, Newton drückte seine Verachtung gegenüber eines Rivalen Anspruch aus, das Gesetz der Schwerkraft zuerst entdeckt zu haben, indem er feststellte, daß "Dr. (Robert) Hooke nicht das ausführen konnte, was er vorgab: Soll er den Beweis davon geben. Ich weiß, daß er nicht genug Geometrie beherrscht, um es zu leisten" (Frank E. Manuel, Portrait of Isaac Newton (Cambridge, MA: Belknap, 1968), S. 152, 422. Zum Nachweis der Wichtigkeit von Computerprogrammen für die Berechnung von Gleichungen in der gegenwärtigen theoretischen Physik und für eine Diskussion des Aufruhrs, der im California Institute of Technology über eine mögliche kommerzielle Ausbeutung eines solchen Programms entstand, vgl. G. Kolata "Caltech Torn by Dispute Over Software", Science, 27. Mai 1983, S. 932-4. Vgl. auch Heinz Pagel, "Fires in Space" (Reviews of Kippenhahn's 100 Billion Stars and Friedmann's Foundations of Space-Time Theories), New York Times Book Review, 21. August 1983, S. 9, 18, der erklärt, daß, obwohl die Gesetze, die die physikalischen Prozesse innerhalb der Sterne beherrschen, schon zu Ende der zwanziger Jahre bekannt gewesen waren, "die Astrophysiker durch die bloße Komplexität der mathematischen Gleichungen, die die nuklearen und thermodynamischen Wechselwirkungen beschreiben, behindert waren. Dann wurden nach dem zweiten Weltkrieg Hochgeschwindigkeitscomputer gebaut. Indem sie Computer

benutzten, konnten die Astrophysiker die einschlägige Mathematik beherrschen und detaillierte Modelle bauen, die das Innere der Sterne simulieren".

[12] J.W. Wyatt u.a. berichten "The Status of Hand-Held Calculator Use in School", Phi Delta Kappa, November 1979, S. 217-8, daß 43% der von ihnen befragten Lehrer meinten, daß Taschenrechner das Gedächtnis und die mathematischen Fähigkeiten von Kindern verringern würden. Die Autoren berichten auch, daß mehr als 100 Studien über die Wirkung von Taschenrechnern kurzfristig keine nachteiligen Ergebnisse zeigen (die Technik ist zu neu für Langzeitstudien).

[13] The Works of Plato, übers. von B. Jowett, Hg. I. Edman (New York: Modern, 1928), S. 324.

[14] Repräsentative Arbeiten: Innis, Empire and Communications (Toronto: Univ. of Toronto, 1950/1972), The Bias of Communication (Toronto: Univ. of Toronto, 1951/1964); McLuhan, The Gutenberg Galaxy (New York: Mentor, 1962), Understanding Media (New York: 1963), und The Literate Revolution in Greece and Its Cultural Consequences (Princeton: Princeton Univ., 1982).

[15] Vgl. auch E. Eisenstein, The Printing Press As an Agent of Change (New York: Cambridge Univ., 1979).

[16] David de Hahn vermutet, daß das "elektrische Licht mehr dazu beitrug, die Gewohnheit des Bücherlesens zu verbessern, als irgendetwas zuvor", Antique Household Gadgets and Appliances (Woodbury, NY: Barron's, 1977), S. 121.

[17] What Is Cinema?, übersetzt und herausgegeben von H. Gray (Berkeley, CA: Univ. of California, 1971), S. 12-14.

[18] Die Evolution der Kommunikationsmedien in Richtung auf eine vollständigere und genauere Kopie der "vortechnischen" Wirklichkeit wird im einzelnen betrachtet in meinem "Human Replay: A Theory of the Evolution of Media", Ph.D. Diss., New York University, 1979.

[19] Z.B. Norbert Wiener, The Human Use of Human Beings (New York: Avon: 1950/1967), S. 66.

[20] Z.B. R.B. Tucker, "Interview with Ilya Prigogine", Omni, May 1983, S. 84 ff. Vgl. Erich Jantsch, Hg. The Evolutionary Vision (Boulder, CO: Westview, 1981) für eine umfassendere Diskussion dieser und verwandter Themen.

21   Vgl. Daniel Bell, "Technology, Nature, and Society", in: The Frontiers of Knowledge (kein Hg.) (Garden City, NY: Doubleday, 1975), S. 28-78, für eine Diskussion von Marx in diesem Zusammenhang: Michael Zimmerman, "Technological Culture and the End of Philosophy", in: Research in Philosophy and Technology, Vol. 2, Hg. P. Durbin (Greenwich, CT: JAI, 1979), S. 137-145, für eine kritische Untersuchung von Heideggers Lehre von der Technik; und Friedrich Dessauer, Philosophie der Technik: das Problem der Realisierung (Bonn: Cohen, 1927), (Teil II übers. von C. Mitcham als "Technology in Its Proper Sphere" in Philosophy and Technology, Hg. C. Mitcham & R. Mackey (New York: Free Press, 1972), S. 317-334, 375-377). Marx Wartofsky argumentiert in seiner "Critique of Impure Reason II", Science, Technology & Human Values 6 (33) (Herbst 1980), S. 5-23, daß die menschliche Vernunft am besten verstanden wird, wenn man sie in ihrer lebendigen Anwendung innerhalb von sozialen und technischen Strukturen untersucht. Vgl. auch meinen Artikel "What Technology Can Teach Philosophy" und Mind At Large (s.o. Anm. 3).

22   Mein Hauptpunkt hierbei ist, daß wir keine Möglichkeit besitzen, schlußfolgernd vorauszusagen oder sogar zu garantieren, daß unsere rational ausgerichteten technischen Handlungen die beabsichtigten Ergebnisse herbeiführen. Einige Beobachter - besonders deutlich Jacques Ellul in The Technological Society (NY: 1964, frz. Original 1954) - sind sogar so weit gegangen zu vermuten, daß die rationale Gerichtetheit in der Technik selbst widersprüchlich ist, insofern die Technik selbst Strukturen enthält, die die rationale Absicht außer Kraft setzen. Meine Antwort ist, daß schon der Umstand, daß wir in diesem technischen Zeitalter in der Lage sind, solch eine Möglichkeit zu erwägen, zeigt, daß dies nicht so ist - d.h., soweit die Rationalität durch Schreibmaschinen, Computer, Luftfracht, elektrisches Licht und eine Vielzahl anderer Techniken dargestellt und vermittelt wird, ist sie lebendig und gut; sie existiert in großem Ausmaß in Verbindung und vereinbar mit Maschinen, obwohl sie natürlich immer unvollkommen ist. Ich stimme daher mit Stan Carpenter (z.B. mit seinem Artikel "The Cognitive Dimension of Technological Change" in Research in Philosophy and Technology Band 1, S. 213-228) überein, daß unsere Rationalität in hervorragender Weise der Aufgabe angemessen ist, eine bessere Welt durch Technik zu bauen, obwohl wir natürlich stets auf technisch erzeugte Schäden aufmerksam sein müssen.

* Der Autor dankt Hans Lenk für die Übersetzung dieses Beitrags ins Deutsche.

Homo Mensura
Der Mensch ist seine Technik – Technik ist menschlich

Alois Huning
Universität Düsseldorf

Technik hat den Zweck, die Natur umzugestalten in eine Welt des Menschen, und zwar nach Zielen des Menschen, die aufgrund von Bedürfnissen und Wünschen vorgestellt werden. Der Mensch hat nur in wenigen Ausnahmefällen - falls überhaupt - eine Chance, ohne diesen naturverändernden Eingriff zu überleben. Daher gehört die Technik unentbehrlich zum Menschsein und tritt unmittelbar mit dem Menschen zusammen in der Geschichte auf. Sie ist Verstärkung, Erweiterung, Ergänzung der Organe, die der Mensch als Lebewesen besitzt, die ihn aber in ihrer Natürlichkeit den Lebensbedingungen seiner natürlichen Umwelt nicht gewachsen sein lassen.

Anthropologische Deutung der Technik macht sinnvollerweise den Versuch, alles Technische als vom Menschen Gemachtes aus dem Menschen selbst und aus den in ihm integrativ aufgehobenen niederen Seinsgraden zu erklären. Nicht nur der Geist des Menschen ist hier als Quelle derTechnik zu betrachten, sondern auch die Schichten, die erst Werden und Funktion des menschlichen Geistes entstehen ließen und noch immer tragen.

Es gibt Technik, die der anorganischen Materie entspricht; es gibt Technik, die dem vegetativen wie dem sensitiv-tierischen Leben entspricht; und es gibt Technik, die Organe und Funktionen von Organen des Menschen redupliziert, bis hin zur Technik in Analogie zu den entwickeltsten geistigen Funktionen des Menschen. Der Mensch kann im Grunde nur sich selbst reproduzieren, wobei die einzelnen Parameter und Funktionen ihre Analogie behalten, auch wenn sie an Extension oder an Intensität zunehmen. Das gilt für Ergänzungstechniken, Verstärkungstechniken und Entlastungstechniken gleichermaßen.

Damit ist der Begriff der "Analogie" - zusammen mit "Muster" und "Modell" - als ein zentraler Begriff der Anthropologie der Technik herausgestellt. Dieser Gedanke hat seinen Ursprung bereits in der vorchristlichen griechischen Anthropologie und Metaphysik, die von der christlichen Scholastik weiterentwickelt wurden. Danach ist der Mensch ein sich entwickelndes Wesen, das auf dem Wege ist, seine Entelechie zu realisieren. Der Mensch ist als bedürftiges Wesen verstanden, das noch nicht alles hat und noch nicht alles ist, was es haben oder sein könnte oder sollte. Die Menschheit in ihrem geschichtlichen Gang präsentiert sich als ein Unvollendetes, ein Nicht-Ganzes, das nach Vollendung, Ergänzung und Erweiterung verlangt.

Die aristotelisch-scholastische Philosophie hat diesen Gedanken vor allem für das menschliche Individuum herausgearbeitet, das als endlich-begrenztes Wesen auf Handlung und Vollendung angewiesen ist. Diese Philosophie sieht Aktivität, Selbstvollendungshandeln als Wesensmerkmal allen endlichen Seins, weil alles endliche Sein höhere Vollkommenheit zuläßt. Diese Tendenz zum Mehr-Werden ist aber begrenzt durch die jeweilige endliche Eigenart. Das endliche Sein will mehr sein, aber weil es endlich und begrenzt ist, hat es nur eine endliche und begrenzte Handlungsmacht, begrenzt gerade durch die jeweilige endliche Seinsart: Jedes endliche Sein kann nur seine eigene, keine fremde Entelechie als Vollendung seiner selbst erreichen; es kann nur das Wirklichkeit werden lassen, was als Noch-Nicht-Seiendes, aber als Möglich-Seiendes bereits in ihm ist. "Agere sequitur esse", "agere sequitur formam", sagten die Scholastiker mit Aristoteles.[1]

Diesen klassischen Gedanken hat Hegel weiterentwickelt und in jeder materiellen wie geistigen Leistung des Menschen eine Exteriorisation des Menschen selbst gesehen. Hegel und nach ihm noch mehr Karl Marx nehmen dabei anders als Aristoteles - der dieses eher formal auch für die Anthropologie anerkennt, ohne entsprechende Konsequenzen zu ziehen - in ihr System als konstitutiv die Einsicht auf, daß der Mensch nicht bloß Individuum ist, sondern immer mit anderen Menschen in einer Welt lebt, die ihm mit Tieren, Pflanzen und lebloser Materie gemeinsam ist. Die konkrete Person ist als Ganzes von Bedürfnissen und als Vermittlung von Naturnotwendigkeit und Willkür Prinzip der bürgerlichen Gesellschaft sowie ihrer materiellen Grundlagen und ihrer Organisation, aber immer in der Vermittlungsbeziehung zu anderen Personen, die erst Geltung und Anerkennung sowie die Befriedigung der Bedürfnisse durch ihre Vermittlung ermöglichen.

Elementare Bedürfnisse weniger Menschen lassen sich mit elementarer Technik der einzelnen befriedigen. Viele Menschen mit entwickelten Bedürfnissen verlangen gesellschaftlich vermittelte Arbeitsorganisation zur Bedürfnisbefriedigung, verlangen entwickelte Technik und eine ihr entsprechend organisierte Gesellschaft, die immer weniger Unmittelbarkeit zuläßt, sondern stattdessen immer höhere Abstraktion und Entwicklung des Geistes erforderlich macht.

In solcher Erfüllung menschlicher Bedürfnisse durch die gesellschaftliche Arbeit sieht Hegel - der Tradition aristotelischen Denkens durchaus entsprechend - zugleich die Perfektibilität und die Perfektion des Menschengeschlechts realisiert. Indem der Mensch erfaßt, was er ist, und dieses zu seinem Gesetz macht, kann er werden, was er noch nicht ist, aber sein kann.[2]

An solche Gedanken Hegels schließt sich die erste systematische Abhandlung an, die sich schon vom Titel her als "Technikphilosophie" präsentiert, Ernst Kapps

"Grundlinien einer Philosophie der Technik". In diesem Werk will Ernst Kapp (der lange Jahre als Hydrotherapeut und Techniker in Texas gewirkt hat, bevor er nach Deutschland zurückkehrte und in Düsseldorf dieses Werk verfaßte, das 1877 im Braunschweiger Verlag von Georg Westermann erschien) aus neuen Gesichtspunkten einen Beitrag zur Entstehungsgeschichte der Kultur leisten.

Seine Gedanken sind es wert, gerade angesichts neuer Entwicklungen in der Technik, neu überdacht und weiterentwickelt zu werden, um Möglichkeiten zum anthropologischen und metaphysischen Verständnis der gegenwärtigen und zukünftigen Technik zu finden.

Schon im ersten Absatz seines Vorworts erklärt Kapp die anthropologische Intention seines Werkes; es geht ihm darum, die Entstehung und Vervollkommnung der aus der Hand des Menschen stammenden Artefakte als erste Bedingung der Entwicklung des Menschen zum Selbstbewußtsein darzulegen.[3]

In Kurzfassung beschreibt er selbst den Inhalt seines Werkes: "Zunächst wird durch unbestreitbare Tatsachen nachgewiesen, daß der Mensch unbewußt Form, Funktionsbeziehung und Normalverhältnis seiner leiblichen Gliederung auf die Werke seiner Hand überträgt und daß er dieser ihrer analogen Beziehungen zu ihm selbst erst hinterher sich bewußt wird. Dieses Zustandekommen von Mechanismen nach organischem Vorbilde, sowie das Verständnis des Organismus mittels mechanischer Vorrichtungen, und überhaupt die Durchführung des als Organprojektion aufgestellten Prinzips für die, nur auf diesem Wege mögliche, Erreichung des Zieles der menschlichen Tätigkeit, ist der eigentliche Inhalt dieser Bogen".[4]

Hier begegnet bereits der Terminus, der in der Technikdiskussion aus anthropologischer Sicht immer wieder auftaucht: "Organprojektion"; Gestalt, Form und Funktion der vom Menschen produzierten Technik werden in Analogie, näher oder ferner vom Original, gesehen, und das Produzieren selbst geschieht in Analogie zu Mustern, die in der Funktion des menschlichen Organismus ihre Urform haben.

Die Ähnlichkeit mit dem "Original", die Analogie, kann sehr unterschiedlich sein, mehr oder weniger groß und auf unterschiedlichen Ebenen angesiedelt. Kapp zeigt das an Werkzeugen und Maschinen, an der Information und an der Sprache, schließlich am Staat als der Organisation der Gesellschaft.

Kapp sieht in dem Inhalt einer Wissenschaft nichts anderes als den zu sich selbst zurückkehrenden Menschen. Aber der Mensch ist nicht nur Geist, sondern zuerst Leib, und "erst mit der Gewißheit der leiblichen Existenz tritt das Selbst wahrhaft ins Bewußtsein".[5] Hierzu sollte neben Hegel in der Gegenwart besonders Jean-Paul Sartre mit seiner Analyse des Blicks und der Scham einbezogen werden, durch die geistige Kommunikation vermittelt über den Leib des anderen möglich wird.

Kapp bezieht sich ausdrücklich auf den alten griechischen Sophisten Protagoras, der den Satz formuliert hat, daß der Mensch das Maß aller Dinge sei. "Wenn auch beim

Mangel an physiologischem Wissen zunächst mehr der reflektierende Mensch, weniger der leibliche, gemeint war, so war doch ein für allemal der anthropologische Maßstab formuliert und der eigentliche Kern menschlichen Wissens und Könnens, in wenn auch anfänglich noch so dunkler Verhüllung, kenntlich gemacht.

Ihm verdankt ihren ewigen Inhalt die griechische Kunst, deren Meißel in Götterbildern den Idealmenschen verkörperte, und es ist immerhin bezeichnend, daß für Sokrates die Bildhauerkunst, der er sich in jüngeren Jahren gewidmet, die Vorstufe gewesen ist zu seiner spätern geistigen oder ethischen Plastik, auf Grund der bekannten Tempelinschrift 'Erkenne dich selbst'; ja, die ganze Kultur der Menschheit ist von ihrem Anbeginn an nichts anderes als die schrittweise Ausschälung und Enthüllung seines Kernes".[6] Mit solchen Überlegungen will Kapp Psychologie und Physiologie in eine umfassende Anthropologie einbetten, ein Anliegen, das nicht nur in der Medizin, sondern auch in der Forderung nach Humanisierung der Arbeit und nach menschengerechter Technik gerade heute aktuell ist.

Der anthropologische Maßstab für die Technik kann daher nicht einseitig nur im körperlichen Befund des Menschen liegen - etwa im Bemühen um körpergerechte Autositze, wie in der Anthropotechnik in der Fahrzeugtechnik -, sondern muß im ganzen Menschen gesucht werden. Das gilt für das zentrifugale Hinausstreben in Wissenschaft und Technik gleichermaßen wie für das zentripetale Hineinstreben des Menschen in seiner Selbsterkenntnis.[7]

Dabei zeigt Kapp, daß alles Vorstellen und Denken von Neuem notwendig ein anthropozentrisches sein muß. Sogar wer das zu bestreiten versucht, kann es nur versuchen durch die Annahme eben dieser Voraussetzung: Der Mensch kann nur vom Menschen aus denken und Bilder des Möglichen entwerden.[8]

Unter Berufung auf die Evolutionslehre verweist Kapp darauf, daß der Mensch alle vorausgegangenen Entwicklungsstufen des Materialen und der Tierwelt in sich hat.[9] Deshalb muß der Mensch das ordnende Prinzip in der Natur und das ordnende Prinzip der Natur sein.[10]

Der Mensch ist es selbst, der die Frage beanwortet, was der Mensch sei. Kein Tier kann das sagen, kein Stein. Kapp komprimiert und simplifiziert hier Hegel: "Von den ersten rohen Werkzeugen, geeignet die Kraft und Geschicklichkeit der Hand im Verbinden und Trennen materieller Stoffe zu steigern, bis zu dem mannigfaltigst ausgebildeten 'System der Bedürfnisse', wie es eine Weltausstellung gedrängt vorführt, sieht und erkennt der Mensch in all diesen Außendingen, im Unterschiede von den unveränderten Naturobjekten Gebild der Menschenhand, Taten des Menschengeistes, den sowohl unbewußt findenden, wie bewußt erfindenden Menschen - Sich selbst".[11]

Im Werkzeug sieht Kapp einerseits eine "Erhöhung der Sinnestätigkeit" - das wäre unsere geläufige Vorstellung. Er sieht aber weiter im Werkzeug als Werk des

Menschen etwas so dem Menschen Verwandtes, "daß er in der Schöpfung seiner Hand ein Etwas von seinem eigenen Sein, seine im Stoff verkörperte Vorstellungswelt, ein Spiegel- und Nachbild seines Innern, kurz einen Teil von sich" erblickt.[12]

Der Mensch kann eben nur sich selbst projizieren und produzieren - nach dem Grundsatz, "daß aus Jeglichem immer nur das, was in ihm liegt, hervortreten kann".[13] Deshalb besteht für Kapp die Organprojektion im "Vor- oder Hervorwerfen, Hervorstellen, Hinausversetzen und Verlegen eines Innerlichen in das Äußere. Projektion und Vorstellung" bedeuten also eigentlich dasselbe.[14]

Diese Äußerung aber geschieht in der Arbeit. Daher kann das Werkzeug als Zeichen des Beginns der menschlichen Existenz verstanden werden. Die erste Arbeit ist der geschichtliche Anfang. "Alle Arbeit ist Tätigkeit, aber nur die bewußte Tätigkeit ist Arbeit".[15] Kapp meint, ein Tier arbeite nicht. Erst Teilung der Arbeit als bewußte Berufsarbeit macht darum wirklich Geschichte aus. Die Arbeit an der Werkzeugherstellung ermöglichte schließlich das Überleben auch körperlich schwächerer Menschen und schwächte durch die Entlastungsfunktion auch die Starken; dadurch wurde andererseits im Kampf um das Überleben immer mehr Werkzeugherstellung notwendig, was eine Verlagerung des Gewichts auf das Geistige erforderte, dessen Entwicklung wiederum dadurch gefördert wurde.

Diese grundsätzlichen anthropologischen Einsichten versucht Kapp nun in Einzelfällen und Bereichen deutlich zu machen.

Die erste Stufe der Werkzeugherstellung ist für ihn die Projektion von menschlichen Formen, vor allem der Hand (als Greifmittel, aber auch als Hohlform oder Gefäß) auf ungeformtes Material.

Die nächste Stufe wäre die Erkenntnis von Gesetzen, Formen und Algorithmen, die im menschlichen Organismus festgestellt werden; diese werden auf Material angewandt, das nach ihnen funktionsfähig gestaltet wird, ohne die Form übernehmen zu müssen.

Im Aufstieg zu abstrakteren Ableitungen behandelt Kapp sodann Gesicht und Gehör und die davon abgeleiteten akustischen und optischen Instrumente und Apparate. "Auge und Ohr sind die bevorzugten Organe der Intelligenz".[16]

Ein weiteres Organ, das als "Original" für werkzeugliche "Analogien" dient, ist die Herzpumpe. - Die Knochen dienen als Urbild für die Gestaltung von Konstruktionsteilen. - Auch dort, wo die Medizin noch nicht zu den entsprechenden Kenntnissen vorgedrungen ist, sieht Kapp diese Analogien, ja gerade hier bestätigt sich, daß in der Technik der Mensch sich selbst reproduziert: "Mag daher das bewußte Schaffen der Technik noch so hell im Vordergrund strahlen, es ist doch nur der Abglanz aus der Tiefe des Unbewußten, doch nur das erst durch die primitiven Werkzeuge erlöste Bewußtsein".[17]

Die Untersuchungen von Dampfmaschinen und Eisenbahnen sind ebenfalls im Detail recht interessant, aber auch sie dienen nur der Bestätigung der Kappschen These, die in Parallele zur menschlichen Ernährung die Umsetzung in Wärme und Bewegung geschehen sieht,[18] so daß auch hier - unter Berufung auf Ludwig Feuerbach - wieder deutlich wird, "daß der Gegenstand des Menschen nichts anders ist, als sein gegenständliches Wesen selbst".[19]

Im achten Kapitel analysiert Kapp das elektrische Telegraphensystem in Parallele zum menschlichen Nervensystem. "In der Tat entsprechen sich die Verhältnisse vollständig: Die Nerven sind Kabeleinrichtungen des tierischen Körpers, wie man die Telegraphenkabel Nerven der Menschheit nennen kann" - ein Virchow-Zitat bei Kapp.[20]

Kapp beansprucht diese Analogien aber auch für Bereiche, bei denen uns die Rückführung auf physische "Originale" im Menschen nicht gelingt. Dafür rekurriert er auf das Unbewußte, das zur Gestaltung im äußerlich Wahrnehmbaren drängt, um so dem Menschen die Möglichkeit zu geben, in diesem Äußeren sein Inneres zu reflektieren.[21]

Der Mensch soll also in der Technik sich selbst erkennen, und Kapp sieht seine Aufgabe darin darzulegen, "wie diese Selbsterkenntnis mit den sehr greifbaren Mitteln, welche aus den von seiner eigenen Hand geschaffenen Utensilien bestehen, zu Stande kommt".[22] "Und diese Außenwelt ist es, worin der Mensch sich eine Fortsetzung seiner selbst nach außen erschaffen hat, ohne welche für ihn weder das Verständnis und die Benutzung der Natur, noch der Aufschluß über sein eigenes Wesen denkbar sein würde. Er wird sich ihrer bewußt, so wie sie, von dem ersten rohen, dem natürlichen Organ nachgeformten Werkzeug anhebend, heute in einem Reichtum der kompliziertesten Maschinenwerke gipfelt. Sie erscheint ihm als eine aus ihm selbst hervorgegangene Welt, als ein Äußeres, das vorher sein Inneres war".[23]

Die ganze Kultur ist nichts anderes "als die in höherem Sinne sich weiter bildende Menschennatur"; die gesamte Kultur ist so etwas wie "das Groß-Kostüm der Menschheit". Vollendete Technik wäre letztlich die völlige Projektion des im Menschen Angelegten in die Außenwelt. Daher kann Kapp zum Schluß seines Werkes resümieren: "Hervor aus Werkzeugen und Maschinen, die er geschaffen, aus den Lettern, die er erdacht, tritt der Mensch, der Deus ex machina, Sich Selbst gegenüber".[24]

Das war einsichtig für die bisherige Technik; es gilt aber als grundsätzliche Aussage auch für alle gegenwärtige und zukünftige Technik, auch wenn man Heidegger beziehungsweise Arno Baruzzis Heidegger-Deutung nicht zustimmt, daß "die Technik in ihrer Selbstbewegung bereits alles vollzogen" hat, "was sie überhaupt prinzipiell vollziehen kann" und bereits "alles gebracht hat, was sie bringen kann".[25] Besonders wichtig ist die Einsicht, daß es nicht ausreicht, nur den Körper des Menschen als Ausgangspunkt seiner Projektionen zu betrachten: Auch Psyche und Geist sind Quellen menschlicher Technik und werden es in Zukunft noch mehr sein. Bezogen auf das Verhältnis von Technik und Wissenschaft läßt sich dieser Gedanke auch so formulieren: Waren früher Physik und Chemie die "materialen" Bezugswissenschaften der Technik (neben der "formalen" der Mathematik), so sind es heute mehr und mehr Biologie und Medizin; sicher wird bald auch die Psychologie dazu gehören.

Wenn wir uns gegenwärtig besonders mit der Computer-Technologie und der Mikroelektronik auseinandersetzen müssen, dann reicht es nicht aus, elektrische Systeme als analoge Nachbildungen des Nervensystems zu verstehen und Mikrochips vielleicht als Neurotransmitter und Speicher als eine Art von Gehirnzellen zu deuten. Kurz: Es reicht nicht, nur die hardware unserer Technik als Kopie oder Projektion des Biologisch-Physikalischen im Menschen zu begreifen. Damit ist bloß eine theriologe oder zoologe Stufe der Technik zu deuten. Dieses Analogie-Verständnis muß auch die software einschließen, die Funktionen und Inhalte von Geist und Psyche des Menschen redupliziert. Die heutige Technik beginnt, das den Menschen vom Tier Unterscheidende nach außen zu setzen, wirklich anthropologe Technik zu werden; sie erfordert daher eine wahrhaft anthropologische Deutung. Dabei reicht es sogar nicht aus, nur das Individuum und seine innere Organisation als Quelle der Technik zu betrachten: Auch der Mensch als soziales Wesen ist Ursprung besonderer Technik, wie es deutlich wird beim unentbehrlichen Teamwork zur Erstellung modernster Maschinen, Maschinensysteme und Programme, wo der einzelne das Gesamtwerk nicht durchschaut und wo auch Strukturen menschlicher sozialer Beziehungen (nicht bloß soziale Organisationsmuster, sondern auch psycho-soziale Relationen) in technischen Systemen imitiert werden, auch mit der Konsequenz, daß der einzelne beziehungsweise das einzelne Systemteil ersetzbar, austauschbar wird, ohne daß dadurch die Entwicklung und die Funktion des Ganzen gestört würden. Eine individualanthropologische Deutung der Technik greift daher zu kurz; sie muß um ihre sozialanthropologische Dimension erweitert werden.

Die Folgerung aus diesen Überlegungen ist in einer kurzen Fassung recht klar und offenbart zugleich ihre Problematik. Weil die Technik der Mensch selbst ist, ist Beherrschung der Technik im Grunde nichts anderes als Beherrschung des Menschen selbst. Der Mensch ist das Maß dessen, was er macht. Je weniger materiell und sichtbar die Technik den Menschen nachbildet, desto schwieriger werden Beherrschung und Steuerung der Technik. Je mehr aber das Psychische und Geistige und der soziale Aspekt des Menschen Quelle seiner Technik werden, desto schwieriger wird es, dieses Bild des Menschen zu durchschauen. Auch wenn sich in der Technik jeder Zeit immer der Mensch dieser Zeit offenbart, so bedeutet das keineswegs, daß er sich selbst in gleicher Weise erkennt und beherrscht, wie es ihm gelingt, sich technisch-instrumentell zu exteriorisieren. Geschichtlich ist festzustellen, daß der Mensch bisher sich und seine Möglichkeiten eher durch sein "Machen" und nach diesem begriffen hat.[26]

Wir müssen in der Tat - mit Max Horkheimer und der Frankfurter Schule - feststellen, daß die kritische und steuernde Vernunft des Menschen hinter seiner technisch-instrumentellen Leistung zurückgeblieben ist.

Die Möglichkeiten der Technik waren und sind an die Entwicklung des Menschen und seiner Umwelt gebunden. Es müssen bestimmte sozio-ökonomische Bedingungen gegeben sein, und der Mensch muß eine bestimmte physische, psychische und geistige Entwicklungsstufe erreicht haben, ehe bestimmte Formen von Technik "gefunden" werden können. Alle "Erfindung" ist daher ein geschichtlich möglich gewordenes Finden von etwas, das grundsätzlich ein für allemal als möglich Gegebenes ist. So läßt sich auch eine Abstraktionsformel des platonischen Ideenhimmels, der aristotelischen Entelechie oder der augustinischen "rationes seminales" noch heute in einer historisch-anthropologischen Interpretation retten.

Die Entwicklung der Technik zeigt sich hier als Weg der Selbstvollendung der Natur nach ihrer immanenten, weil eingegebenen Teleologie, so daß Technik als Menschwerdung der Erde begriffen werden kann oder als Selbstverwirklichung des Menschenmöglichen.

In der Technik wird damit die Zukunftsdimension des Menschen und seines Handelns deutlich. Die Geschichte erweist sich als machbar durch den Menschen, der Neues Realität werden läßt, das allerdings in der Seinsgestalt des Noch-Nicht bereits immer anwesend ist, wie insbesondere Ernst Bloch und Gajo Petrović herausgearbeitet haben.

Aber diese Zukunftsdimension zeigt einen Menschen, dessen schöpferische Freiheit des Geistes eingebunden ist in das Schicksal der inerten Materie mit ihrer determinierten und determinierenden Unterworfenheit unter unwandelbare Relationen und Gesetze. Wenn der Mensch im Austausch des Gebens und Nehmens unbeherrscht den "Frieden mit der Natur" durch sein technisches Eingreifen in Maßlosigkeit verletzt, dann wird er selbst zum Opfer seines Angriffs. In unserer Zeit stellt sich einer Anthropologie der Technik vordringlich die Aufgabe, die verlorene Einheit des Menschen wiederzugewinnen, auch die Einheit mit der Natur, in der er sein Zuhause finden muß. Der Mensch kann nicht ohne Technik sein; Technik ist nicht ohne Eingriff in das Natürliche möglich; der Eingriff darf aber kein Angriff sein; die Natur kann gezähmt, zum Haustier werden - aber auch Haustiere kann man naturgemäß oder "unnatürlich" halten.

Der Mensch ist in der Gegenwart auseinandergefallen in der Entwicklung seiner Subjektivität - die Kritikfähigkeit und die Steuerungskraft eingeschlossen - und in

der Entwicklung seiner Objektseite, unter Einschluß seiner instrumentellen Zugriffs-
fähigkeit. Nur in der Ganzheit kann die Vernunft die Fähigkeit wiedergewinnen, über
Ziele zu urteilen, sonst fügt sich die subjektive Vernunft allem, was durch
Meinungsbefragungen, Dezisions- oder Wahlprozesse festgelegt wird, ohne daß nach
dem Wahrheits- oder Wertgehalt überhaupt gefragt würde.

Wegen des Entwicklungsvorsprungs der technischen Vernunft muß verstärkte
Anstrengung auf den Weg nach innen, auf die Selbstreflexion verwandt werden.
Diese Selbstreflexion kann aber in dieser Zeit nicht bloß individuell geleistet werden.
Gerade die Entwicklung der Technik zur großen Maschinerie und die schon begonnene
sowie die voraussehbare Weiterentwicklung in Analogie zu den höheren Fähigkeiten
des Menschen fordert auch den "großen" Menschen, der sich selbst in kommunikativen Prozessen erkennt.

Vielleicht hat Jürgen Habermas diese Aufgabe am klarsten formuliert. Es geht ihm
darum, die instrumentelle Vernunft, die Tendenzen zur Ablösung und Verselbständigung zeigt, wieder einzuholen, um sie einzubringen in eine ganzheitlichere Vernunft
des individuellen wie des sozialen Subjekts, dem das Recht der Kritik im Sinne einer
Beurteilung und Entscheidung zusteht und das die Fähigkeit entwickelt hat, dieses
Recht auch wahrzunehmen. Es gilt, die Gewalt technischer Verfügung in den
Konsensus handelnder und verhandelnder Bürger zurückzuholen.

Darum zwingt die technische Entwicklung zur Weiterentwicklung des Menschen, der
sonst von der durch ihn entwickelten Technik - die nur eine Seite des Menschen
darstellt, und zwar nicht gerade die "menschlichste" - vereinnahmt und damit als
Mensch ausgelöscht wird.

Hierzu muß sich das Bewußtsein nicht mehr nur als individuell-subjektives, sondern
auch als allgemein-objektives in der Subjektivität der Bewußtheit konstituieren und
seine vernünftige Identität zu gewinnen suchen. Nur durch diese Identitätsgewinnung
- die durch Einsicht in Werte und Wertordnungen, durch Konsens und Bindungswillig-
keit der Subjekte bezüglich einer "objektiven" Ordnung ermöglicht wird - läßt sich
die zentrale Gefahr einer ausschließlich technischen Zivilisation vermeiden: "die
Spaltung des Bewußtseins und die Aufspaltung der Menschen in zwei Klassen - in
Sozialingenieure und Insassen geschlossener Anstalten".[27]

Daher ist es in unserer Zeit eine vordringliche Aufgabe - insbesondere auch der
Philosophie - einen Beitrag zum ganzheitlichen Verständnis des Menschen, zu seiner
der technischen Leistungshöhe entsprechenden geistig-psychischen Entwicklung zu
leisten. Der einzelne Mensch kennt sich (vor allem auch seine geistige und
psychische Reichweite wie seine Grenzen) nicht ganz und beherrscht sich folglich
auch nicht ganz; vor allem aber gilt, daß die Menschheit, die Gattung, der "soziale"
Mensch sich noch lange nicht kennt und beherrscht. Philosophische Ansätze liegen
hierzu eigentlich erst nur im Marxismus und in philosophischen Hintergründen

mehrerer Religionen vor (Christentum: Corpus Christi mysticum; Hinduismus und Buddhismus: Eingang in den Ursprung, Einheit im Nirwana), die philosophisch weiterzuentwickeln wären ebenso wie die naturrechtlichen Voraussetzungen der universalen Menschenrechte, die bisher eigentlich mehr als kommunikations- und konsenstheoretisch hochstitilisierte Common sense-Gedanken formuliert worden sind.

Der neue doppelte Homo-Mensura-Satz ist daher Aussage und Forderung zugleich:

Als Aussage bedeutet er: Der Mensch ist seine Technik. Die Technik jeder Zeit redupliziert den Menschen dieser Zeit. In der Technik tritt der Mensch sich selbst gegenüber, als Freund wie als Feind. Die Technik des Menschen ist menschlich, so ambivalent wie der Mensch selber.

Als Forderung bedeutet er: Menschenverträglichkeit, Verträglichkeit mit dem einzelnen Menschen, der Menschheit in Gegenwart und Zukunft und mit dem Humanitätsideal müssen Maß und Norm jeder Bewertung und Steuerung gegenwärtiger und zukünftiger Technik sein. Das aber kann nur gelingen, wenn die Philosophie dem Anspruch genügt, eine der Technik gemäße Individual- und Sozialanthropologie zu entwickeln.

Eine Zeit kann nur dann die rechte Technik und das rechte Verhältnis zu ihrer Technik haben, wenn sie das rechte Menschenbild hat. Daher ergibt sich die drängende Notwendigkeit einer ziel-, maßstab- und leitbildorientierten Bildung des ganzen Menschen anstatt bloßer immer bruchstückhafter Sachkompetenz, die den homo faber sapiens zum bloßen - und sogar für ihn selber so furchtbar gefährlichen - homo faber macht.

Anmerkungen

1. Vgl. hierzu F. Van Steenberghen, Ontologie. Einsiedeln - Zürich - Köln 1952, S. 181 ff.

2. Vgl. G. W. F. Hegel, Grundlinien der Philosophie des Rechts. Hamburg 1955, S. 165 (§ 182), 169 (§ 188), 171 (§ 192), 289 (§ 343).

3. E. Kapp, Grundlinien einer Philosophie der Technik. Zur Entstehungsgeschichte der Cultur aus neuen Gesichtspunkten. Braunschweig 1877 (Photomechanischer Neudruck: Düsseldorf 1978). Vgl. Vorwort, S. V.

4. Ebd. S. V f.

5. Ebd. S. 2

6. Ebd. S. 3 F.

7. Ebd. S. 13

8. Ebd. S. 14

9. Ebd. S. 19 f.

10. Ebd. S. 21

11. Ebd. S. 25

12. Ebd. S. 25 f.

13. Ebd. S. 28

14. Ebd. S. 30

15. Ebd. S. 34

16. Ebd. S. 83

17. Ebd. S. 123

18. Ebd. S. 137

19. Ebd. S. 138

20. Ebd. S. 140

21. Ebd. S. 162

22. Ebd. S. 165

23. Ebd. S. 169

24. Ebd. 270 und S. 351

25. A. Baruzzi, Heidegger: Gestell und Gelassenheit. In: Allgemeine Zeitschrift für Philosophie 1983, Heft 2, S. 1 - 6; vgl. S. 6

26. Diese These Kapps, der Selbsterkenntnis des Menschen in vielen Fällen erst aus zumeist unbewußter Projektion in ein Äußeres folgen läßt, vertritt auch A. Baruzzi im oben (Anm. 25) angeführten Aufsatz unter Hinweis auf Hobbes; vgl. S. 3

27. J. Habermas, Theorie und Praxis. Frankfurt [4]1971, S. 333 f.

Mensch und Maschine
Eine Computer-Metapher

Earl MacCormac
Davidson College, Davidson, North Carolina

Die Interaktion zwischen Mensch und Maschine hat nicht nur die gesellschaftlichen Organisationsformen verändert, sondern auch die Begriffe verwandelt, in denen der Mensch zu denken gewohnt war. Dies gilt besonders für begriffliche Vorstellungen, die dazu dienen, die menschliche Natur selbst zu bestimmen. Jacques Ellul beschreibt den tiefgreifenden Einfluß der Maschinen als weit über die bloße Anpassung des Menschen an die Maschine hinausgehend.

> Wenn ich behaupte, die Technik führe zur Mechanisierung, meine ich nicht die einfache Tatsache, daß der Mensch an die Maschine angepaßt wird. Zwar ist ein solcher Anpassungsprozeß gegeben, aber er wird durch die Maschine verursacht. Worauf es hier jedoch ankommt, ist, die Art der Mechanisierung zu beachten. Wenn wir der Maschine eine überlegenere Art des Wissens und Know-how zuschreiben dürfen, so ist die aus der Technik resultierende Mechanisierung eine Anwendung jener höheren Form auf alle Gebiete, in denen Maschinen bisher unbekannt waren. Wir könnten sogar sagen, daß die Technik gerade für jenen Bereich charakteristisch wird, in dem die Maschine selbst keine Rolle spielen kann.[1]

Der Gebrauch von Technik-Metaphern, um die Natur des Menschen zu deuten, veranschaulicht eine Weise, in der die Technik den Mechanisierungsprozeß über die Maschine hinaus ausdehnt. Dem Aufkommen von Maschinen folgte die Metapher "Der Mensch ist eine Maschine", sobald die Ähnlichkeit in der Arbeitsweise von Mensch und Maschine erkannt wurde. Diese im 18. Jahrhundert beliebte Metapher veranlaßte den Menschen, sich als eine Maschine zu betrachten. Solange sie wußten, daß sie nicht in einem wörtlichen Sinne Maschinen waren, sondern diesen nur in mancher Hinsicht ähnelten und sich in anderer unterschieden, behielten die Menschen die Kontrolle über jene Technik, die den Mechanisierungsprozeß des Denkens vorantrieb. Als die Metapher jedoch wörtlich genommen und die Gleichsetzung des Menschen mit der Maschine selbstverständlich wurde, kam es zu einem autonomen Prozeß der metaphorischen Mechanisierung. Dies hatte den Zusammenbruch der Metapher, die zur Analogie wurde, sowie die Aufhebung der Verschiedenartigkeit von Mensch und Maschine zur Folge. Wie Ellul nahelegt, herrscht dann allein die Technik, die den Menschen von der Natur und von seiner kulturellen Tradition abtrennt und ihn dadurch seiner Menschlichkeit beraubt.

> Die Technik ist autonom geworden; sie hat eine alles verschlingende Welt
> gestaltet, die eigenen Gesetzen gehorcht und auf jegliche Tradition verzichtet.
> Die Technik gründet nicht länger auf der Tradition, sondern auf vorangegange-
> nen technischen Prozeduren; und ihre Entwicklung schreitet zu rasch, zu
> umstürzlerisch voran, als daß die älteren Traditionen integriert werden
> könnten.[2]

Die Computer-Metapher, die den menschlichen Geist und das Gehirn als einen
Computer interpretiert, hat im 20. Jahrhundert die im 18. gebräuchliche Metapher
vom "Menschen als Maschine" ersetzt. Wir werden die Entwicklung der Computer-
Metapher unter Berücksichtigung ihres Ursprungs im 18. Jahrhundert verfolgen und
anschließend die These vertreten, daß die Verwendung der Computer-Metapher
innerhalb eines Prozesses der Mechanisierung des Denkens keineswegs zwangsläufig
zu einer Autonomie der Technik führen muß. Ein Bewußtsein des metaphorischen und
damit hypothetischen Status der Computer-Metapher verhindert, daß die Technik
menschlicher Kontrolle entgleitet. Stattdessen wird der Mensch durch diese Lenkung
der Technik seine Verbindung zu Natur und Tradition bewahren können.

Geht man von der Computer-Metapher aus, kann das menschliche Gehirn als eine
dem Computer ähnelnde Einrichtung betrachtet werden, und der Geist erscheint
dann als eine Reihe von Programmen, mit deren Hilfe das Gehirn funktioniert.
Menschliches Denken läßt sich nicht zwangsläufig auf Gehirnfunktionen reduzieren.
Vielmehr verbinden sich menschliches Denken und Gehirnfunktionen, um einen
Rechenprozeß hervorzubringen. Die Hardware des Gehirns arbeitet unter der
Kontrolle der Software des Geistes, um jene Rechenoperation zu erzeugen, die wir
herkömmlich als Erkenntnis bezeichnen.

Zenon Pylyshyn bestimmt den Kern der Computer-Metapher in folgender Weise:

> Die Ansicht, daß Erkenntnis als ein Rechenprozeß verstanden werden kann, ist
> in den modernen kognitiven Theorien allgegenwärtig. Sie wird sogar von jenen
> vertreten, die keine Computerprogramme anwenden, um Modelle kognitiver
> Prozesse darzustellen. Denn auch dieser Sichtweise, zuweilen als "Informations-
> verarbeitung" bezeichnet, liegt u.a. die fundamentale Annahme zugrunde, daß
> kognitive Prozesse im Sinne von formalen Operationen verstanden werden
> können, die in symbolischen Strukturen ausgeführt werden. Auch dies stellt den
> formalistischen Versuch einer theoretischen Erklärung dar. In der Praxis können
> Einzelbestandteile symbolischer Strukturen die Gestalt einer lexikographischen
> Bezeichnung annehmen (wie in der Linguistik oder Mathematik üblich), oder sie
> sind physikalisch in einem Computer als Datensatz oder als ein durchführbares
> Programm vorhanden.[3]

Die Computer-Metapher für Erkenntnis kann als nachprüfbarer Beweis für das Gelingen einer interaktionistischen Sicht von Metaphern gelten. Das Erscheinen des modernen Computers brachte die Deutung mit sich, daß diese Maschinen denken können. Die Disziplin der Künstlichen Intelligenz wurde von jenen Informatikern, Philosophen und Psychologen entwickelt, die die metaphorische Deutung akzeptierten, daß der Computer in ähnlicher Weise wie der Mensch geistig tätig sei. Bei einer Interaktionsmetapher sind beide Bestandteile der Metapher verändert. Wenn wir metaphorisch behaupten, daß "Computer denken", nimmt die Maschine Eigenschaften des denkenden Menschen an; denn wir fragen, ob der Computer Absichten und Gefühle hat, ob er die Fähigkeit besitzt, rationale Schlußfolgerungen zu ziehen. Aber zugleich nimmt der "Denker" (der Mensch) die Eigenschaften eines Computers an. Genau dies ist im Fall der Computer-Metapher geschehen: Wir beschreiben nun den menschlichen Geist in Begriffen, die auf den Computer zutreffen. Wir sprechen vom neuronalen Status des Gehirns, als wäre dieser wie der interne Status eines Computers; wir sprechen von geistigen Denkprozessen, als wären sie algorithmisch. In vielen Hinsichten ist der Computer dem Geist ähnlich. Der Computer kann Daten speichern, sie abrufen und manipulieren; er kann lernen, neue Strukturen zu erkennen und kann sogar neue kognitive Gesetzmäßigkeiten schaffen. Menschliche Erkenntnis funktioniert in ähnlicher Weise wie Maschinen rechnen; der Mensch kann die Fäden ziehen gemäß den Regeln der Sprache und der Mathematik. Obwohl der Computer viele seiner Rechenoperationen schneller und effizienter durchführt, schneidet bei einem Vergleich, der die Unterschiede einbezieht, der Mensch besser ab. Denn er hat Gefühl, besitzt größere Kreativität und zeichnet sich dadurch aus, daß eine große Zahl seiner Handlungen absichtsvoll ist. Jene Gegner, die dem Computer die Intelligenz absprechen, betonen die Einzigartigkeit solcher menschlicher Eigenschaften, während die Verteidiger der Künstlichen Intelligenz die Unterschiede herunterspielen. Sie leugnen die Bedeutung menschlicher Gefühle für den Computer und behaupten, daß dem Computer durchaus Intentionalität zuzubilligen sei.

Woran liegt es, daß die Gleichsetzung des Menschen mit dem Computer zu einer Metapher wurde und nicht bloß eine Analogie darstellt? Wir könnten die Computer-Metapher nicht verstehen, wenn wir die Ähnlichkeit zwischen Mensch und Computer nicht erkennen würden. Dabei schließen Unterschiede die Bildung einer Analogie nicht aus, da die meisten ergiebigen Analogien keine isomorphen sind, die eine Eins-zu-eins-Korrespondenz zwischen den einzelnen Teilen kennzeichnet. Behaupten wir, daß die Metapher sich von der Analogie darin unterscheidet, daß sie eine Fremdartigkeit besitzt (obwohl sie Analogien von Zügen und Teilen ihrer Referenten voraussetzt), die sich aus der Nebeneinanderstellung von Referenzen ergibt, dann wären wir verpflichtet, die Grundlage dieser Fremdartigkeit genauer zu erforschen.

Die Fremdartigkeit entspringt der signifikanten Verschiedenartigkeit von Mensch und Maschine, die eine semantische Anomalie im metaphorischen Ausdruck hervorruft.

Die Theorie der semantischen und begrifflichen Anomalie behauptet, daß der Unterschied zwischen Metapher und Nicht-Metapher, insbesondere der Analogie, auf dem begrifflichen Erkennen der semantischen Anomalie der Metapher beruht, die als bedeutsam verstanden wird. Emotionale Spannung ist ein Symptom dieses Erkennens und nicht dessen Ursprung. Doch nicht alle semantisch anomalen Wortgefüge sind Metaphern, sondern nur solche semantische Anomalien, die wir so interpretieren können, daß sie neue Einsichten und andere mögliche Bedeutungen hervorrufen. Eine fremdartige Nebeneinanderstellung von Referenzen, die semantische Anomalien hervorbringt, ist nicht zwangsläufig ein Verstoß gegen die Grammatik. Denn sollten Anomalien ein metaphorisches begriffliches Verständnis bewirken, sind sie völlig normal; d.h., sie sind der Beginn eines Prozesses semantischer Veränderung, der dann zu Ende gehen würde, wenn semantische Kennzeichen sich ändern und neue lexikalische Eintragungen vorgenommen werden.

Das Erhellen der menschlichen Natur durch die mechanische Metapher ist kein Phänomen des 20. Jahrhunderts, denn schon im 18. Jahrhundert wurde diese Metapher reichlich gebraucht. La Mettrie zum Beispiel veröffentlichte 1748 seinen berühmten Essay "Der Mensch eine Maschine". Es wird La Mettrie von denjenigen, die das Werk nicht gelesen haben, unterstellt, er habe den Menschen mit einem mechanischen Apparat wie einer Uhr bloß verglichen. Dies hat er in der Tat getan, aber darüberhinaus erkannte er, daß "der Mensch eine Maschine (ist), welche so zusammengesetzt ist, daß es unmöglich ist, sich zunächst von ihr eine deutliche Vorstellung zu machen und folglich sie zu definieren".[4] Aus diesem Grunde griff La Mettrie zu einer Vielzahl von Metaphern. Wenden wir uns zunächst seiner streng mechanischen Metapher zu:

> (...) der menschliche Körper ist eine Uhr, aber eine erstaunliche, und mit so viel Kunst und Geschicklichkeit verfertigt, daß, wenn das Rad, welches zur Angabe der Sekunden dient, zum Stillstehen kommt, das für die Minuten sich weiter dreht und seinen Schritt weiter geht, sowie auch das Viertelstundenrad seine Bewegung fortsetzt, und ebenso die anderen Räder, wenn die ersten verrostet oder aus irgend welcher Ursache verdorben, ihren Gang unterbrochen haben.
> Ist die Verstopfung einiger Gefäße nicht in eben derselben Weise ungenügend zur Zerstörung oder Unterbrechung des Hauptsitzes der Bewegungen, welcher im Herzen, das gleichsam den für die Eröffnung der Maschine bestimmten Teil bildet, sich befindet; weil ja im Gegenteil die Flüssigkeiten, deren Umfang

vermindert ist, einen kürzeren Weg zu machen haben, und ihn um so rascher, wie von einem neuen Strome fortgerissen, durchlaufen, als sich die Kraft des Herzens wegen des Widerstandes, den es am Ende der Gefäße findet, vermehrt?[5]

La Mettrie vergleicht die Fähigkeit, Ideen und Gedanken ins Gedächtnis zurückzurufen, mit einem Gärtner, "welcher die Pflanzen kennt, sich alle ihre Benennungen bei ihrem Anblicke vergegenwärtigt".[6] Die im Gehirn hervorgerufenen Vorstellungen vergleicht er mit einer "magischen Laterne".[7] Auch die 'Seele' wird als eine sehr "erleuchtete Maschine"[8] beschrieben. Doch durch den Vergleich zwischen dem menschlichen Körper und der Maschine wird La Mettrie von dem biologischen Aspekt der Metapher fasziniert, und er spricht davon, daß das Gehirn Muskeln zum Denken habe, und behauptet, um den Menschen besser zu kennen, müßten wir uns nicht nur dem Maschinenwesen, sondern auch den Tieren zuwenden.

> Die verschiedenen Zustände der Seele stehen also immer in einem bestimmten Verhältnis zu denjenigen des Körpers. Aber um diese ganze Abhängigkeit und ihre Ursachen besser darzulegen, wollen wir hier die vergleichende Anatomie benutzen, wir wollen die Eingeweide des Menschen und der Tiere öffnen; um die menschliche Natur kennen zu lernen, wenn uns hierüber nicht schon eine zutreffende Parallele der Bauart beider aufklärt.[9]

Hier wird die Botschaft La Mettries deutlich, die denen verborgen bleibt, die seine Metapher vom Menschen als Maschine nur vom Hörensagen kennen. La Mettries "Maschine" ist eine aus Fleisch und Blut, sie kann nicht nur durch die mechanischen Teile der Artefakte erläutert werden, sondern auch durch den Vergleich mit Tieren. Die vielleicht faszinierendste These La Mettries ist seine Überlegung, daß es möglich sein sollte, den Affen die menschliche Sprache beizubringen, was unser Wissen über des Menschen Natur fördern dürfte. Er führt die Analogie des erfolgreichen Sprachunterrichts mit Taubstummen an und schließt:

> (...) die Ähnlichkeit der Bauart und der Verrichtungen des Affen ist auch von der Art, daß ich fast nicht zweifle, wenn man dieses Tier vollkommen übte, man käme damit zu Rande, ihm das Aussprechen und folglich das Verstehen einer Sprache zu lehren.[10]

La Mettrie hat die erst um 250 Jahre später erbrachten "Sprachleistungen" der Schimpansenmädchen Washoe und Lana vorweggenommen, denn neben der Computer-Metapher steht die Zwillingsmetapher: "Der Mensch ist ein Tier".

In "The Metaphorical Brain", einer zeitgenössischen Fassung von "Der Mensch eine Maschine", beschwört Michael Arbib ausdrücklich diese Zwillingsmetapher als die Basis zum Verständnis des Menschen.

Wir wollen verstehen, wie der Mensch denkt und sich verhält; insbesondere
möchten wir die Rolle des Gehirns beim Denken und Verhalten verstehen. In
einigen Hinsichten ähnelt das menschliche Gehirn dem Computer eines
Roboters, in anderen ist es dem Gehirn eines Frosches enger verwandt. Unser
Ziel ist es hier, ein Verständnis des Gehirns im Sinne zweier Hauptmetaphern zu
vermitteln. Das sind die kybernetische Metapher "Menschen sind Maschinen"
sowie die evolutionäre Metapher "Menschen sind Tiere". Wir werden die
Unterschiede nicht abwerten, aber wir hoffen, viel von den Ähnlichkeiten zu
lernen.

Wenn wir also dieses Buch "Das metaphorische Gehirn" betiteln, deuten wir
nicht damit an, das damit erreichte Verständnis des Gehirns sei auf irgendeine
Weise weniger "real" als das durch andere Bücher erreichte Verständnis.
Vielmehr benennen wir deutlich die uns von der Metapher gebotene Hilfeleistung
und verringern das Risiko des Mißverständnisses, das sich dann ergibt, wenn eine
implizite Metapher fälschlich für die Realität gehalten wird.[11]

Als Produkt der Evolution muß die biologische Seite des Menschen durch eine
Metapher oder eine Reihe von Metaphern beschrieben werden können, die zur
Erklärung der menschlichen Natur taugen. Während Arbib die Zwillingsmetaphern
"Menschen sind Maschinen" und "Menschen sind Tiere" verwendete, um die
biologische Natur des Menschen zu bestimmen, gebrauchte Pylyshyn nur die
Computer-Metapher "Erkenntnis ist ein Rechenprozeß". Die tierische Natur kommt
nur in einem Beispiel seiner Beweisführung vor, das er als "funktionale Architektur
des Geistes" kennzeichnete. Auf zwei Ebenen behandelt Pylyshyn den Zusammenhang
von Rechnen und Geist: 1. spricht er von den theoretischen Bedingungen für das
Rechnen und den Geist, und 2. von den biologischen Strukturen und Gehirnprozessen,
die diese Rechenoperationen ausführen. Diese Ebenen entsprechen der Software und
Hardware des Computers. Doch trotz dieser Unterscheidung findet es Pylyshyn
schwierig, Intentionalität und Bewußtsein zu begründen, die der Mensch aufweist,
wenn er selbstbewußt seine Mentalität verändernde Ziele setzt.

Noch erstaunlicher als sein Versuch, die biologischen Komponenten in die funktionale
Architektur eines Rechengeräts einzubeziehen, ist jedoch Pylyshyns Beharren
darauf, daß die Computer-Metapher wörtlich zu nehmen sei.

Vorausgesetzt, daß Rechnen und Erkennen in einem solch allgemeinen Sinn
betrachtet werden können, gibt es keinen Grund dafür, warum Rechnen bloß als
eine Metapher für Erkenntnis behandelt werden sollte, und nicht als eine
Hypothese über die wahre Natur der Erkenntnis. Trotz des weitverbreiteten
Gebrauchs der Computer-Terminologie (z.B. "speichern", "verarbeiten", "Opera-

tion") war ein großer Teil dieser Verwendung zumindest auch metaphorisch. Es hat einen Widerwillen dagegen gegeben, Rechnen als eine _wörtliche_ Beschreibung geistiger Tätigkeit zu akzeptieren; sie sollte lediglich eine heuristische Metapher sein.

Meiner Ansicht nach wurde durch diese Ablehnung, das Rechnen wörtlich zu nehmen, eine große Anzahl von Tätigkeiten unter der Rubrik "Informationsverarbeitung" zugelassen, die zum Teil eine signifikante Abweichung davon darstellen, was ich für die Kernidee einer Computertheorie des Geistes halte.[12]

Pylyshyn verlangt, daß wir uns die geistige Tätigkeit nicht bloß so vorstellen, _als ob_ sie wie die Algorithmen des Computers rechnerisch wäre; vielmehr sollen wir Erkenntnis mit Rechnen _gleichsetzen_. Dies bedeutet nicht, daß der Mensch mit dem Computer identisch ist, denn Pylyshyn hat eine sorgfältige Hierarchie der Theorieebenen erstellt, wobei Rechnen eine theoretische Ebene ist, die entweder am Beispiel der Maschine oder des Menschen aufgewiesen werden kann. Es heißt vielmehr, daß die Algorithmen, mit denen gerechnet wird, für Computer wie für das Gehirn dieselben sind. Daß Pylyshyn einen wörtlichen Status für die Computer-Metapher beansprucht, heißt allerdings, daß wir die Art und Weise ändern müssen, in der wir Mensch und Welt theoretisch gewohnt sind zu fassen. Pylyshyn verweist als Analogie auf die Akzeptanz der Euklidischen Geometrie im 17. Jahrhundert, mit der festgelegt wurde, wie die Natur des Raumes beschaffen ist. Nur zu Newtons Zeiten wurden die Axiome Euklids für eine wörtliche Beschreibung der physikalischen Welt gehalten. Diese Akzeptanz "beeinflußte tiefgreifend den Lauf der Wissenschaftsentwicklung" und die Anerkennung der Computer-Metapher werde sich in ähnlicher Weise auf die kognitiven Theorien auswirken - positiv natürlich.

Ein System als eine wörtliche Darstellung der Realität zu akzeptieren, ermöglicht Wissenschaftlern die Einsicht, daß bestimmte weitere Beobachtungen möglich sind und andere nicht. Dies ist weitreichender als die bloße Behauptung, daß gewisse Dinge geschehen, "als ob" einige unsichtbare Vorfälle sich ereigneten. Zugleich erzwingt jedoch eine solche Akzeptanz vom Theoretiker eine strenge Einschränkung insofern, als ihm nicht länger freisteht, an die Existenz nicht spezifizierter Ähnlichkeiten zwischen seiner theoretischen Darstellung und dem von ihm behandelten Phänomen zu appellieren, wie es ihm die Metaphorik erlaubt. Es ist dieser letztgenannte Grad von Freiheit, der die Erklärungskraft des Rechnens schwächt, sobald es metaphorisch eingesetzt wird, um bestimmte geistige Funktionen zu beschreiben. Wenn wir das Phänomen des Rechnens abstrakter als einen symbolischen Prozeß betrachten, der formale Ausdrücke verwandelt, die wiederum in Begriffen eines Bereichs ihrer Repräsentation (wie es Zahlen sind) interpretiert werden, dann wird uns deutlich, daß die Ansicht, geistige Prozesse seien Rechenoperationen, genauso wörtlich genommen werden kann, wie die, daß die Tätigkeit eines IBM-Computers zu recht als Rechnen betrachtet werden muß.[13]

Pylyshyn läßt jedoch die Konsequenzen einer wörtlich genommenen Euklidschen Geometrie unbeachtet, deren Ergebnis die Überzeugung von der Absolutheit der Länge war, die aber durch das Auftreten der Relativitätstheorie im 20. Jahrhundert zertrümmert wurde. Welche Garantie kann Pylyshyn dafür bieten, daß die Umwandlung der Computer-Metapher in eine wörtliche Beschreibung durch einen Glaubensakt die kognitive Wissenschaft nicht gerade verhindern wird, indem sie unser Problembewußtsein in eine zu enge Denkweise zwängt? Metaphern können dann am gefährlichsten sein, wenn wir vergessen, daß sie Metaphern sind. Durch die Vertrautheit statt durch Beweis werden wir dazu verleitet, eine Metapher wörtlich zu nehmen. Pylyshyn fordert Theoretiker dazu auf, die Computer-Metapher als wörtliche Beschreibung zu akzeptieren, nicht weil Beweise vorliegen, sondern weil er glaubt, daß eine solche Akzeptanz bessere Theorien hervorrufen werde, die eingeschränkter sind und dadurch präziser sein werden.

Die Frage, ob die Computer-Metapher wörtlich genommen werden soll, veranschaulicht eins der Hauptprobleme - wenn nicht sogar das eigentliche Problem -, mit dem jede Metapherntheorie konfrontiert wird: eine Grenze zwischen dem "Wörtlichen" und dem "Metaphorischen" zu ziehen. Bis vor kurzem betrachteten viele Linguisten, Philosophen und Wissenschaftler die Metapher mit Geringschätzung als einen ungrammatischen Kunstgriff, eher charakteristisch für nachlässiges Denken, und nicht als ein legitimes theoretisches Werkzeug. Nach Ansicht solcher Kritiker konnten Mystiker, die das Entzücken des Augenblicks universaler Vereinigung auszudrücken, oder Dichter, die ihre Liebe oder Qual sehnlichst zum Ausdruck zu bringen suchten, zu der Metapher greifen, da intuitiv Wahrgenommenes und Gefühle nicht präzise dargestellt werden konnten. Aber jedesmal, wenn ein Wissenschaftler zur Metapher griff, setzte er einen vagen, unpräzis figurativen Sprachgebrauch ein, während er seine Theorie bis zu dem Punkt hätte verbessern sollen, bis er sie in präziseren Begriffen hätte vorstellen können. Dennoch macht die wachsende Einsicht, daß Theorien Metaphern brauchen, die hypothetisch und verständlich zugleich sind, es notwendig, zwischen dem Metaphorischen und dem Wörtlichen zu unterscheiden.

Einige Metaphern-Theoretiker behaupten, daß alle Sprache metaphorisch sei, und es so etwas wie eine wörtliche Sprache nicht gebe. Sie räumen zwar ein, daß viele Metaphern ihre Fremdartigkeit verlieren und zu "abgestorbenen Metaphern" werden, doch sogar diese - so wird behauptet - behalten ihren metaphorischen Charakter, zwei nicht identische Referenzen zu vereinen. So gesehen, im Hinblick auf Repräsentation, sind alle Symbole Metaphern, denn sie stellen die Bedeutung eines im Augenblick des Ausdrucks nicht notwendig anwesenden Gegenstandes, Ereignisses oder einer Idee dar. Wenn man zugibt, daß Sprache metaphorisch ist, wird uns dann in jedem Fall - wie dem der Natur der Erkenntnis - eine Wahl zwischen Metaphern aufgezwungen. Warum ziehen wir den anderen möglichen Metaphern die Computer-Metapher vor? Im Gegensatz zu Pylyshyns These gibt es keine Möglichkeit, die Computer-Metapher in eine wörtliche Aussage umzuwandeln, da zwischen den beiden kein Unterschied besteht. Pylyshyn dürfte eine Metapher wählen, die weniger metaphorisch als andere wäre, aber er könnte das Wörtliche nie erreichen. Diese Auffassung hat schwerwiegende Konsequenzen, nicht nur für unser Bemühen, eine Metapher sinnvoll und verständlich zu deuten, da wir keine Norm der wörtlichen Sprache besitzen, die eine Unterscheidung erlaubte, sondern auch für eine Wahrheitstheorie. Da Bestätigungen einer Metapher niemals ihre Umwandlung in eine wörtliche Beschreibung bewirken können, werden wir mit einem relativistischen linguistischen Reich konfrontiert, ohne feste Anhaltspunkte für das, was als wörtlich erfahren werden könnte.

Wenn man auf der anderen Seite auf einer Unterscheidung zwischen dem Wörtlichen und dem Metaphorischen beharrt, müßte man diesen Anspruch dadurch rechtfertigen, daß man ein einleuchtendes Kriterium für diese Abgrenzung vorweist. Solch ein Kriterium wird nicht nur linguistisch sein müssen, sondern auch kognitiv, denn man hat zu zeigen, wie das Wörtliche als wörtlich und das Metaphorische als metaphorisch erfahren oder wahrgenommen werden kann. Die kognitiven Begriffe von Ähnlichkeit, Gleichartigkeit und Unterschiedlichkeit werden allesamt einbezogen, als Teile eines Erkenntnisprozesses, der Unterscheidungen ermöglicht. Und der Versuch, einen solchen Erkenntnisprozeß darzustellen, wird unweigerlich die Beschwörung von Metaphern oder zumindestens eine intuitive Unterscheidung zwischen wörtlich und metaphorisch nach sich ziehen. Dadurch gründet die Entwicklung unseres Kriteriums in einer Zirkelargumentation. Teilweise kann man diesem möglichen Paradox dadurch entkommen, daß man Diskursebenen unterscheidet. Wenn wir von der Unterscheidung zwischen wörtlich und metaphorisch im Zusammenhang mit kognitiven Prozessen sprechen, werden wir notwendigerweise auf einer Metaebene der Sprache reden müssen. Daß unsere Metapherntheorie auf der metalinguistischen Ebene selber metaphorisch ist, heißt nicht zwangsläufig, daß es keine Unterscheidung zwischen wörtlich und metaphorisch auf der Ebene der Objektsprache gibt.

Jede Theorie der Metapher, die eine Unterscheidung zwischen dem Wörtlichen und dem Metaphorischen behauptet, wird zugleich erklären müssen, wie sich Metaphern von der Alltagssprache unterscheiden, und wie Metaphern "untergehen" und damit Bestandteil gewöhnlicher Diskurse werden. Metaphern dienen linguistischen Veränderungen als Katalysator; die Metaphern einer Generation werden die abgedroschenen Phrasen der nächsten. Die Metapher ist ein normaler schöpferischer Erkenntnisprozeß des Menschen, der Begriffe miteinander verbindet, die normalerweise nicht verknüpft werden, was zu neuen Einsichten führt. John McCarthy, den man für den Urheber der Bezeichnung "artifical intelligence" hält, behauptet, der Maschine geistige Eigenschaften zuzuschreiben, sei völlig legitim und sollte nicht untersagt werden.[14]

> Es ist dann legitim, einer Maschine oder einem Computerprogramm gewisse "Überzeugungen", "Erkenntnisse", "freien Willen", "Intentionen", "Bewußtsein", "Fähigkeiten" oder "Bedürfnisse" zuzuschreiben, wenn eine solche Zuschreibung dieselbe Information über eine Maschine enthält wie über eine Person. Es ist nützlich, wenn die Zuschreibung uns die Struktur der Maschine zu verstehen hilft, deren vergangenes oder zukünftiges Verhalten, oder wie sie repariert und verbessert werden kann. Vielleicht ist es für Menschen nie logisch erforderlich, aber das ziemlich kurz auszudrücken, was wirklich über den Zustand einer Maschine in einer bestimmten Situation bekannt ist, könnte geistige Fähigkeiten erfordern, oder doch zumindest solche, die diesen sehr nahe kommen. Überzeugungstheorien, Erkenntnis und auch Bedürfnisse können für Maschinen unter einfacheren Bedingungen als für Menschen konstruiert und dann später auf Menschen angewandt werden. Die Zuschreibung von geistigen Eigenschaften ist am einfachsten bei Maschinen, deren Strukturen bekannt sind, wie beim Thermostat und bei Computersystemen; sie ist aber am nützlichsten, wenn sie auf Dinge angewandt wird, deren Strukturen nur sehr unvollkommen bekannt sind.[15]

McCarthys Argument hängt vom Begriff "das Selbe" ab. Wann drückt das Zuschreiben von Eigenschaften die _selbe_ Information über eine Person wie über einen Menschen aus? Einem Thermostat schreibt McCarthy die folgenden einfachen Überzeugungen zu: "Das Zimmer ist zu kalt"; "Das Zimmer ist zu heiß"; "Die Zimmertemperatur ist richtig". Doch hierfür muß der Thermostat den Begriff "zu kalt" nicht verstehen, den der Mensch sicherlich versteht. Wenn "Überzeugung" bloß spezifische Handlungen oder Dispositionen zum Handeln bedeutet, dann besitzt der Thermostat zweifellos die drei Überzeugungen, die ihm McCarthy zuschreibt. Wenn aber "Überzeugung" das Verstehen und die Zustimmung zu einem Plan bedeutet, dann bleibt es zweifelhaft, ob der Thermostat auf die _selbe_ Weise wie der Mensch "Überzeugungen" besitzt. Die metaphorische Übertragung menschlicher Charakteristika auf den Computer oder Eigenschaften des Computers auf den Menschen wirft die Frage auf, welche Aspekte der Metapher denn nun genau für beide die selben seien. Pylyshyn hatte richtig erkannt, die Computer-Metapher wörtlich zu nehmen, bedeutet, nur einige Züge menschlichen Rechnens und Computerrechnens würden dieselben sein. Wenn das Gehirn und der Computer Hardware-Beweise der funktionalen Architektur der Computer-Metapher darstellen, dann werden nur sehr wenige von den physikalischen Rechenprozessen einander ähnlich sein. Wenn metaphorische Zuschreibungen vorgenommen werden, müssen wir vorsichtig entscheiden, wie weit genau die Ähnlichkeit zwischen den beiden Referenzen der Metapher geht. Einige Kritiker der künstlichen Intelligenz behaupten, da Menschen, die Intelligenz zeigen, Schmerz fühlen, und Computer dies vermutlich nicht können, könnten Computer demzufolge keine intelligenten Wesen sein. Ein solches Argument setzt jedoch voraus, daß ein Wesen, wenn es Intelligenz besitzt, notwendigerweise alle anderen Attribute besitzen muß, die den Menschen ausmachen. Wie Daniel Dennett gezeigt hat, sei die Frage, ob Computer Schmerz spüren (da doch behauptet wird, Computer simulierten menschliche Intelligenz), etwa so als ob man frage, ob Computer Orkane erleben, da sie auch diese simulieren.[16] Wenn eine Maschine eine Überzeugung im Sinne einer Disposition zum Handeln besitzt, muß sie nicht unbedingt über andere Eigenschaften des Menschen verfügen, der ebenfalls diese Veranlagung zum Handeln (Überzeugungen) besitzt.

A. M. Turing erdachte 1950 ein Verfahren, genannt das "Nachahmungsspiel", das die Gleichsetzung von Computer und menschlichem Geist zur Voraussetzung hatte.[17] Ein Interviewer ist vor das Problem gestellt, bei zwei von ihm räumlich getrennten Personen den Mann von der Frau zu unterschreiben. Er stellt ihnen Fragen und erhält Antworten über einen Fernschreiber. Wenn einer der zwei Teilnehmer im anderen Raum durch einen Computer ersetzt wird, merkt der Interviewer keinen Unterschied. Die Maschine ist imstande, genauso intelligent und plausibel menschlich zu erscheinen wie der tatsächliche Teilnehmer. Die Verfechter der künstlichen Intelligenz bezeichnen dieses auf der Sprache aufgebaute Verfahren, das "Nachahmungsspiel", als den "Turing-Test". Nach ihm ist man in jedem Fall berechtigt, wenn es um die Eigenschaften des Computers geht, diesem menschliche Eigenschaften zuzuschreiben, wenn zwischen dem "out-put" einer Maschine und eines Menschen nicht unterschieden werden kann.

Metaphern stellen eine mehrfache Gefahr dar. Ihre Zauberkraft kann uns nicht nur verführen zu glauben, daß das durch sie Suggerierte wirklich existiert, sondern auch, daß die Eigenschaften, die gewöhnlich eine der beiden Referenzen der Metapher besitzt, auch von der anderen besessen wird. Wenn Menschen wie Computer "Erinnerungen" oder "Überzeugungen" besitzen, dann könnte uns der metaphorische Gebrauch zu der Annahme verleiten, daß die Eigenschaften des menschlichen

Gedächtnisses im Computer entdeckt werden können oder der Begriff "Überzeugung" beim Menschen auf eine Disposition zum Handeln beschränkt werden sollte, da der Begriff beim Computer dieser Beschränkung unterliegt. Metaphorische Personifizierung, die es wahrscheinlich seit den Anfängen menschlichen Sprechens gibt, ist in der Computerwissenschaft sehr gebräuchlich geworden. Der primitive Mensch hatte Naturgegenstände oft personifiziert und ihnen dabei einen göttlichen Status gegeben. Vielleicht haben wir die Vergöttlichung von der Natur auf die Technik verschoben. Die Benennung von Computern begann im Labor und erschien danach in Science-Fiction-Romanen und -Filmen. Ein neues einführendes Werk über Computer versieht einen Abschnitt über Winograds Computerprogramm (SHRDLU) mit der Überschrift: "Was SHRDLU weiß".[18]

Metaphern erlauben uns, unsere Erkenntnis dadurch zu erweitern, daß Referenzen verglichen werden, die gewöhnlich nicht miteinander verknüpft sind, und dadurch wird nahegelegt, daß einige Eigenschaften der Referenzen jeweils gleichartig sind. Andere bleiben verschiedenartig. Die Grenze zwischen den gleichartigen und den verschiedenartigen zu ziehen, strengt die Phantasie und Wahrnehmung derjenigen an, die neuen Metaphern begegnen. Die Computer-Metapher läßt viele der Ähnlichkeiten zwischen Menschen und Computern deutlich erkennen: Beide Wesen können addieren, subtrahieren und multiplizieren; beide können Entscheidungen treffen; beide können Informationen speichern und sie abrufen; beide können lernen, neue Muster zu erkennen; beide können Sprache verarbeiten. Aber können beide "denken"? Wenn "Denken" so definiert wird, daß es aus den soeben unvollständig aufgezählten Operationen besteht, die Mensch und Computer ausführen, dann "denkt" der Computer tatsächlich. Wenn aber behauptet wird, daß Denken von der Einverleibung in einen biologischen Organismus abhängt, dann "denkt" der Computer keineswegs.[19]

Man könnte diese Analyse allerdings in einem anderen Sinn verwenden und vom Standpunkt des Computers aus behaupten, daß Denken nur dann geschieht, wenn nach formalen Regeln vorgegangen wird. Da ein großer Teil von dem, was beim Menschen für Denken gehalten wird, auf zufälligen Assoziationen und nicht auf einem formalen Regeln folgenden Funktionsablauf beruht, könnte ein Kritiker argumentieren, daß Computer viel häufiger als Menschen "denken". Und nur gelegentlich, wenn ein Mensch dem Computer nacheifert, indem er formale Regeln streng einhält, könne von ihm gesagt werden, er denke rational.

Wenn man wie McCarthy bejaht, daß Maschinen Überzeugungen oder Absichten besitzen (denn er folgert, ein Thermostat habe drei unterschiedliche Überzeugungen), können wir uns fragen, ob der Begriff "Überzeugung" eigentlich die Attribute "Verstehen" und "Selbstbewußtsein" einschließt. Der Begriff "Überzeugung" muß in

Metapher und nicht als eine wörtliche Aussage anerkannt, denn zu viele Unterschiede zwischen dem menschlichen Geist und dem Funktionieren des Computers waren festzustellen. Allmählich wurden jedoch immer mehr Ähnlichkeiten entdeckt, und die Fremdartigkeit der Metapher, ihr intellektueller Reiz oder ihre interpretatorische Fruchtbarkeit verringerte sich.

Der Forschungsprozeß, der mit der Anerkennung der Grundmetapher als Voraussetzung der ganzen Untersuchung einsetzte, verfolgt oft die Linie, Vermittlungsmetaphern zu postulieren, die der Grundmetapher entstammen. Wir haben gesehen, daß sich McCarthy in dieser Richtung bewegt und zahlreiche menschliche Charakteristika auf Maschinen überträgt. Er bleibt bei seiner Bestimmung der Eigenschaften nicht bei der Erkenntnis stehen, sondern bezieht das Verhalten, die Gefühle und das Bewußtsein ein. Auch den Begriff der Maschine legt er umfassender aus, so daß er dann nicht nur den Computer, sondern auch den Thermostaten einschloß. Durch die Erweiterung der Grundmetapher mit Hilfe anderer Metaphern wird ein breiteres Spektrum möglicher Erfahrung eröffnet und zugleich das bisherige Verständnis, das die Referenzen gleichsetzte, einer Prüfung unterzogen.

Diese Technik, unser Wissen durch das Postulieren von Grundmetaphern zu erweitern, wird seit Jahrhunderten geübt und hat seine Quelle im intuitiven Wahrnehmen der eigenen Existenz und der Welt. Von Platons Annahme eines unveränderlichen Reichs der Ideen bis zu der Voraussetzung Einsteins, daß die Welt eine Ordnung besitzt und mathematischen Regeln folgt, haben Philosophen und Wissenschaftler immer wieder Grundmetaphern als Grundlage implizit oder explizit beschworen, auf denen ihre Erklärungen aufgebaut wurden. Die Computer-Metapher wurde als Grundmetapher explizit und mit dem Bewußtsein eingeführt, daß damit unweigerlich der Charakter des Versuchs und der Spekulation mitgegeben war; Kennzeichen also, von denen Pylyshyn dachte, sie führten zu einer Konstruktion von Theorien, die zu unpräzise sind. In anderen Phasen der Geschichte des Denkens sind Grundmetaphern verdeckt vorausgesetzt worden, wie im Falle der logischen Positivisten im frühen 20. Jahrhundert, die glaubten, daß sie keine ersten Prinzipien besaßen, und daß sie dadurch der gefürchteten metaphysischen Haltung entgingen; dennoch nahmen sie aber an, die Sprache spiegele die Welt wider, und dies ist eine Grundmetapher.

Wenn man einsieht, daß die Computer-Metapher eine Grundmetapher und nicht wörtlicher Ausdruck unseres Geistes ist, wie Pylyshyn behauptet, können wir die Verwandlung einer Hypothese in einen irrealen konkreten Sachverhalt vermeiden. Die verfehlte Umwandlung technischer Metaphern in wörtliche Aussagen führt zur Erzeugung einer autonomen Technik. Wenn wir glauben, daß Metaphern wie die

Computer-Metapher das beschreiben, was tatsächlich ist, projizieren wir Objektivität und Reàlität auf eine abstrakte Hypothese. Die Unterschiede zwischen Mensch und Maschine zu vergessen, entmenschlicht den Menschen und personifiziert die Maschine, was die Realität verzerrt. Menschen und Maschinen haben zwar viel Ähnlichkeit miteinander, aber sie sind sich auch sehr unähnlich. Metaphern, die beide gleichsetzen, sind dann gelungen, wenn sie nicht nur die Analogie hervorrufen, sondern auch ihr Gegenteil in der Erzeugung einer semantischen Anomalie. Aber so erfolgreich ist die Computer-Metapher geworden und so weitverbreitet, daß wir durch Vertrautheit dazu verführt werden, ihre Anomalie zu vergessen. Diese Metapher hat viel von ihrer emotionalen Spannung verloren. Wenn wir beginnen, uns den Geist buchstäblich als ein Rechengerät vorzustellen, erfüllen wir dadurch die Prophezeiung Elluls, daß wir durch den Mechanisierungsprozeß die Fiktion einer autonomen Technik produzieren und den Menschen entmenschlichen, indem wir ihn aus seinem ganzheitlichen Verhältnis zur Natur lösen und ihn von seinem evolutionären Verhältnis zu seiner kulturellen Tradition abtrennen.

Durch eine Überprüfung technologischer Metaphern wie der Computer-Metapher können wir die Grenzen unseres Versuchs erkennen, das Reale in Begriffen zu fassen. Eine genaue Prüfung der Ähnlichkeiten und Unähnlichkeiten zwischen dem menschlichen Geist und dem Computer bewahrt uns davor, allzu leicht eine Gleichsetzung beider vorzunehmen, indem wir fälschlich behaupten, daß die Computer-Metapher keine Metapher, sondern eine wörtliche Aussage sei. Ein solches reflektierendes Selbstbewußtsein könnte verhindern, daß wir zu Elluls pessimistischem Schluß kommen, die Technik sei nicht nur autonom, sondern auch unvermeidlich geworden.

> Wir haben unsere Untersuchung der monolithischen technischen Welt, die im Werden ist, abgeschlossen. Es wäre eitel, uns einzubilden, daß diese Entwicklung aufgehalten oder gelenkt werden könne. In der Tat beginnt die Menschheit endlich, wenn auch verworren, zu verstehen, daß sie in einem neuen und unbekannten Universum lebt. Die neue Ordnung wurde konzipiert, als Puffer zwischen Mensch und Natur zu dienen. Leider hat sie sich autonom und in einer solchen Weise entfaltet, daß der Mensch allen Sinn für seine naturhafte Eingebundenheit verloren und nur noch mit dem organisierten technischen Vermittler zu tun hat, der die Beziehung zwischen der Lebenswelt und der Welt der rohen Materie herstellt. Eingeschlossen in seiner künstlichen Schöpfung stellt der Mensch fest, daß es "keinen Ausweg" gibt; daß er die Schale der Technologie nicht durchbrechen kann, um die alte Umwelt wiederzufinden, an die er mehrere hunderttausend Jahre lang angepaßt war.[21]

Die genaue Prüfung technologischer Metaphern mag tatsächlich nur eine geringe

Chance enthalten, die Entwicklung der Technikautonomie zu verhindern, aber sie bietet zumindest einen Ausweg aus dem von Ellul beschiebenen Begriffsgefängnis. Und eine Untersuchung der vorherrschenden Grundmetaphern anderer historischer Epochen zeigt Veränderungen in den begrifflichen Hypothesen an, die das Realitätsverständnis des Menschen gefestigt haben. Die übernatürliche Welt des Mittelalters mußte dem Weltbild der Renaissance weichen, dem Entwurf eines anthropozentrischen Universums. Während die Mechanisierung unseres Zeitalters die Erschaffung von solchen Grundmetaphern wie der Computer-Metapher zur Folge hat, mag die Zukunft die Verdrängung dieser herrschenden Metapher durch andere mit sich bringen. In der Zwischenzeit erlaubt uns unser eigenes reflexives Verständnis der Computer-Metapher und sogar der Technik selbst als hypothetischer Grundmetapher, der fast überwältigenden begrifflichen Autorität dieser Ideen, die Ellul so sehr fürchtete, zu entkommen.

Anmerkungen

1   Jacques Ellul: The Technological Society. New York 1964, S. 6-7.

2   Ebd., S. 14.

3   Zenon W. Pylyshyn: "Computation and Cognition: Issues in the Foundation of Cognitive Science", in: The Behavioral and Brain Sciences, Vol. 3, Nr. 1 (März 1980), S. 111. In diesem Artikel argumentiert Pylyshyn, daß die Computer-Metapher als ein wörtlicher Ausdruck betrachtet werden kann. Darauf werden wir noch zu sprechen kommen.

4   Julien Offray de la Mettrie: L'Homme-Machine. Paris 1748; zitiert nach der deutschen Übersetzung von Adolf Ritter: Der Mensch eine Maschine. Leipzig 1875, S. 21.

5   Ebd., S. 72.

6   Ebd., S. 38.

7   Ebd., S. 39.

8   Ebd., S. 58.

9   Ebd., S. 30.

10   Ebd., S. 35.

11   Michael A. Arbib: The Metaphorical Brain. New York 1972, S. vii.

12 Pylyshyn, S. 114.

13 Ebd., S. 115.

14 Pamela McCorduck: Machines Who Think. San Francisco 1979, S. 96.

15 John McCarthy: "Ascribing Mental Qualities to Machines", in: Martin Ringle (Hrsg.): Philosophical Perspectives in Artificial Intelligence. New York 1979, S. 61.

16 Daniel C. Dennett: "Why You Can't Make a Computer that Feels Pain", in: Brainstorms. Montgomery, Vermont 1978. Dennett meint auch, daß "Schmerz" ein sehr verworrener Begriff sei.

17 A. M. Turing: "Computing Machinery and Intelligence", in: Mind, Vol. LIX, Nr. 236 (1950), wiederabgedruckt in: Alan Ross Anderson (Hrsg.): Minds and Machines. New Jersey 1964.

18 Margaret A. Boden: Artificial Intelligence and Natural Man. New York 1977, S. 134ff.

19 Hubert L. Dreyfus: What Computers Can't Do. New York 1979, Kapitel 7.

20 Stephen Pepper: World Hypothesis. Berkeley 1943. Mit der "Grundmetapher" habe ich Peppers Vorstellung einer Herkunftsmetapher ("root Metaphor") erweitert, um die metaphysische Konnotation des Begriffs "root Metaphor" zu vermeiden.

21 Ellul, S. 428.

Übersetzt von Virginia Cutrufelli

II. Erkenntnistheorie

Die Theorieabhängigkeit der Information

Friedrich Rapp
Technische Universität Berlin

> No man sees what things are,
>
> that knows not what they ought to be.[1]

Durch die beständig steigende Leistungsfähigkeit der Computertechnik und der Programmierung wird eine Fülle von philosophischen Problemen aufgeworfen, von denen im folgenden nur ein spezieller Fragenkomplex zur Geltung kommen soll. Das Thema ist der erkenntnistheoretische Status von Informationen. Im einzelnen werden diskutiert: 1. die Beziehung zwischen Philosophie und der speziellen Disziplin der Computerwissenschaft, 2. die Abgrenzung des Themas, 3. die Bedeutung logischer Kunstsprachen und natürlicher Sprachen, 4. der umfassendere theoretische Hintergrund, 5. drei Beispiele, 6. die Unterscheidung zwischen Tatsachenfeststellungen und Werturteilen, 7. ein systematisches Schema, 8. die Erfaßbarkeit des theoretischen Hintergrundes.

1. Ein überzeugter Computerwissenschaftler könnte geltend machen, daß es einem Philosophen an der fachlichen Kompetenz fehlt, die erforderlich sei, um theoretische Probleme des Informationsbegriffs zu diskutieren; er würde etwa erklären, daß nur der systematisch ausgebildete und geschulte Fachmann über das Wissen verfügt und die Methoden beherrscht, die unerläßlich - und gleichzeitig auch hinreichend - seien, um alle hier auftretenden theoretischen und praktischen Probleme zu lösen.

Offensichtlich handelt es sich hier um einen Spezialfall des bekannten Problems, wie die Ansprüche der verschiedenen Einzelwissenschaften und der Philosophie gegeneinander abzugrenzen sind. Selbstverständlich steht die alleinige Kompetenz des Fachmanns außer Zweifel, sobald es um technische Sachfragen des jeweiligen Gebietes geht. Dennoch werden heute vielfach Vorbehalte und sogar offenes Mißtrauen gegenüber den Fachleuten geäußert, denen man vorwirft, sie konzentrierten sich zu sehr auf die Einzelheiten und die jeweils etablierten wissenschaftlichen Standards, statt unbefangen größere Zusammenhänge ins Auge zu fassen. Solche Vorwürfe sind jedoch nur berechtigt, sobald der Experte mit seinem Urteil die Grenzen seines jeweiligen Fachgebiets überschreitet. Doch innerhalb des wohldefinierten fachtechnischen Rahmens kann in der hochkomplexen, durch Wissenschaft und Technik geprägten modernen Welt allein die Diskussion unter den Fachleuten aufzeigen, welche Konsequenzen jeweils zu erwarten sind, wenn eine bestimmte Handlungsalternative gewählt wird. Der Experte beschränkt sich dabei auf die

Lösung der fachtechnischen Probleme.

Hier liegt also eine Art stillschweigender Arbeitsteilung zwischen der Philosophie und den Einzelwissenschaften vor. Diese Arbeitsteilung ist keineswegs problemlos, denn es gibt gleichsam eine Grauzone, innerhalb derer von beiden Seiten ein Kompetenzanspruch erhoben wird, wobei immer wieder Grenzüberschreitungen festzustellen sind. Trotz dieser Schwierigkeiten kann man an dem idealtypischen Modell festhalten, demzufolge der Fachwissenschaftler die alleinige Kompetenz hat, um über die faktischen, empirischen, aposteriorischen Zusammenhänge auf seinem Fachgebiet zu urteilen. Doch der Experte ist weder von seiner Ausbildung her darauf vorbereitet - und im allgemeinen auch gar nicht daran interessiert -, sich mit den metatheoretischen Voraussetzungen seiner Arbeit zu befassen. Solche apriorischen Probleme sind dagegen traditioneller Gegenstand der Philosophie. Daß sie überhaupt existieren, wird dem Experten in der Regel nur dann bewußt, wenn sich innerhalb seiner fachtechnischen Arbeit grundsätzliche Schwierigkeiten ergeben. Beispiele dafür sind etwa die Diskussionen über die Grundlagen der Quantentheorie, der Relativitätstheorie und der künstlichen Intelligenz. Sobald die jeweiligen Schwierigkeiten bewältigt oder umgangen worden sind, fährt der Fachmann in seiner wissenschaftlichen Arbeit fort. Die philosophischen Fragen lösen sich dann scheinbar in Nichts auf.

Bei näherem Zusehen zeigt sich jedoch, daß sie in Wirklichkeit nur nicht mehr thematisiert werden. Hierbei ist zu bedenken, daß die wissenschaftlichen Einzeldisziplinen ihren Erfolg wesentlich der Strategie verdanken, sich nur auf die prinzipiell lösbaren Probleme zu konzentrieren. Aus der Vielfalt der grundsätzlich denkbaren Fragestellungen werden innerhalb einer bestimmten Disziplin nur diejenigen als 'wissenschaftlich' betrachtet, die von ihrer begrifflichen Struktur und ihrem theoretischen Aufbau her innerhalb des akzeptierten Denksystems grundsätzlich entscheidbar sind - was keineswegs bedeuten muß, daß eine solche Entscheidung einfach zu erreichen wäre. Fragen, die sich nicht in dieses Begriffsraster einordnen lassen, werden als unzulässig abgewiesen. Dies ist ein durchaus konsequentes und, wie die Erfolge der Naturwissenschaften zeigen, auch äußerst erfolgreiches Verfahren. Doch die Philosophen wenden sich bewußt den metatheoretischen, apriorischen Fragen zu, die innerhalb der Einzeldisziplinen nicht mehr angesprochen werden. Fragen dieser Art, die innerhalb der Philosophie (kontrovers) diskutiert werden, betreffen etwa das Induktionsproblem, den erkenntnistheoretischen und ontologischen Status der Naturgesetze und die meist stillschweigenden axiomatischen Voraussetzungen, auf denen wissenschaftliche Theorien beruhen.

Bei der Diskussion solcher Fragen muß sich der Philosoph konsequent auf apriorische

Gesichtspunkte beschränken und es in jedem Fall vermeiden, Aussagen über empirische, d. h. aposteriorisch entscheidbare, Sachverhalte zu machen. Andernfalls läuft er Gefahr, durch den Wissenschaftsfortschritt schlicht wiederlegt zu werden. So soll denn im folgenden auch der erkenntnistheoretische Status der Information nur unter sehr allgemeinen und apriorischen Gesichtspunkten untersucht werden, wodurch ex hypothesi eine empirische Widerlegung ausgeschlossen ist. Dies bedeutet jedoch nicht, daß die hier behandelten Fragen sinnlos oder irrelevant wären. Die hier vorgelegte Untersuchung über den erkenntnistheoretischen Status der Information, die die verschiedenen theoretischen Elemente aufzeigen soll, die hierbei eine Rolle spielen, stützt sich auf eine Begriffsanalyse. In der fachwissenschaftlichen Diskussion werden solche Probleme nicht thematisiert, sondern einfach als gelöst vorausgesetzt. Da nur apriorische Fragen zur Diskussion stehen, können die im folgenden entwickelten Thesen nicht durch Bezugnahme auf empirisch beobachtbare Sachverhalte gestützt oder widerlegt werden. Sie müssen vielmehr daran gemessen werden, inwieweit sie geeignet sind zu erklären, was tatsächlich gemeint ist, wenn von 'Information' gesprochen wird.

2. Um der Klarheit willen dürfte es zweckmäßig sein, das Thema ex negativo zu begrenzen. Es geht nicht darum, die Grenzlinie zwischen Mensch und Maschine zu bestimmen oder anzugeben, welche menschlichen Fähigkeiten (stets) die Leistungsfähigkeit von Computern übersteigen. Auch der Fragenkomplex: Problemlösen, Heuristik und Simulation des kreativen Denkens soll nicht direkt angesprochen werden. Die bisherigen unerwarteten Erfolge, aber auch die zunächst nicht erwarteten Schwierigkeiten, legen die Vermutung nahe, daß man auch in Zukunft mit Überraschungen rechnen muß. In dieser Hinsicht besteht also kein Spielraum für apriorische philosophische Thesen.

Aufgewiesen werden soll der theoretische Hintergrund, der für alle Prozesse der Übermittlung und Verarbeitung von Informationen maßgeblich ist. Dies kann grundsätzlich auf zweierlei Weise geschehen. Man kann sich einerseits auf eine genetische Analyse konzentrieren und die zeitliche Abfolge der jeweiligen Prozesse untersuchen. Dabei würde man etwa zu Ergebnissen gelangen, wie dem populärwissenschaftlichen Buch "The Act of Creation" von A. Koestler[2] oder der "Genetischen Erkenntnistheorie" von J. Piaget[3]. Dieser Zugang, der zwangsläufig in das Grenzgebiet zwischen Philosophie und Psychologie führen würde, wird hier nicht gewählt. Statt dessen soll eine systematische, strukturelle Untersuchung durchgeführt werden, wie sie etwa auf dem Gebiet der zeitgenössischen analytischen Wissenschaftstheorie üblich ist.[4] Dabei geht es um die allgemeinen begriffslogischen Implikationen, die für den theoretischen Hintergrund jeder Art von Information bestimmend sind.

Für die Entwicklung der Informationstheorie ist die Arbeit von C. Shannon über die mathematische Theorie der Kommunikation von wesentlicher Bedeutung. Shannon behandelt ausschließlich das Problem, wie eine Nachricht von einer Stelle auf eine andere Stelle übertragen werden kann. Er erklärt: "Oft haben die Nachrichten Bedeutung, das heißt, sie beziehen sich auf gewisse physikalische oder begriffliche Größen oder sie befinden sich nach irgendeinem System mit diesen in Wechselwirkung. Diese semantischen Aspekte der Kommunikation stehen nicht im Zusammenhang mit den technischen Problemen."[5] Da er die zu übermittelnde Nachricht als eine Folge von Symbolen definiert, die aus einem System ausgewählt wurden, ist es irrelevant, ob diese Nachricht eine Bedeutung hat oder nicht. Für die Untersuchung der mathematisch-kombinatorischen Zusammenhänge und die technischen Probleme der Nachrichtenübermittlung ist die Frage nach der Bedeutung der jeweils übermittelten Nachricht ohne Belang. Die Bedeutung ist in diesem Zusammenhang nur eine Zugabe, die vorhanden sein oder auch fehlen kann.

Es ist ein kontingentes Faktum der Wissenschafts- und Technikgeschichte, daß die theoretischen und praktischen Fragen der Informationsübermittlung heute primär unter dem Gesichtspunkt der Nachrichtentechnik betrachtet werden. Diese Verbindung hat sich für die Bewältigung der konkreten Übertragungsprobleme als überaus fruchtbar erwiesen, so daß heute unsere Fähigkeit, Informationsprozesse effektiv zu handhaben, weit stärker ausgebildet ist als unser Verständnis der dabei implizierten Bedeutungsprobleme. Der Umstand, daß der Prozeß der physischen Übermittlung einer Information ohne Kenntnis von deren Bedeutung möglich ist, hat insbesondere zwei Konsequenzen. Da die übertragenen physischen Zustände und die gemeinte Bedeutung verschiedene Größen sind, bedarf es eines Übersetzers, der die übertragene Nachricht anhand des jeweiligen Codes entschlüsselt, d. h. die Bedeutung feststellt, die den übertragenen physischen Größen zukommt. Es ist zweitens von größter Wichtigkeit, daß die Zerlegung einer Nachricht in isolierte Elemente (bits), die sich für die technische Bewältigung der Übertragungsprobleme als äußerst erfolgreich erwiesen hat, es nahelegt, auch im Bezug auf die Bedeutung isolierbare, atomare Elemente anzunehmen, die Alternativen aus einem vorgegebenen System darstellen. Eben deshalb scheint die Vorstellung des Logischen Atomismus, die unter erkenntnistheoretischen Gesichtsspunkten überholt ist,[6] auf den ersten Blick gesehen eine brauchbare Deutung von Informationsprozessen zu liefern.

Doch gerade diese Vermutung erweist sich bei näherer Untersuchung als durchaus unangemessen. Spekulativ gesehen und in der Terminologie von Descartes,[7] wird dabei das, was sich im Hinblick auf die res extensa (die Materie) als angemessen und brauchbar erwiesen hat, auf die res cogitans (das Bewußtsein) übertragen. Doch die

Möglichkeit zur Trennung und Isolierung, die im Bereich der anorganischen (nicht der organischen!) Welt gegeben ist, gilt keineswegs für Bedeutungszusammenhänge und den Bereich des Denkens und Erkennens. In den Naturwissenschaften ist es sinnvoll, von Atomen, Elementarteilchen und den isolierten Zuständen bestimmter Variablen zu sprechen; doch es gibt keine in vergleichbarer Weise isolierbaren Bedeutungselemente.

3. Die Wirkungsweise von Systemen zur Übertragung und Verarbeitung von Informationen beruht darauf, daß aufgrund eines vorgegebenen Inputs oder Programms ganz bestimmte physische Zustände und Prozesse herbeigeführt werden, die ihrerseits bestimmte Zusammenhänge zwischen Begriffen zum Ausdruck bringen und eben dadurch eine Bedeutung haben. Diese Beziehung wird besonders deutlich, wenn man den Input und den Output des jeweiligen Systems betrachtet. Wenn die Eingangs-und Ausgangsgrößen nicht aus einem bloßen Rauschen bestehen sollen, müssen sie eine bestimmte Bedeutung haben. Die jeweiligen physischen Zustände und Prozesse lassen sich nur dann nutzbar machen, wenn ihnen in eindeutiger Weise gedankliche Verknüpfungen zugeordnet sind.

Digitale und analoge Einheiten und die ihnen zugeordneten physischen Zustände bzw. Prozesse werden aufgrund einer speziellen, wohldefinierten <u>logischen Kunstsprache</u> identifiziert und gedeutet. Diese Sprache ist von vornherein so aufgebaut, daß sie eine eindeutige Zuordnung zwischen physischen Zuständen und Bedeutungszusammenhängen gestattet. Gewiß werden solche Kunstsprachen im Hinblick auf die jeweils behandelten Probleme formuliert. Doch dabei richtet man sich immer nach den physischen Prozessen, die in den betreffenden Systemen ablaufen; die Kunstsprache muß sich den physischen Größen anpassen. Spekulativ gesehen bedeutet dies, daß die Begriffsstruktur der Struktur der physischen, materiellen Prozesse angepaßt wird. Auf diese Weise lassen sich Handhabbarkeit und eine klare, eindeutige Zuordnung erreichen. Doch dafür muß ein Preis gezahlt werden. Er besteht in einer grundsätzlichen quantitativen und qualitativen Verarmung, denn die Kunstsprachen bestehen aus verhältnismäßig wenigen Termen, deren jeder eine ganz spezifische, wohldefinierte Bedeutung hat.

Bei <u>natürlichen Sprachen</u> liegen die Dinge völlig anders. Auch in der Umgangssprache findet eine physische Darstellung von Bedeutungen statt, etwa durch Laute (Phoneme) oder Buchstaben, die auf Papier gedruckt werden. Aber die Bedeutung der Worte ist keineswegs eindeutig und unabhängig vom Kontext festgelegt. Doch gerade in der Welt, wie sie durch das umgangssprachliche Verständnis erschlossen wird, vollzieht sich unser Leben und Erleben. Die natürliche, vorgegebene Umgangssprache liefert das grundsätzliche Verständnis und den begrifflichen Rahmen, von dem aus alle komplizierteren, wissenschaftlichen Untersuchungen ihren Ausgang nehmen.

Und alles, was im Rahmen wissenschaftlicher Untersuchungen erkannt wird, muß letzten Endes wieder in das Begriffssystem und den Erfahrungshorizont der Alltagssprache rückübersetzt werden, um überhaupt faßbar zu sein.

Damit stellt sich also die Frage nach der Beziehung zwischen der künstlichen, logischen Computersprache einerseits und der natürlichen Alltagssprache andererseits. Es ist offensichtlich, daß die logischen Kunstsprachen ihren Zweck nur erfüllen können, wenn ihren Elementen eine Bedeutung zukommt, die ein für allemal festgelegt ist und nicht von dem jeweiligen Kontext abhängt. Doch eben deshalb sind Kunstsprachen arm im Vergleich zur Reichhaltigkeit, Geschmeidigkeit - und natürlich auch Unbestimmtheit - der Alltagssprache. Eindeutig festgelegte, spezifische logische Operationen innerhalb eines vorgegebenen Begriffssystems lassen sich durch die Kunstsprachen äußerst erfolgreich behandeln. Doch diese Sprachen erweisen sich als unangemessen, sobald die komplexe Vielfalt an Bedeutungen ins Spiel kommt, die für die Alltagssprache charakteristisch ist. So ist es denn auch nicht überraschend, daß die Simulation des kreativen Denkens und die Computerübersetzung schwerwiegende Probleme aufwerfen.

In der philosophischen Deutung dieser Zusammenhänge sind zwei gegensätzliche Positionen festzustellen. Unter Berufung auf die Exaktheit naturwissenschaftlicher Theorien wird im Logischen Positivismus die Auffassung vertreten, daß jede Unschärfe oder Mehrdeutigkeit in der Bedeutung einen Nachteil darstellt. Deshalb wird dafür plädiert, solche Unbestimmtheiten durch eine <u>logische Rekonstruktion</u> zu beseitigen, so daß man schließlich zu einer präzisen, wohldefinierten logischen Kunstsprache gelangt. Im Gegensatz dazu sieht die Ordinary Language Philosophy im <u>Gebrauch der Alltagssprache</u> den letzten, nicht mehr hintergehbaren Bezugspunkt. Hier stützt man sich auf das Argument, daß es grundsätzlich nicht möglich sei, den kategorialen Rahmen, der durch die Umgangssprache vorgezeichnet ist, zu überschreiten, weil außerhalb dieses Bereichs gar keine Erkenntnismöglichkeit mehr gegeben sei.[8]

In der im folgenden vorgelegten Untersuchung wird auf beide Konzeptionen zurückgegriffen. Das Verfahren der systematischen Strukturanalyse ist dem Logischen Positivismus verpflichtet; und aus der Ordinary Language Philosophy stammt der Grundgedanke, daß die Alltagssprache das Begriffssystem bereitstellt, auf das letzten Endes zurückgegriffen werden muß, wenn es darum geht, die Bedeutung der einzelnen sprachlichen Ausdrücke zu bestimmen. (Die mangelnde Flexibilität, die sich aus der starren Festlegung von Bedeutungseinheiten in logischen Kunstsprachen ergibt, legt den Gedanken nahe, daß es möglich sein könnte, durch eine weniger eindeutig festgelegte Beziehung zwischen physischen Einheiten und Begriffen

Kunstsprachen so zu verbessern, daß sie sich der Leistungsfähigkeit der Alltagssprache stärker annähern; in eine ähnliche Richtung weist die Ersetzung mechanischer Prozesse durch die Biosimulation.)

4. Die Frage nach der Beziehung zwischen den physischen Zuständen und den Begriffen, die ihnen entsprechen, läßt sich nur dann angemessen behandeln, wenn man den umfassenderen theoretischen Hintergrund berücksichtigt. Hier kommt das stillschweigend vorausgesetzte und im allgemeinen gar nicht thematisierte und explizierte Hintergrundwissen zur Geltung, das in der Alltagssprache und in abgewandelter, spezifizierter und theoretisch hochstilisierter Form auch in jeder Wissenschaftssprache gegenwärtig ist. Erst dieser umfassendere theoretische Hintergrund verleiht den jeweiligen sprachlichen Einheiten ihre Bedeutung. Die Vorstellung von isolierten und kontextfrei festgelegten sprachlichen Elementen gilt nur für logische Kunstsprachen. Sie ist unzutreffend und irreführend, wenn sie auf die Bestandteile natürlicher Sprachen angewandt wird. In diesem Punkt decken sich die Auffassungen der Ordinary Language Philosophy, der modernen analytischen Wissenschaftstheorie und der Kohärenztheorie der Wahrheit. Allen drei Ansätzen gemeinsam ist die Einsicht, daß es einen letzten begrifflichen Bezugsrahmen gibt, der ein ganzheitliches Bedeutungssystem festlegt, das nicht in einzelne, isolierte, kontextfreie Elemente zerlegt werden kann. Dieser Bezugsrahmen ist gegeben durch den Gebrauch der linguistischen Ausdrücke in der Alltagssprache, den Zusammenhang zwischen den Termen einer wissenschaftlichen Theorie (Duhem-Quine-These) und durch die kohärente Verknüpfung eines Systems konsistenter Aussagen.[9]

Der Umstand, daß Informationen nicht isoliert, atomar und kontextfrei verstanden werden können, sondern stets innerhalb eines umfassenderen Systems ihren Platz haben, gilt ganz allgemein. Im einzelnen wären hier unterschiedliche Systeme zu betrachten, die etwa aus verschiedenen wissenschaftlichen Theorien, einzelnen Disziplinen und letzten Endes der Alltagssprache und dem durch sie artikulierten Weltverständnis bestehen. Diese generelle Feststellung gilt unbeschadet der Tatsache, daß hier fließende Übergänge und Grenzbereiche sowie hierarchische Abhängigkeitsbeziehungen zwischen den einzelnen Sprachsystemen bestehen. Im Sinne eines solchen Hintergrundwissens wird die Bedeutung der Ausdrücke logischer Kunstsprachen immer auch interpretiert. Da jeder normale, hinreichend Sachkundige über diese Art von Wissen verfügt, besteht im allgemeinen gar kein Anlaß, dieses Wissen explizit zu machen. Doch sobald man vor der Aufgabe steht, ohne irgendwelche Vorkenntnisse die Bedeutung einer Nachricht zu entschlüsseln, die lediglich in Gestalt physischer Zeichen gegeben ist, wird die Bedeutung des jeweiligen Begriffssystems offenkundig. Es wäre falsch, diesen Hintergrund zu ignorieren oder für nicht existent zu erklären, nur deshalb, weil er im allgemeinen schlicht als gegeben betrachtet und gar nicht weiter thematisiert wird.

5. Das Gesagte läßt sich an drei Beispielen erläutern:

a) Betrachten wir die Information, die in einem naturwissenschaftlichen Experiment gewonnen wird. Zunächst ist diese Information nur in Form einer Nachricht gegeben, die etwa aus einem Zeigerausschlag oder einer Folge digitaler Einheiten besteht. Deren eigentliche Bedeutung kann jedoch nur von einem ausgebildeten und erfahrenen Fachmann ermittelt werden, der die Theorien, auf denen das betreffende Experiment basiert, ebenso kennt wie die komplizierte Arbeitsweise der Meßinstrumente und der Übertragungs- und Verstärkungssysteme. Nur unter diesen Bedingungen ist er in der Lage, eine korrekte Deutung zu geben, wenn er etwa mit unerwarteten Daten konfrontiert wird. Wie komplex hier die Sachlage ist, wird deutlich an vorzeitigen Meldungen über experimentelle Erfolge an der Forschungsfront und an gegensätzlichen, einander widersprechenden Interpretationen ein und desselben Experiments. Im größeren Zusammenhang der Wissenschaftsgeschichte wird die Theorieabhängigkeit der naturwissenschaftlichen Forschung unter den Schlüsselbegriffen "Modell" und "Paradigma" ausführlich diskutiert.[10] Nur innerhalb eines so definierten theoretischen Kontextes läßt sich die Nachricht, die ein naturwissenschaftliches Experiment liefert, von bloßen Zufallsbeobachtungen unterscheiden und deuten als die Antwort, die die Natur auf die experimentell an sie gestellte Frage gibt.

Der Umstand, daß man es in den Naturwissenschaften mit wohldefinierten Variablen zu tun hat, scheint allerdings dieser Analyse zu widersprechen und die Vorstellung isolierter Daten zu stützen. In Wirklichkeit betreffen die Variablen der Naturwissenschaften jedoch Zustände und Prozesse, die nicht von sich aus isoliert sind, sondern in einem größeren physischen Wirkungszusammenhang stehen.[11] Nur durch komplizierte experimentelle Maßnahmen mit Hilfe geeigneter technischer Apparaturen lassen sich die jeweils zu untersuchenden Prozesse und Phänomene in ihrer reinen, isolierten und idealisierten Form aus dem Strom des physischen Geschehens herauspräparieren. Diese idealisierte, reine Form wird nicht unmittelbar von der Natur vorgeschrieben, sondern vielmehr durch die jeweils betrachtete Theorie. Jedes physikalische Experiment besteht darin, daß entsprechende technische Apparaturen eingesetzt werden, um die theoretisch konzipierte begriffliche Isolation in der materiellen Welt zu realisieren, wodurch dann die jeweils interessierenden Zusammenhänge der experimentellen Untersuchung zugänglich werden.

Ähnliches gilt auf allen anderen wissenschaftlichen Gebieten. Jede Disziplin ist charakterisiert durch ein bestimmtes Begriffssystem, zentrale Kategorien, grundlegende Annahmen und zugelassene Standardfragen, sowie den Bereich der kategorial zulässigen Antworten. Die theoretischen Systeme der einzelnen Disziplinen bzw.

konkreter: der einzelnen Theorien sind so beschaffen, daß durch sie ein bestimmter Ausschnitt der Welt näher ins Auge gefaßt und dann in seinen Einzelheiten untersucht werden kann. Nur durch die Erforschung solcher Ausschnitte - und nicht einer unausschöpfbaren Totalität - werden wissenschaftliche Einsichten gewonnen. Jede wissenschaftliche Erkenntnis handelt von spezifischen, begrifflich (und ggf. auch experimentell) isolierten Aspekten der Welt. So kann etwa die Krankheit ein und desselben Menschen analysiert werden anhand der Fragestellungen der Soziologie (ungünstige soziale Bedingungen), Psychologie (gestörtes seelisches Gleichgewicht), Physiologie (Funktionsstörung), Toxikologie (Einwirkung von Giftstoffen) usw.

b) Die Abhängigkeit einer Information von dem jeweiligen theoretischen Begriffssystem tritt in den Geistes- und Geschichtswissenschaften noch deutlicher zutage. Um etwa die Information zu beurteilen, die eine bestimmte Historische Quelle, etwa der Text eines Vertrages, beinhaltet, muß man die Bedeutung und den fachtechnischen Sinn der benutzten Terme ebenso kennen wie die Begriffe und Prinzipien des internationalen Rechts, die (im allgemeinen verborgenen) Ziele der vertragsschließenden Parteien, den Eindruck, den sie in der Öffentlichkeit gewinnen wollten, den vorhergehenden Zustand, die Konsequenzen, die sich aus dem Vertragsschluß ergaben usw. Historische Quellen liefern niemals isolierte, interpretationsfreie Informationen. In Wirklichkeit ist stets eine Fülle von in ihrer Gesamtheit kaum übersehbaren heterogenen Quellen vorhanden. Und diese Relikte der Vergangenheit gewinnen für uns eine Bedeutung nur dann, wenn sie anhand eines ganz bestimmten heuristischen theoretischen Entwurfs gedeutet werden, der gleichzeitig auch die Kriterien liefert, die es gestatten, das wichtige, relevante Material von den weniger wichtigen oder irrelevanten Quellen zu unterscheiden. Wegen dieses Spielraums für die theoretische Deutung ist es möglich und sogar unvermeidbar, daß die Ereignisse der Vergangenheit in jeder Epoche mit anderer Akzentsetzung gedeutet werden. Denn jede Zeit hat ein anderes intellektuelles Selbstverständnis und wird im Sinne dieses Selbstbildes den Begebenheiten, die vorher anders beurteilt wurden, eine neue Deutung geben.

c) Auch bei der alltäglichen Verbreitung von Neuigkeiten durch die Medien lassen sich ganz analoge Zusammenhänge aufweisen. Die vermeintlich reine Information über einfache, isolierte Sachverhalte ist in Wirklichkeit in hohem Maße theoriebestimmt. Ein angemessenes Verständnis, das die Möglichkeit der Manipulation und Verfälschung ausschließt, ist nur dann möglich, wenn der Empfänger der jeweiligen Nachricht den theoretischen Hintergrund kennt, von dem her der Nachrichtentext überhaupt erst verständlich wird. Dies wird besonders deutlich bei der Wortwahl. Während eine westliche Nachrichtenagentur etwa von 'Terroristen' spricht, werden dieselben Personen in einer Meldung aus dem Osten als 'Freiheitskämpfer' bezeichnet

- oder umgekehrt, je nachdem, zu welchem politischen Block das Land gehört, über
das berichtet wird. Auch die benutzten Verben (töten, hinrichten, ermorden) legen
Zeugnis ab von dem theoretischen Hintergrund, von dem her das betreffende Ereignis
beurteilt wird. Um die Nachricht richtig zu verstehen, reicht es nicht aus, allein die
benutzte Terminologie zu kennen. Man muß auch mit den theoretischen Hintergrund-
vorstellungen, etwa der westlichen oder der östlichen Auffassung von Freiheit,
Frieden, Demokratie und Bürgerrechten vertraut sein. Eben dieser Hintergrund
entscheidet darüber, ob die in Frage stehenden Handlungen bejaht und dementspre-
chend positiv qualifiziert oder abgelehnt und deshalb mit negativen Termini belegt
werden. Hinzu kommt, daß die Nachrichtenagentur immer die Möglichkeit hat, durch
das willkürliche Hinzufügen oder Weglassen weiterer Informationen je nach Wunsch
einen ganz bestimmten Eindruck zu erwecken. Ein selbständiges Urteil über die
wirkliche Bedeutung von Nachrichten ist deshalb nur möglich aufgrund eines
hinreichend weitgespannten und abgewogenen Hintergrundwissens.

6. Wie ist es möglich, daß Naturprozesse auf unterschiedliche Weise gedeutet werden
können, daß die Geschichte jeweils neu geschrieben wird und daß ein und dieselbe
Nachricht in unterschiedlicher Weise gedeutet werden kann? Die Antwort lautet, daß
es unterschiedliche wissenschaftliche Paradigmata gibt, daß jedes Zeitalter ein
bestimmtes Selbstverständnis hat und daß verschiedene Begriffssysteme existieren,
anhand derer politische Ereignissse gedeutet werden könnnen. Da in einem konkreten
Fall immer ein ganz bestimmter Ansatz oder ein ganz bestimmtes Deutungsmuster
vorliegt, stellt sich die Frage, anhand welcher Kriterien hier eine Auswahl getroffen
wird. Als entscheidend erweist sich also das Erkenntnisinteresse des Naturwissen-
schaftlers, das Wertesystem des Historikers und die Sichtweise des Journalisten.
Dies bedeutet, daß Aussagen, die zunächst neutrale, unparteiische Tatsachenfeststellungen zu sein schienen, in der einen oder anderen Form durch <u>Werturteile</u>
bestimmt sind.

Anhand eines einfachen Modells läßt sich zeigen, daß in der Tat in jedem Fall ein
Erkenntnisinteresse bzw. ein dahinterliegendes Wertsystem im Spiele ist. Betrachten wir in einem vereinfachten Modell einen Gegenstandsbereich, der aus bestimmten Elementen, deren Eigenschaften und den Relationen zwischen den Elementen
besteht. Um überhaupt untersuchenswerte Erkenntnisobjekte oder Merkmale identifizieren zu können, muß ein bestimmtes thematisches Interesse und eine
entsprechende Bewertung gegeben sein. Nur anhand eines solchen Schemas zur
Identifikation der relevanten und wichtigen Verknüpfungen gelingt es, aus dem
andernfalls völlig homogenen und nicht weiter spezifizierten Kontinuum möglicher
Untersuchungsgegenstände, die ja a priori die gleiche Wahrscheinlichkeit haben, eine
Auswahl zu treffen.[12] Ohne ein solches Auswahlprinzip, das gleichsam die Funktion

eines Filters hat, wäre es gar nicht möglich, irgendwelche relevanten Feststellungen zu treffen. Ja, es könnte nicht einmal ein Forschungsprozeß in Gang kommen oder in Entscheidungssituationen weitergeführt werden. Ein solches Auswahlsystem wird immer dann benötigt, wenn innerhalb des Forschungsprozesses unerwartete Situationen auftreten. Wie jedermann weiß, zeichnet sich ein guter Forscher gerade dadurch aus, daß er ein Gespür für die wirklich wichtigen Dinge hat.

Dies systematische Auswahlverfahren, das hier am Modell eines rationalen Entscheidungsprozesses dargestellt wurde, wird natürlich in der Forschungspraxis nicht eigens thematisiert, sondern einfach praktiziert, ohne daß man sich im einzelnen Rechenschaft über die Vorgehensweise ablegt. Die metatheoretische Reflexion kann sogar für den unmittelbaren, auf die Sache selbst gerichteten Zugriff nachteilig sein, weil sie die ganze Aufmerksamkeit auf die Methode richtet, so daß der eigentliche Untersuchungsgegenstand dann in den Hintergrund tritt. Doch sobald es darum geht, die relevanten Auswahlkriterien namhaft zu machen, erweist sich eine derartige Analyse als unerläßlich.

Ohne auf Einzelheiten des Werturteilsstreits und seine Bedeutung für die Gewinnung und Übertragung von Informationen einzugehen,[13] dürften zwei Bemerkungen angebracht sein:

a) Offensichtlich ist ein Forscher in der Wahl seines Untersuchungsobjekts und der von ihm benutzten Relevanzkriterien nicht völlig frei Er kann eine bestimmte Disziplin vertreten, einen spezifischen Ansatz wählen, ein bestimmtes Paradigma herausgreifen und ein spezielles Thema behandeln. Doch in jeder Epoche ist durch den bisherigen Gang der Wissenschaftsgeschichte und den Geist der Zeit bereits eine globale Wahl getroffen. Weder der Wissenschaftler noch der Journalist oder der Mann auf der Straße kann hier völlig willkürlich verfahren. Selbst die Negation, d.h. die Ablehnung des Bestehenden, ist eben durch die Ablehnung dieser - und keiner anderen - Gegebenheiten, im weiteren Sinne auch durch die Vergangenheit geprägt. Doch innerhalb des dadurch vorgegebenen allgemeinen Bezugsrahmens besteht Spielraum für persönliche Akzentsetzungen, Wertungen und Präferenzen, die für das individuelle wissenschaftliche Profil und die persönliche Einstellung charakteristisch sind. Und schließlich besteht immer auch die Möglichkeit, durch geniale Neuansätze bestehende Vorstellungen und Paradigmata in Frage zu stellen - und eben dadurch vielleicht neue zu schaffen.

b) Man könnte geneigt sein, den herausgestellten engen Zusammenhang zwischen Bewertungen und Tatsachenfeststellungen als ganzheitliche Wechselbeziehung zu betrachten, die alle analytischen Unterscheidungen unmöglich macht. Wenn dies Totalitätsargument zutrifft, wäre es in der Tat unmöglich, zwischen Wertaussagen

und Tatsachenbehauptungen zu unterscheiden. Gewiß besteht hier ein enger
Zusammenhang, der keineswegs immer in eindeutiger Weise namhaft gemacht
werden kann. Dennoch dürfte es weit zweckmäßiger sein, an der normativen
Modellvorstellung festzuhalten, daß nicht nur auf der objekttheoretischen Ebene der
Aussagen, sondern auch auf der metatheoretischen Ebene der Theoriebildung und der
Bedeutung von Informationen eine Unterscheidung zwischen normativen und deskrip-
tiven Komponenten möglich ist, auch wenn sich die Grenze keineswegs immer
eindeutig und zweifelsfrei angeben läßt.[14] Nur dadurch, daß man an dieser
Forderung festhält, wird es möglich, die andernfalls im Verborgenen bleibenden für
die Gegenstandskonstitution maßgeblichen wertenden Prämissen ans Licht zu
bringen, die bei der Formulierung wissenschaftlicher Thesen, der Gewinnung und
Übermittlung von Informationen und bei Aussagen der Alltagssprache eine Rolle
spielen.

7. Die verschiedenen angesprochenen Elemente sollen nun in einem systematischen
Schema zusammengestellt werden. Ganz allgemein gesehen und im Sinne des
gängigen Verständnisses sind bei der Übertragung von Informationen mindestens drei
Elemente zu unterscheiden: ein physischer Übermittlungprozeß P, durch den die
Nachricht übertragen wird; die Bedeutung B, die der Nachricht zukommt; sowie der
dargestellte bzw. beschriebene Sachverhalt S. Dieser Sachverhalt kann entweder
reale, d.h. räumliche und/oder zeitliche, oder auch ideale, begriffliche Zusammenhänge betreffen; zur Vereinfachung soll hier nur der erstere Fall betrachtet werden.
Im Sinne der üblichen Unterscheidung zwischen Materie und Bewußtsein ist nur die
Bedeutung B der idealen Sphäre zuzurechnen, während P und S der physischen Welt
angehören.

Doch diese Analyse gibt nur die Spitze eines Eisbergs wieder; die eigentlich
entscheidenden Elemente sind gleichsam im Meer dessen verborgen, was unthemati-
siert bleibt und einfach als gegeben hingenommen wird. Aber gerade die Überfülle
der Informationen, die heute zur Verfügung stehen, zwingt dazu, den umfassenderen
Hintergrund ins Auge zu fassen, der gleichsam die theoretische Superstruktur bildet,
von der her die Bedeutung einer Information überhaupt erst verständlich wird. Die
Bedeutung B ist der Reihe nach abhängig von einem spezifischen theoretischen
Kontext K, dem umfassenden Wissens- und Verständnishintergrund H sowie dem
zugrunde liegenden Wertsystem W (bzw. subjektiv: den daraus resultierenden
Erkenntnisinteressen).

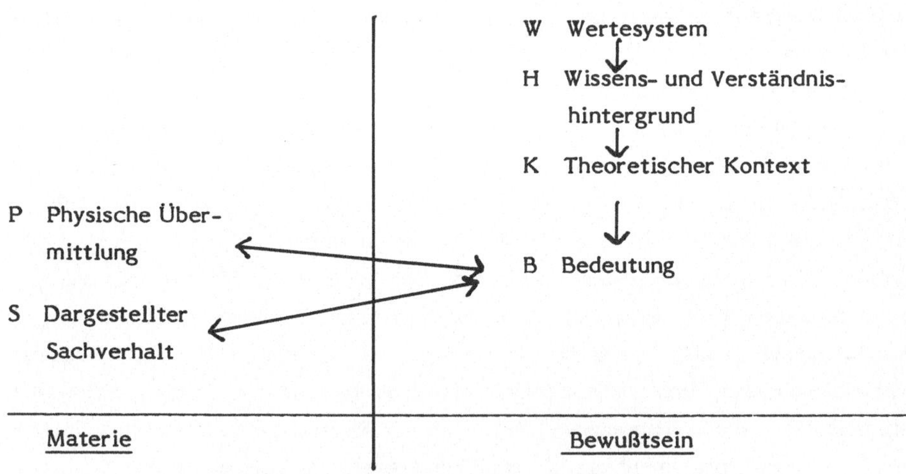

Elemente von Informationsprozessen

Unter Berücksichtigung der hierarchischen Abhängigkeitsbeziehungen lassen sich also insgesamt folgende Elemente unterscheiden: Durch das Wertsystem W bzw. das erkenntnisleitende Interesse wird in Kombination mit dem jeweiligen Wissens- und Verständnishintergrund H die Aufmerksamkeit des Erkenntnissubjekts auf einen bestimmten theoretischen Kontext K gelenkt; und im Sinne dieses Kontextes wird einem bestimmten Sachverhalt S eine Bedeutung B zugeschrieben, die dann in einem physischen Prozeß P übermittelt wird. Entscheidend ist hierbei nicht die spezifische Art der Analyse, sondern der Umstand, daß überhaupt alle einschlägigen Elemente in der einen oder anderen Form namhaft gemacht werden. So würde etwa jemand, der die in Abschnitt 6. vorgetragenen Argumente nicht akzeptiert, eine andere Unterscheidung treffen und den Wissens- und Verständnishintergrund H sowie das zugehörige Wertesystem W als Einheit behandeln; in diesem Fall wäre dann zwischen B, K und (W + H) zu unterscheiden.

8. Hier stellt sich nun die entscheidende Frage, inwieweit der umfassende theoretische Hintergrund, durch den eine bestimmte Nachricht erst ihre Bedeutung erhält, der Computersimulation zugänglich ist. Wie sich gezeigt hatte, sind die stillschweigend vorausgesetzten Elemente der bedeutungskonstituierenden Superstruktur unerläßlich, um eine bestimmte Information überhaupt als solche zu erkennen und ihren eigentlichen Sinn zu erfassen. In dem Maße, in dem das in der Alltagssprache enthaltene Wissen zur Lösung bestimmter Probleme (Zeichenerkennung, Übersetzung, kreatives Denken) durch den Computer simuliert werden soll, muß dieser Wissenshintergrund auch in der Computersprache zum Ausdruck kommen.

In der Einleitung zur verbesserten Auflage seines Buches "What Computers Can't Do" hat H. Dreyfus noch einmal grundsätzliche Bedenken gegen die Möglichkeit einer solchen Simulation geltend gemacht.[15] Bezüglich der Theorieabhängigkeit der Information und der entscheidenden Rolle des allgemeinen theoretischen Hintergrundes ist Dreyfus zuzustimmen. Doch seine grundsätzlichen Einwände sind zu weitreichend. Es ist offenkundig, daß das jeweilige Weltverständnis durch einen allgemeinen Wissens- und Verständnishintergrund bestimmt ist. Und es ist ferner klar, daß dieser umfassende kognitive, sinn- und bedeutungsstiftende Hintergrund nicht in derselben Weise objektiviert werden kann wie ein spezieller Erkenntnisgegenstand. Denn sobald eine spezifische Fragestellung behandelt wird, ist dieser umfassende Wissens- und Verständnishintergrund unvermeidbar immer schon im Spiel, weil allein dieser Hintergrund Kriterien für Relevanz und Bedeutung liefern kann. Ebendieser Zusammenhang ist von Heidegger als Gegensatz von Sein und Seiendem (ontisch/ontologische Differenz) und von Wittgenstein im Hinblick auf die transzendentale Funktion der Regeln des jeweiligen Sprachspiels herausgestellt worden.[16] Es bleibt also festzuhalten, daß wir dem letzten, umfassenden Wissens- und Verständnishintergrund nicht entgehen können, der überhaupt erst die Regeln für den praktischen Lebensvollzug und die Kriterien für theoretische Erkenntnisleistungen bereitstellt.

Insoweit ist Dreyfus zuzustimmen, und er hat das große Verdienst, diesen Gesichtspunkt in die philosophische Diskussion über die Leistungsfähigkeit von Computern eingebracht zu haben. Doch sein Skeptizismus schießt über das Ziel hinaus. Bildlich gesprochen, ist der allgemeine Wissens- und Verständnishintergrund mit einer Brille zu vergleichen, durch die wir die Welt betrachten; und es steht uns frei, jedes beliebige Erkenntnisobjekt durch ebendiese Brille ins Auge zu fassen. Im Hinblick auf eine konkrete und spezifische Simulationsaufgabe, wie sie bei allen einzelwissenschaftlichen Untersuchungen vorliegt, sind deshalb keine schlechthin und grundsätzlich unaufhebbaren Schranken zu erwarten, was natürlich keineswegs ausschließt, daß einer bestimmten Aufgabenstellung <u>praktisch</u> unüberwindliche Schwierigkeiten entgegenstehen.

Gewiß wäre es logisch sinnlos, über das zu sprechen, was schlechthin unbekannt ist. Doch der Gang der Wissenschaftsgeschichte zeigt, daß immer die Möglichkeit besteht, neue Horizonte zu eröffnen. Dies gilt für alle spezifischen Fragestellungen innerhalb eines bestimmten Wissens- und Verständnishorizonts. Darüber hinaus kann auch das Weltverständnis selbst zum Untersuchungsgegenstand gemacht werden. Andernfalls hätten alle diesem Problem gewidmeten Untersuchungen, einschließlich großer Teile von Dreyfus' Buch, gar nicht angestellt werden können. Wegen unserer endlichen Verfassung ist nicht zu erwarten, daß wir in dieser Frage zu endgültigen

Resultaten gelangen, denn bei allen Untersuchungen über die letzten Grundlagen wird man in die Zirkelstruktur zurückgeworfen, die zwischen dem jeweils gewählten Ansatz und den erzielten Resultaten besteht. Sobald man jedoch einen konkreten Zugang für die philosophische Analyse wählt, ist das dadurch festgelegte Problem einer weiterführenden und in die Einzelheiten gehenden begrifflichen Erfassung zugänglich. Auf diese Weise sind zum Beispiel Heideggers "Sein und Zeit", Kants "Kritik der reinen Vernunft", Spinozas "Ethik", Aristoteles' "Metaphysik" und die Platonischen Dialoge geschrieben worden. Auch wenn es keinen einzigen, kanonischen Zugang zur Untersuchung der letzten Grundlagen des Seinsverständnisses gibt, stehen viele Wege offen, um sich dieser Frage zu nähern.

<u>Anmerkungen</u>

1. J. Richardson: Essay on the Theory of Painting (1715), zit. nach E.-H. Gombrich: Art and Illusion, London 1972, S. 10.

2. A. Koestler: The Act of Creation, London 1964; vgl. B. Ghiselin, Hg.: The Creative Process, Berkeley 1952.

3. J. Piaget: Einführung in die genetische Erkenntnistheorie, Frankfurt 1973; vgl. H. Gruber, Hg.: Essential Piaget - An Interpretation, Reference and Guide, London 1982.

4. Beispiele dafür finden sich z. B. in F. Suppe, Hg.: The Structure of Scientific Theories, Urbana, Ill. 1974.

5. C. E. Shannon: Die mathematische Theorie der Kommunikation, in: ders. und W. Weaver: Mathematische Grundlagen der Informationstheorie, München 1976; Zitat S. 10. Dem entspricht die Definition in C. L. Meek, Hg.: Glossary of Computing Technology, New York 1972, S. 109: "information = A set of symbols or an arrangement of hardware that designates one out of a finite number of alternatives, an aggregation of data which may or may not be organized."

6. L. Wittgenstein, der in seinem Tractatus logico-philosophicus (1921) den Logischen Atomismus vertrat, hat später in den Philosophical Investigations (1953) ebendiese Konzeption nachdrücklich kritisiert.

7. R. Descartes: Prinzipien der Philosophie I, 48-52.

8. Vgl. dazu J. Sinnreich, Hg.: Zur Philosophie der idealen Sprache, München 1972; sowie R. Bubner, Hg.: Sprache und Analysis, Göttingen 1968.

9. Wittgenstein: Investigations (s. o. Anm. 6); W. v. O. Quine: From a Logical Point of View, Cambridge, Mass. 1953; N. Rescher: The Coherence Theory of Truth, Oxford 1973.

10. S. o. Anm. 4.

11. Dies wird betont in der Philosophie des Organismus von A. N. Whitehead, s. Process and Reality (1929), New York 1978, dt.: Frankfurt 1979; Science and the Modern World (1925), New York 1967, dt.: Zürich 1949.

12. Dieser Zusammenhang wird erwähnt von T. S. Kuhn: Die Struktur wissenschaftlicher Revolutionen, Frankfurt 1970, S. 30.

13. Einen Überblick dazu gibt der von H. Albert und E. Topitsch herausgegebene Sammelband: Werturteilsstreit, Darmstadt 1979.

14. Die konstitutive Bedeutung von Wertungen für jede Erkenntnisleistung wird mit sehr unterschiedlichen Akzenten herausgearbeitet von F. Nietzsche: Jenseits von Gut und Böse (1886) und Zur Genealogie der Moral (1887); M. Scheler: Die Wissensformen und die Gesellschaft (1926); H.-G. Gadamer: Wahrheit und Methode (1960); J. Habermas: Erkenntnis und Interesse (1968).

15. H. L. Dreyfus: What Computers Can't Do, verb. Auflage, New York 1979, S. 55-66.

16. M. Heidegger: Sein und Zeit (1927); Wittgenstein (s. o. Anm. 6).

Informationsmessung und Informationstechnologie: oder über einen Mythos des Zwanzigsten Jahrhunderts

Sybille Krämer-Friedrich
Universität Marburg

0.

Kaum ein Wort hat ähnlich hohe Konjunktur wie das der "Information". Erst seit ein paar Jahrzehnten in Gebrauch, ist die "Information" schon "im Begriffe", wissenschaftliche Denkmodelle wie auch unsere Alltagssprache zu durchdringen und zu einer Schlüsselkategorie moderner Wissenschafts-, Technik- und Gesellschaftsanalyse zu avancieren.

Der Begriff "Information" suggeriert, daß es sich hierbei um einen wissenschaftlich präzisierbaren Sachverhalt handele. Denn wie selten zuvor, hat hier eine wissenschaftliche Theorie sprachschöpferisch gewirkt: die Ende der 40er Jahre entwickelte mathematische Informationstheorie zeugte diesen Begriff, dem dann die Redeweise von der Informationstechnologie so erfolgreich Pate stand, daß dieser Terminus einen wahren Siegeszug in fast allen Einzelwissenschaften anzutreten begann.

Zwei Topoi sind es vor allem, die dem Informationsbegriff sein wissenschaftliches Fundament zu verleihen scheinen:

1. Die Informationstheorie habe eine Formel entwickelt, mit der Informationen gemessen werden können.
2. Die elektronischen Rechenmaschinen repräsentierten eine informationsverarbeitende Technik.

Ziel der folgenden Erörterung ist der Nachweis, daß die Aussagen dieser Topoi nicht richtig sind. Dies geschieht durch eine kritische Hinterfragung der Redeweise von der "Informationsmessung" und der "Informationstechnologie". Gelingt dies, so verliert der Informationsbegriff seinen wissenschaftlichen Charakter und enthüllt sich als das, wozu unangemessener Sprachgebrauch ihn gemacht hat: als ein moderner Mythos, der durch Fortschritte wissenschaftlich-technischer Entwicklung nicht überwunden, sondern gerade erzeugt wurde. Zum Abschluß seien dann erste Umrisse einer alternativen Theorie über das Informieren gezeichnet.

1.

Meine erste These, die ich zu begründen suche, lautet:

Die klassische Theorie der Information ist keine Theorie über Information. Die von ihr aufgestellte Formel für den Informationsgehalt mißt nicht Informationen, sondern ist eine Anleitung, mit dem geringsten Aufwand Zeichenstrukturen isomorph zu reproduzieren.

Die von Claude Shannon Ende der vierziger Jahre entwickelte mathematische Informationstheorie[1] beansprucht auszusagen, was unter Information zu verstehen sei. Diese Theorie - die ich hier als "klassische Informationstheorie" bezeichne - wurde in den folgenden Jahren zu einer axiomatisch begründeten Theorie ausgebaut.[2] In dieser Gestalt drang sie ein in viele Einzelwissenschaften. Sowohl bei den Naturwissenschaften, der Physik und Biologie[3] z.B., wie auch bei den Geisteswissenschaften, der Ästhetik[4] und Linguistik z.B., wie auch bei den Verhaltenswissenschaften z.B. der Psychologie[5] und der Betriebswirtschaft[6]. Das Modell, welches der klassischen Informationstheorie zugrunde liegt und sich aus Nachrichtenquelle, Nachrichtenübertragungskanal, dem Empfänger und entsprechenden Codierungs- und Decodierungseinrichtungen zusammensetzt, wurde als ein allgemeines Modell von Kommunikation postuliert[7] und fand dann in dieser Form Eingang in alle Wissenschaften, die sich mit Kommunikation beschäftigen.[8]

Schauen wir uns die klassische Informationstheorie näher an: Sie beansprucht, den Informationsgehalt einer Nachricht zu messen. Sie macht dies, indem sie von Bedeutung und Wirkung einer Nachricht abstrahiert.[9] An dem, was dann übrig bleibt, gewinnt sie ihr Maß für den Informationsgehalt.[10] Gemäß der von ihr aufgestellten Meßvorschrift ergeben sich beispielsweise folgende Resultate: "Die hundert Buchstaben eines Goethegedichtes und eine Zufallsfolge von 1oo Buchstaben haben den gleichen Informationsgehalt, vorausgesetzt beide Texte weisen dieselben statistischen Abhängigkeiten zwischen den Buchstaben aus". Oder auch folgende Aussage: "Ein gestörtes Signal enthält mehr Information als ein ungestörtes, da es aus einer größeren Menge von Alternativen ausgewählt sein kann, als es beim Aussenden der Fall gewesen ist". Daß eine richtige Interpretation mathematischer Formalismen zu Resultaten gelangt, die vom Standpunkt unserer alltäglichen lebensweltlichen Erfahrung her völlig paradox sind, läßt aufmerken. Es drängt sich die Frage auf, ob die Informationstheorie ihre Definition und Maßzahl von Information nicht an etwas gewinnt, was die Eigenschaft "Information zu sein" gar nicht mehr besitzt.

Verdeutlichen wir uns eine Situation, auf welche der informationstheoretische Formalismus sinnvoll zu beziehen ist. Eine solche Situation ist folgendermaßen charakterisierbar: es sei ein abgeschlossenes Feld alternativer Möglichkeiten gegeben, aus denen eine auszuwählen ist. Die Formel für den Informationsgehalt gibt nun an, wie diese Auswahltätigkeit mit einem Minimum von Schritten zu bewerkstelligen sei. Konstruieren wir ein Beispiel. Zwei Personen machen ein Spiel. Jeder Spieler hat einen Vorrat von acht verschieden markierten Spielsteinen. Die Regel dieses Spiels lautet: Spieler A wählt aus seinem Zeichenvorrat ein Zeichen aus. Spieler B muß dieses Zeichen erraten. Er darf dabei Fragen an Spieler A stellen, die dieser nur mit "ja" oder "nein" beantworten darf. Es gibt nun verschiedene Fragestrategien. Eine läge darin, daß Spieler B alle Spielsteine von A nacheinander durchfragt. Wenn die Steine mit Buchstaben markiert sind, fragte er z.B.: "Ist es Buchstabe A?" etc. Im schlimmsten Fall benötigte er mit dieser Fragestrategie acht Fragen. Es gibt aber auch eine andere Möglichkeit. Dazu teilt der Frager den Zeichenvorrat in zwei Hälften und fragt, ob sich der gesuchte Stein in der ersten Hälfte A-D befinde. Die auf diese Weise ausgesonderte Menge wird wiederum halbiert und die entsprechende Hälfte erfragt etc. Durch diese Fragestrategie braucht der Frager bei einem Zeichenvorrat von acht Zeichen genau drei Fragen, um das gesuchte Zeichen eindeutig identifizieren zu können. Die Zahl "drei" ist aber auch die Zahl, die man findet, wenn man auf diese Situation die Formel zur Messung des Informationsgehaltes anwendet. Deren einfachste nichtstatistische[11] Fassung lautet:

$$I_g = ld\ N$$

N ist dabei die Menge der möglichen Alternativen. Bei acht Alternativen heißt dies der Logarithmus von 8: das ist 3.

Dies Beispiel macht deutlich: Hier wird nicht ein Informationsgehalt gemessen, so wie man etwa die Anzahl Kartoffeln in einem Sack errechnen kann, wenn man dessen Gesamtgewicht und das Durchschnittsgewicht einer Kartoffel kennt. Nein, hier wird eine Formel aufgestellt, die eine Regel liefert, wie eine Operation erfolgreich durchzuführen ist. Sie liefert eine Anleitung, wie aus einem vorgegebenen Satz von Alternativen auf dem kürzesten Wege eine auszusondern ist, unter der Bedingung, daß der Grundschritt der Auswahltätigkeit in der Wahl zwischen zwei Alternativen besteht. Diese Formel, deren Erklärungswert wir an einem fingierten Beispiel erläuterten, hat nun einen durchaus lebenspraktischen Sinn. Dieser besteht nicht darin, Informationen zu messen, sondern vorgegebene Zeichenfolgen durch die Zeichen eines anderen Symbolvorrats so abzubilden, daß die Struktur der ursprünglichen Zeichenfolge im Medium des neuen Zeichenvorrats gewahrt bleibt. Diesen Vorgang nennt man "Codieren". Das Codieren aber wird notwendig nicht in einer lebendigen Informations- und Kommunikationssituation, sondern umgekehrt dort, wo solche verhindert, aufgespalten ist, so daß es notwendig wird, Nachrichten mit Hilfe der Technik über raum-zeitliche Distanzen zu übertragen. Daß die optimale Fragestrategie in unserem fingierten Spiel und die Konstruktion eines optimalen Codes zusammenfallen, sei an diesem Beispiel erläutert. Der erste Spieler möchte dem zweiten übermitteln, welches Zeichen er ausgewählt hat. Ihm steht dafür ein Code zur Verfügung, der über zwei Elementarzeichen verfügt. Er muß also für die acht buchstabenmarkierten Spielsteine eine Verschlüsselung finden, deren Elemente nur zwei Symbole, z.B. die Zeichen 0 und 1 umfaßt. Er wird feststellen, daß er für jeden Spielstein eine Kombination von genau drei Zeichen braucht. Z.B.:

A   111

B   110

C   101

D   100

E   011

F   010

G   001

H   000

Die "Formel für den Informationsgehalt" gibt somit eine Anweisung über die optimale Konstruktion eines Codes. Nun ist die Darstellung einer Zeichenreihe mit Symbolen eines anderen Zeichenvorrats sinnvoll nur, sofern sich in dieser Transformation etwas identisch erhält. Dieses Identische ist näher als Struktur bestimmbar.[12] Diese Überlegungen führen uns zu folgender Schlußfolgerung:

Die Formel, die von der klassischen Informationstheorie zur Messung des Informationsgehaltes beansprucht wird, ist lediglich eine Anleitung zu isomorpher Tranformation bzw. Reproduktion von Strukturen.[13] Dies verwundert nicht, bedenkt man den nachrichtentechnischen Ursprung der Informationstheorie. In dieser Theorie wird gleichzeitig das schon erwähnte Modell der Kommunikation aufgestellt. Jedoch: Diese lineare Kette vom Nachrichtensender zum Nachrichtenempfänger ist das Modell eines Nachrichtenübertragungskanals; es ist Modell eines technischen Systems, nicht aber einer lebendigen Informationssituation. Dieser Kanal - durch den keineswegs Informationen, sondern physikalisch-energetische Gegebenheiten fließen - muß so beschaffen sein, daß durch Einwirkung des Senders auf den Kanaleingang physikalische Signale erzeugt werden, die am Kanalausgang vom Empfänger gemessen bzw. beobachtet werden können. Damit ist ein Nachrichtenübertragungskanal beschreibbar durch das allgemeine Schema einer Maschine, die - gleichsam als black-box - über einen Ein- und Ausgang verfügt und die Funktion hat, die Signalfolgen gegenüber Störungen von Außen möglichst invariant zu halten. Nicht also eine Kommunikationssituation, sondern eine Maschine, die Zeichenstrukturen zu konservieren hat, ist der Gültigkeitsbereich des die Informationstheorie eingrenzenden Modells. Als Ergebnis unserer Erörterung können wir festhalten: Der der klassischen Informationstheorie zugrunde liegende Informationsbegriff reduziert Informieren auf die technische Transformation isomorpher Strukturen. Damit aber sind Informationsprozesse, wie sie der wahrnehmenden, kognitiven und kommunizierenden Tätigkeit der Menschen zugrunde liegen, nicht hinreichend beschreibbar. Es sei denn, man akzeptiert eine maschinelle Operation als Paradigma der Analyse menschlicher Handlungssituationen.

2.

Wir wollen uns nun dem Topos von der Informationstechnologie zuwenden. Für folgende These werde ich argumentieren:

Elektronische Datenverarbeitungsanlagen repräsentieren keine informationsverarbeitende Technik, sondern die maschinelle Umformung von Zeichenreihen gemäß Regeln, die auf die Zeichenbedeutung keinen Bezug nehmen. Informationsverarbeitende Tätigkeiten sind erst dann maschinell simulierbar, wenn von ihrer Eigenschaft, informationsverarbeitende Prozesse zu sein, abstrahiert werden kann.

Es ist ein Gemeinplatz, den Computer als eine Maschine zu bezeichnen, die Informationen verarbeiten kann. Dafür nimmt man auf folgende Unterscheidung Bezug: Die Funktion der klassischen Maschine, so wie sie in der Ersten Industriellen Revolution zu massenhaftem Einsatz gelangte, besteht darin, Stoffe oder Energien zu erzeugen bzw. umzuwandeln. Die seit Mitte dieses Jahrhunderts entwickelte Rechenmaschine forme demgegenüber Informationen um. Neben die Material- und Energietechnik trete als dritte Spezies die Informationstechnik. Und so, wie der Material- und Energiewandler körperliche Arbeit des Menschen ersetze, substituiere der Informationswandler geistige Arbeit. Einer oberflächlichen Betrachtung zeigt dieser Gedankengang sich als plausibel. "Oberflächlich" meint hier: Man betrachtet eine Maschine unter dem Gesichtspunkt der menschlichen Tätigkeit, die durch die Maschine unterstützt bzw. überflüssig gemacht wird. Diese anthropomorphe Betrachtung jedoch übersieht einen wichtigen Sachverhalt:

Richtig ist, daß maschinelle Abläufe ehemals durch den Menschen ausgeführte Tätigkeiten modellieren. Diese Modellierung aber ist eine funktionelle, bei welcher sich die Art der Tätigkeit, die die Technik ausführt, völlig unterscheidet von der Art der Tätigkeit, die das menschliche Individuum zuvor ausübte.[14] Genauer: Damit ehemals dem Menschen obliegende Tätigkeiten an künstliche Mechanismen delegierbar werden, müssen diese Tätigkeiten Bedingungen erfüllen, welche ihren Charakter völlig ändern können. Jede Handlung, die an eine Maschine übertragen werden soll, muß zuvor in eine Operation umgewandelt werden. D.h. sie muß soweit schematisiert werden, daß die methodische Ordnung der Operationsschritte von jeder subjektiven Willkür eines bloß individuellen Lösungsweges befreit wird. Eine Handlung in eine Operation zu verwandeln, heißt also eine Regel aufzustellen, wie ein gegebener Ausgangszustand in einen bezweckten Endzustand so umzuwandeln ist, daß dieser Vorgang von jedermann zu jeder Zeit auf die gleiche Art und Weise wiederholbar wird, sofern nur die Regel angemessen befolgt wird. Dieses Element intersubjektiver Wiederholbarkeit gewinnt im technischen Vollzug dieser Operation ihre höchste Ausprägung, da nun die Wiederholung unabhängig von unmittelbar menschlichem Eingreifen sich vollzieht.

Was bedeutet diese Verobjektivierung einer Handlung zu einer Operation für solche Tätigkeiten, in denen der Mensch Informationen verarbeitet?

Springpunkt unserer Argumentation ist folgender: Die Umwandlung eines informationsverarbeitenden Prozesses in eine Operation hat zur Voraussetzung, daß von seinen Eigenschaften, Informationen zu verarbeiten, gerade abgesehen werden kann.

Wie ist diese scheinbar paradoxe Aussage zu verstehen?

Die Forderung nach der Schematisierung nimmt für die geistige Tätigkeit die Gestalt einer Forderung nach Formalisierung an. Die Formalisierung eines informationsverarbeitenden Prozesses beinhaltet zweierlei:

1. Die Informationen müssen die Form von Daten annehmen. Als Daten seien die bedeutungsfreien Darstellungen von Informationen zum Zwecke ihrer maschinellen Verarbeitung bezeichnet;[15]

2. Die Verarbeitung von Daten kann nur auf der Grundlage von Algorithmen geschehen im Sinne der Abarbeitung mathematisch-logischer Verfahren ihrer Umformung in einer endlichen Menge von Schritten.[16]

Es ist also nicht nur eine Regel zu finden, die die Abfolge von Operationsschritten bis ins einzelne festlegt. Auch die Objekte, mit denen operiert wird, unterliegen einer Veränderung. Im Kern hat die Formalisierung von Informationsprozessen zur Konsequenz, daß die Bedeutungsdimension von Informationen eliminiert wird. Was dann übrig bleibt, sind Zeichenreihengestalten und Regeln ihrer Umformung, so daß die Abfolge der Umformungsschritte nicht abhängig ist von der Bedeutung der Zeichenreihen. Solch bedeutungsfreie Symbolketten und die Algorithmen ihrer Manipulation allein vermag ein Computer durch seine eigenen physikalisch-technischen Zustände zu simulieren.[17]

Eine solche Erzeugung und Umformung von Zeichenreihen nach Regeln, die nur Bezug nehmen auf die Struktur der Zeichenreihen, nicht aber auf deren Bedeutung, kann man auch einen Kalkül nennen. Unter einem Kalkül sei ein System von Regeln zum Operieren mit (Zeichen-)Figuren verstanden.[18] Daß die Gültigkeit und Richtigkeit eines Kalküls nicht abhängig ist von der Interpretation der Zeichen, sei am Beispiel des algebraischen Kalküls erläutert. Wenn ich die Zeichenreihe a + b = c umforme zu a = c - b dann ist diese Operation richtig, gleichgültig, ob die Buchstaben, mit denen hier operiert wird, Spielsteine, Zahlenwerte oder Begriffe repräsentieren.

Halten wir fest: Damit Informationsprozesse mechanisierbar sind, müssen sie als ein Kalkül im Sinne einer Umformung bedeutungsloser Zeichenreihen nach Regeln beschreibbar sein.

Zeichen, von deren Bedeutung im Zuge ihrer Umformung abgesehen werden kann, sind nicht mehr als Information zu qualifizieren. Denn daß ein Zeichen die Eigenschaft besitzt, "Information zu sein", ist unabdingbar an seine Eigenschaft gebunden, "Bedeutung zu haben". Genauer: Zeichen werden zu Informationen dadurch, daß sie für den Handlungszweck eines Benutzers Bedeutung haben.[19] Während in der Kalküloperation nur auf die syntaktischen Strukturen der Zeichenreihen Bezug genommen wird, sind Informationsprozesse stets an die semantische und pragmatische Dimension von Zeichen gebunden: Die Pragmatik der Information ist ihre Semantik.[20]

Diese Überlegungen machen klar: Nur solche Informationsprozesse sind an den Computer delegierbar, bei denen von der pragmatisch-semantischen Dimension abstrahiert werden kann. Zwar bezweckt der Mensch durch den Einsatz von Computern, seine Informationsverarbeitung zu unterstützen. Doch ein Computer liefert nur Daten. Diese Daten aber in bedeutungsvolle Zeichen, d. h. in Informationen zu verwandeln, vermag allein der Mensch. Menschen informieren sich. Computer aber gestalten bedeutungslose Symbolketten nach Regeln um. Damit repräsentiert eine Datenverarbeitungsanlage keine Informationstechnik, sondern ein Instrument mechanischer Symboloperation. Nur soweit geistige Arbeit auf rein schematische geistlose Umformung von Zeichenketten reduzierbar ist, erweist sie sich als mechanisierbar. Das einzige Glied, welches die Computertätigkeit mit dem menschlichen Informieren verbindet, ist der Gebrauch von Symbolen. Tatsächlich ist die Symbolbenutzung eine conditio sine qua non aller Denktätigkeit. Jedoch - und dieser Gedanke kann hier nur angedeutet, nicht aber entfaltet werden - Denken und Informieren ist eine Form des symbolischen Handelns,[21] der Computer aber simuliert eine kalkülmäßig beschreibbare symbolische Operation. Der Unterschied zwischen der klassischen Maschine und der modernen Rechenmaschine ist nicht einfach der, daß früher Stoffe und Energien, heute aber auch Informationen umgewandelt werden können. Entscheidender ist, daß Stoffe und Energien zu erzeugen, dem Typus materialer Produktionen zugehörig sind. Zeichenreihen umzugestalten gehört jedoch dem Typus symbolischer Produktionen an. Es ist hier nicht der Ort, das Verhälnis materialer und symbolischer Tätigkeiten - welche materiale Sachverhalte repräsentieren können, aber nicht müssen - weiter zu klären. Die hier geäußerten Überlegungen verstehen sich nur als Plädoyer dafür, die unreflektierte Redeweise von der Informationstechnologie fallenzulassen zu Gunsten des präziseren Ausdrucks, daß der Computer ein Instrument mechanischer Symboloperation ist.

Werfen wir von dem erreichten Stand der Argumentation einen Blick zurück, so zeigt sich, daß der Terminus Information, so wie er durch die klassische Informationstheorie und die Redeweise von der Informationstechnologie geprägt wird, zwei Eigentümlichkeiten aufweist:

1. Die erste Eigentümlichkeit besteht in seinem technizistischen Charakter. Technische Abläufe erhalten paradigmatische Geltung für die Begriffsbildung. Im Rahmen der Informationstheorie kommt dies darin zum Ausdruck, daß das Modell der Kommunikation sich bei näherem Hinsehen als Modell einer Maschine, die Zeichenstrukturen zu übertragen hat, erweist. Hinsichtlich der Informationstechnologie zeigt sich dies darin, daß die Informationstätigkeit, die an die Maschine zu delegieren ist, zuvor die Form einer symboltechnischen Operation angenommen haben muß;

2. Die zweite Eigentümlichkeit liegt in dem formalistischen Charakter. Zeichenprozesse als unhintergehbare Voraussetzung allen Informierens geraten nur so weit in den Blickwinkel, wie sie formal rekonstruierbar sind. D.h., so weit wie die Operationsregeln von der Zeichenbedeutung im Sinne eines von dem Zeichen selbst zu unterscheidenden Sachverhaltes, auf den sie hinweisen, abstrahiert werden können.

3.

Mit solch technizistisch und formalistisch verkümmertem Informationsbegriff sind Informationsprozesse nicht angemessen zu analysieren. Ehe wir nun erste Umrisse einer alternativen Konzeption von Information entwickeln, sei nach dem mythischen Charakter des kritisierten Terminus "Information" gefragt. Folgende These soll begründet werden:

<u>Der Terminus "Information", so wie er der Redeweise von der "Informationsmessung" und der "Informationstechnologie" zugrunde liegt, ist kein wissenschaftlicher Begriff, sondern gehört der Sphäre des mythischen Bewußtseins an.</u>

Es ist sinnvoll, erst einmal zu klären, was unter "Mythos" zu verstehen sei. Es geht hier nicht um eine allgemeine Analyse mythischen Denkens; nur ein Aspekt, den der Philosoph Ernst Cassirer in seiner Mythendeutung herausarbeitete,[22] sei der rote Faden, der zu unserer Orientierung dient. Das mythische Bewußtsein unterscheidet sich dadurch vom wissenschaftlichen, daß es die Trennung zwischen einem Zeichen und dem, was es bezeichnet, nicht zu ziehen vermag. Für das mythische Denken ist das Zeichen nicht ein Stellvertreter eines unabhängig und außerhalb von ihm liegenden Sachverhalts, sondern es ist diese Sache selbst. Es gibt eine unmittelbare Identität zwischen dem sinnlichen Substrat eines Zeichens und seiner immateriellen Bedeutung. Ein Beispiel verdeutliche dies: Die große Scheu vieler Naturvölker, sich fotografieren zu lassen, hängt mit ihrer magischen Auffassung von Bildern zusammen. In ihrer mythischen Vorstellungskraft wird das Bild eines Menschen mit dessen Leben selbst begabt. Und will man einem Menschen ein Leid zufügen, genügt es, sein Bild zu verletzen, damit dieser Mensch Krankheit und Tod auf sich ziehe. Dabei wird die Zerstörung des Bildes keineswegs als ein symbolischer Akt angesehen, sondern als eine Handlung vollzogen von gleich unmittelbarer Wirkungskraft wie die direkte Gewaltanwendung gegenüber dem befeindeten Menschen. Liefert man sein Bild an jemanden aus, hat man sich selbst in dessen Hände begeben. Das wissenschaftliche Denken beginnt, wo diese Verschmelzung von Urbild und Abbild, von Inhalt und Symbol getrennt wird. In der Geburtsstunde von Philosophie und Wissenschaft, beim Übergang vom Mythos zum Logos bei den Griechen, spielte Platons Ideenlehre diese geschichtsmächtige Zäsur, die die Urbilder bzw. Ideen radikal von ihren Abbildern in der sinnlichen Wahrnehmung und dem nichtphilosophischem Denken schied.

Was folgt aus der hier zugrunde gelegten Charakteristik des mythischen Denkens für den Mythos von der "Informationsmessung" und der "Informationsmaschine"?

Für diese gilt bereits die formale Manipulation von Zeichenstrukturen, sei es im Sinne ihrer Erhaltung, sei es im Sinne ihrer Veränderung, als ein Informationsprozeß. Wenn wir davon ausgehen, daß ein Informieren immer an die Benutzung bedeutsamer Zeichen gebunden ist, so kann die Bezeichnung "Information" für die Manipulation bedeutungsloser Zeichen nur heißen: Ihre "Bedeutungslosigkeit" besteht darin, daß allein ihre syntaktische, formale Sruktur zur Bedeutung sich erhebt. Damit aber wird die Unterscheidung von Zeichen und Bezeichnetem, als etwas, das außerhalb des Zeichens besteht und worauf dieses hinweist, fallengelassen. Und an seine Stelle tritt die mythische Ununterschiedenheit, derzufolge das Operieren mit den formalen Zeichen schon für das Ganze eines Informationsprozesses gesetzt wird. Der Gedanke der Repräsentation eines Informationsinhaltes durch ein Zeichen wird aufgegeben im Gedanken der Präsentation, in dem das Zeichen bzw. die Zeichenstrukturen bereits die Information ist. Das aber ist jener Mechanismus, den wir als grundlegend für die Bildung des mythischen Bewußtseins ansahen. Wir können diesen Gedanken, daß der Informationsbegriff mythische Züge trägt, ideologiekritisch wenden. Zum Beispiel zu der Frage, welche Funktionsweisen unserer Lebenswelt solche Art von Informationsauffassung bedingen. Zumindest drängt sich folgende Analogie auf: So wie im Tauschwertcharakter von Waren alle besondere Arbeit nur noch gemessen wird am Maßstab ihrer allgemeinen geldfähigen Austauschbarkeit, so wird bei der Messung von "Information" alle besondere Bedeutung der Zeichen im allgemeinen Maßstab ihrer Codierungsfähigkeit (und das ist auch: Austauschfähigkeit) zum Verschwinden gebracht. Auch das Paradigma der technischen Operation wäre hinterfragbar. Die kapitalistische Gesellschaft hat ihre Technik immer auch als Instrument von

Herrschaft organisiert und konnte so technischem Sachzwang überlassen, was als Zwang gegen Menschen konzipiert ist.[23] Diese Fragen seien gestellt, doch sie zu beantworten, sprengt den Rahmen dieses Vortrages.

Uns bleibt nur noch ein letzter Schritt der Argumentation: die versprochenen Umrisse alternativer Konzeption von Information zu skizzieren.

4.

Es geht hierbei um keine ausgearbeitete Theorie, sondern um erste Ideen, die vielleicht die Richtung markieren können, in der weiterzudenken wäre.

Drei Arten und Weisen des menschlichen Handelns möchte ich unterscheiden, wobei sich sowohl bezüglich der Zwecke wie der verwendeten Mittel gewichtige Unterscheidungen ergeben. 1. Das Interagieren. Sein Zweck ist die Erhaltung oder Veränderung sozialer Systeme. Sein Mittel ist - je nach Sprachgebrauch - die Klassenzugehörigkeit bzw. die soziale Rolle. 2. Das Herstellen, das auf Erhaltung und Veränderung der künstlichen und natürlichen Umwelt abzielt und dessen Mittel die Technik ist. 3. Das Informieren. Es bezweckt die Erzeugung und Veränderung symbolischer Welten, wie sie uns in Mythos, Kunst und Wissenschaft gegeben sind. Sein Mittel ist das Zeichen bzw. Zeichensysteme.[24]

Als der Modus des symbolischen Handelns liegt das Informieren allen Tätigkeiten zugrunde, in denen sich die Menschen mit Hilfe symbolischer Repräsentationen orientieren bzw. symbolische Formen erzeugen.

Dazu gehört der Bereich der Erfahrung nicht weniger als das Denken selbst. Erfahrung so verstanden, daß sowohl das Beobachten und Wahrnehmen als sensorische Erfahrung, wie auch das Verständigen mit Menschen und das Verstehen von Texten als kommunikative Erfahrung dazu gehört. Die Bedingungen der Möglichkeit und Gültigkeit des Informierens erweisen sich dann zugleich als die Bedingungen der Möglichkeit und Gültigkeit der Erfahrung und des Denkens. Drei solcher Möglichkeitsbedingungen allen Informierens seien nun angedeutet. Es sind dies:
1. Das Apriori des Handelns. 2. Das Apriori des gemeinsamen Zeichenvorrats. 3. Das Apriori der Geschichtlichkeit.

Zu dem Apriori des Handelns:

Die Selbsttätigkeit des informationsverarbeitenden Subjekts ist eine wichtige Voraussetzung dafür, daß es sich informieren kann. Im Gegenzug also zu der im Empirismus wurzelnden Tradition, das menschliche Bewußtsein als tabula rasa vorzustellen, in welche die Außenweltreize ihr Abbild einschreiben,[25] legt die handlungsorientierte Bestimmung des Informierens ein Umgekehrtes nahe: Der Empfänger von Informationen steht nicht als passives Medium einer reizaussendenden Umwelt gegenüber, sondern er wird Empfänger von Informationen nur, sofern er intentional gerichtet ist, Zwecke handelnd verfolgt, Entscheidungen anstrebt.[26] Die

Genesis des Informierens geht idealtypisch zurück auf die Unterbrechung einer praktischen Handlungsfolge: Da, wo eine offene Situation[27] der Art entsteht, daß unterschiedliche Alternativen der Fortsetzung des Handelns gegeben sind und das agierende Subjekt eine Entscheidung über die günstigste Alternative zu fällen hat, wird die orientierende Funktion des Informierens notwendig. Und die ihr eigene Art, mit Symbolen zu handeln, statt in den Modi der sozialen Interaktion oder des technischen Tuns, kann man auch auffassen als ein "Probehandeln" im Medium einer reversiblen Symbolwelt, für welche die Irreversibilität der Zeit, die für das auf die Außenwelt gerichtete Handeln gilt, aufgehoben ist.

Die Handlungssituation des informationsaufnehmenden Subjektes wird zum Filter, welcher selektiert, was überhaupt zum bedeutungsvollen Zeichen wird.[28] Dies hat wichtige erkenntniskritische Funktion. Auf Kant geht jene Wende zurück, Erkenntnis nicht mehr von der Objektwelt, sondern vom Subjekt, genauer: seiner apriorischen Erkenntnisform bestimmt zu sehen. Dieses Apriori zeigt sich hier als ein solches des Handelns. "Welt" wird für den Menschen zum "Tatbestand": Woraus sie besteht, enthüllt sich durch die Tat. Der Radius unserer Aktionen bestimmt, was in den Kreis der Bedeutungen tritt.

Zu dem Apriori des gemeinsamen Zeichenvorrats:
Damit ein Informieren überhaupt möglich ist, muß zwischen Sender und Empfänger ein gemeinsamer Zeichenvorrat gegeben sein. Im Unterschied zu dem Modell der klassischen Informationstheorie bezieht sich dieser Zeichenvorrat nicht einfach auf das formale, konventionell eingeführte Alphabet von Zeichen und den Regeln ihrer zulässigen Transformation. Vielmehr geht es um das unhintergehbare Apriori des geschichtlich gewachsenen Horizonts der Umgangssprache, welche eine Gruppe von Menschen als Teilnehmer gemeinsamer Sprachpraxis eint, die in ihren Wurzeln in die gemeinsame Lebenspraxis reicht.[29] Der "methodische Solipsismus", der dem Logischen Empirismus nicht weniger zugrunde liegt als der traditionellen Bewußtseinsphilosophie und von der robinsonadenhaften Fiktion ausgeht, daß einer allein etwas als etwas erkennen könne, wird durch die Notwendigkeit des gemeinsamen Zeichenvorrats als Bedingung allen Informierens in seine Grenzen verwiesen.

Das Hauptproblem gelingenden Informierens ist nicht das formaler Übermittlung oder Veränderung von Zeichenstrukturen, sondern das der "Verständigung". Verständigung ist zwar möglich nur, wo Gleichheit des benutzten Symbolvorrats existiert, doch nötig nur, wo zugleich unterschiedliche Interpretationsweisen von Zeichen gegeben sind.[30] Werden Zeichen in Informationsprozessen benutzt, die nicht kunstsprachlich aufgebaut sind, herrscht eine Pluralität möglicher Bedeutungen. Diese wurzelt in der pragmatischen Dimension aller Symbolsemantik. Wenn die Bedeutungen von Zeichen weniger in den abgebildeten Sachverhalten, sondern in den

Handlungsmöglichkeiten von Menschen in Bezug auf diese Sachverhalte gegeben sind, so korrespondiert der prinzipiellen Unabgeschlossenheit der gesellschaftlichen Praxis die Unabgeschlossenheit der Symbolbedeutungen. Die Bedeutung eines symbolischen Handelns ist das Ensemble der Möglichkeiten, dieses durch nicht-symbolisches praktisches Handeln fortzusetzen.

Zu dem Apriori der Geschichtlichkeit:

Der Empfänger, welcher Informationen handlungsorientierend verarbeitet, muß über die Fähigkeit zu individueller Gedächtnisbildung verfügen. Dadurch verliert zum Beispiel eine sich wiederholende Information ihre Bedeutung. Ein trivialer Tatbestand, der gleichwohl den Rahmen der klassischen Informationstheorie völlig sprengt, deren Formalismen gemäß sich der Informationsgehalt wiederholt gesendeter Zeichen nicht ändert. Für die menschliche Lebenswelt gilt: Man kann nicht zweimal die gleiche Erfahrung machen.[31] Jedem Informationsverarbeitungsprozeß wohnt für das agierende Subjekt ein nicht eliminierbares Moment von Einmaligkeit inne. Dem Kalkül und der Computeroperation liegt ein Umgekehrtes zugrunde: Hier herrscht das Prinzip unbegrenzter Wiederholbarkeit. Denn nur wenn ein Vorgang beliebig oft nach dem gleichen Schema wiederholbar ist, ist er maschinell simulierbar.

Es erhebt sich die Frage, ob in den Speichern des Computers, jenen technischen Simulationsmodellen von Gedächtnisbildung, nicht eine Form von Geschichtlichkeit in die Computertätigkeit installiert wird. Doch das individuelle Gedächtnis ist keine einfache Aufbewahrungsstätte fixierter Informationen, in denen das Vergangene festgerinnt zur Kopie, die bei Bedarf in das Tageslicht der Erinnerung gehoben werden kann. Das Gedächtnis des Menschen existiert nur in Gestalt beständiger Tätigkeit der Re-Konstruktion.[32] Was dabei re-konstruiert wird, ist weniger bestimmt durch die fixierten Bedeutungen vergangener Informationen, sondern durch den gegenwärtigen Problem- und Handlungszusammenhang, von dem her Licht auf das Vergangene fällt. Dies hat zur Folge daß die Bedeutung dessen, was gewesen ist, sich ständig verändert. Diese Umbildung von Informationen, die in der Vergangenheit gesammelt wurden, durch die rekonstruktive Tätigkeit des Bewußtseins gemäß je gegebener aktueller Informationssituation scheint ein wichtiges Unterscheidungsmerkmal zwischen dem Computerspeicher und dem menschlichen Gedächtnis zu sein. Geschichtlichkeit des Empfängersubjekts heißt, daß auch die in der Vergangenheit gesammelten Informationen einer beständigen Bedeutungsverschiebung und -wandlung unterliegen.

Anmerkungen

1) Shannon, C. E.: The Mathematical Theory of Communication, Bell Syst. Tech. Journ. 27 (1948) 3/4, 379 ff. u. 623 ff., ders.: Communication in the presence of noise, Proc. J. R. E. 37 (1949) 1. 10f, ders.: Recent development in communication theory, Electronics (1950, April) 80, Tuller, W./Sullivan, H.: Theoretical limitations on the rate of transmission of information, Proc. I. R. E. 37 (1949) 5, 468 ff. Wiener, N.: Cybernetics or control and communication in the animal and the machine, New York-Paris 1948, ders.: The interpolation, extrapolation and smoothing of stationary time series, New York 1949.
Zur ersten nichtstatistischen Fassung des Informationsbegriffes vgl.: Hartley, R. V. L.: Transmission of Information, Bell Syst. Tech. Journ. 7 (1928).
Zur Geschichte der frühen Informationstheorie vgl.: Cherry, E. C.: A history of the theory of information, Methods 8 (1956) 29-30, 57-92

2) Chintchin, A. J.: Der Begriff der Entropie in der Wahrscheinlichkeitsrechnung, in: Arbeiten zur Informationstheorie I, Berlin (DDR) 1957, Jaglom, A. M.: Wahrscheinlichkeit und Information, Berlin (DDR) 1970, Kolmogoroff, A. N.: Theorie der Nachrichtenübermittlung, in: Arbeiten zur Informationstheorie I, Berlin (DDR) 1957, 91 ff, Rényi, A.: Wahrscheinlichkeitsrechnung. Mit einem Anhang über Informationstheorie, Berlin 1973

3) Trintscher, K. S.: Biologie und Information, Leipzig 1967

4) Moles, A. A.: Informationstheorie der ästhetischen Wahrnehmung, Köln 1971

5) Attneave, F.: Informationstheorie in der Psychologie, Bern 1969

6) Wittman, W. u. a.: Unternehmung und unvollkommene Information, Köln/Opladen 1959

7) Shannon selbst hat sein Modell postuliert als "schematic diagram of a general communication system", in: Shannon, C. E./Weaver, W.: The mathematical theory of communication, Urbana 1949, S. 34

8) Vgl. exemplarisch Cherry, C.: Kommunikationsforschung - eine neue Wissenschaft, Frankfurt 1963. Maser, S.: Grundlagen der allgemeinen Kommunikationstheorie, Stuttgart 1971, Taschdjian, E.: Organic communications, Dubuque/Iowa 1966

9) "Frequently the messages have meaning; that is they refer to or are correlated according to some systems with certain physical or conceptual entities. These semantic aspects of communication are irrelevant to the engineering problem", Shannon, C. E./ Weaver, W., The mathematical theory of communication, Urbana 1949, S. 31

10) Der Versuch, diese Maßbestimmung auch für den semantischen Wert von Informationen fruchtbar zu machen, findet sich bei: Bar-Hillel, Y./Carnap, R.: Semantic Information, Brit. Journ. Phil. of Scienc. 4 (1953) 147 ff., Hintikka, J.: On Semantic Information, in: Information and Inference, ed. J. Hintikka/P. Suppes, Dordrecht 1970, Kememy, J. G.: A New Approach to Semantics, Part 1, Journ. of Symb. Log. 21 (1956) 1, 1 ff; Part 2:21 (1956 2, 149 ff.

11) Die hier angegebene Formel gilt nur unter der Voraussetzung der Gleichwahrscheinlichkeit aller auftretenden Alternativen $p_1 = p_2 = \ldots = p_n = \frac{1}{N}$
Im allgemeineren Falle voneinander verschiedener Wahrscheinlichkeiten p_i beträgt der Informationsgehalt für ein Zeichen z_1 mit der Auftretenswahrscheinlichkeit p_i

$$I_1 = ld \frac{1}{p_i} = - ld\, p_i$$

12) Hierin hat die Vorstellung der Information als Maß des Ordnungsgrades, wie sie erstmals von N. Wiener entwickelt wurde, ihren Ursprung, Wiener, N.: Cybernetics or control and communication in the animal and the machine, New York-Paris 1948

13) Dies ist bei Shannon mit wünschenswerter Deutlichkeit ausgedrückt: "The fundamental problem of communication is that of reproducing at one point either exactly or approximately a message selected at another point". Shannon, C. E./ Weaver, W.: The mathematical theory of communication, Urbana 1949, S. 31

14) vgl. dazu Krämer, S.: Technik, Gesellschaft und Natur. Versuch über ihren Zusammenhang, Frankfurt 1982

15) vgl. Schmitz, P./Seibt, D.: Einführung in die anwendungsorientierte Informatik, München 1975, S. 22

16) Unter einem Algorithmus wird eine Berechnungsregel zur Lösung einer Aufgabe verstanden, welche drei Bedingungen zu genügen hat:
   1. Endlichkeit: Sie besteht aus einer endlichen Anzahl von Schritten, deren genaue Beschreibung nur endlich viel Platz benötigt.
   2. Eindeutigkeit: Es steht nach Ausführung eines Schrittes eindeutig fest, welcher Schritt als nächstes auszuführen ist.
   3. Effektivität: Die Ausführung jedes Schrittes nimmt nur endlich viel Zeit in Anspruch.
   Loeckx, J.: Algorithmentheorie, Berlin-Heidelberg-New York 1976, S. 11

17) Darauf verwies oftmals Heinz Zemanek z.B. in:
   Zemanek, H.: The Human Being and the Automation, in: E. Mumford a. H. Sackman (eds), Human Choice and Computers (Proceedings of the IFIP

Conference in Vienna, April 1-5, 1974), Amsterdam 1975, 358pp, ders. Die Informationsverarbeitung und ihre Widersprüche, in: DV-Aktuell 1977, München-Wien 1977

18) Lorenzen, K.: Einführung in die operative Logik und Mathematik, Berlin-Göttingen-Heidelberg 1955, S. 4, sowie auch Dingler, H.: Philosophie der Logik und Arithmetik, München 1931,S. 49. Eine mengentheoretische Definition des Kalküls findet sich bei Schröter, K.: Ein allgemeiner Kalkülbegriff, Leipzig 1941

19) Vgl. dazu die Theorie des "Zweckbezuges der Nachricht" in der Betriebswirtschaftslehre, Witte, E. u. a.: Das Informationsverhalten in Entscheidungsprozessen, Tübingen 1972. Zum Zusammenhang von Information und Verhalten vgl. auch: Klix, F.: Information und Verhalten, Berlin 1971. Krämer-Friedrich, S.: Information und Verhalten, in: Schauer, H./Tauber, M. (Hrsg.) Informatik und Psychologie, Wien-München 1982, 87 ff.

20) Weizsäcker, E. v.: Erstmaligkeit und Bestätigung als Komponenten der pragmatischen Information, in: E. v. Weizsäcker (Hg.): Offene Systeme I, Stuttgart 1974, 82 ff.

21) Dies in Abhebung von solchen Auffassungen, in denen Informieren auf Prozesse von Strukturerhaltung und -übertragung reduziert wird, so z.B. bei: Schaeffer, G.: Kybernetik und Biologie, Stuttgart 1972, Ursul, A. D.: Information, Berlin (DDR) 1970

22) Cassirer, E.: Philosophie der symbolischen Formen, Teil 1-3 (Berlin 1925) Darmstadt 1977, Teil 2: Das mythische Denken

23) Zum Zusammenhang von Technik und Herrschaft vgl.: Marcuse, H.: Industrialisierung und Kapitalismus, in: Max Weber und die Soziologie heute, Verhandlungen des 15. Deutschen Soziologentages, Tübingen 1965, ders.: Der eindimensionale Mensch, Neuwied-Berlin 1967

24) Bei diesen drei Unterscheidungen handelt es sich um Produkte der Abstraktion. Die Wirklichkeit des menschlichen Handelns ist stets dadurch gekennzeichnet, daß sich diese verschiedenen Weisen des Handelns durchdringen, wobei der sozialen Interaktion die Priorität zukommt. Zum technischen Handeln als einer Form sozialer Interaktion vgl. Krämer, S.: Technik, Gesellschaft und Natur. Versuch über ihren Zusammenhang, Frankfurt 1982. Zum symbolischen Handeln als einer Form sozialer Interaktion vgl. Mead, G. H.: Geist, Identität und Gesellschaft, Frankfurt 1980, 4. Aufl.

25) Die Vorstellung des Bewußtseins als einer "tabula rasa" geht auf John Locke zurück. Sie liegt auch dem Stimulus-Response-Modell des Behaviorismus

zugrunde.

26) Dies gilt - wie die Entdeckung des Reafferenzprinzips zeigt, welches das klassische Modell des "Kettenreflexes" ablöste - auch schon für die Physiologie des Nervensystems von Organismen. Holst, E. v./Mittelstaedt, H.: Das Reafferenzprinzip (1950), wieder abgedruckt in: E. v. Holst, Zur Verhaltensphysiologie bei Tieren und Menschen, Gesammelte Abhandlungen Bd. I, München 1969, 135 ff.

27) Vgl. dazu die Unterscheidung von offenen und geschlossenen Problemsituationen in der Kognitionspsychologie: Dörner, D.:Die kognitive Organisation beim Problemlösen, Bern-Stuttgart-Wien 1974

28) Dies ist angelegt schon in den handlungsorientierten Bedeutungstheorien von C. S. Peirce und dem späten Wittgenstein.

29) Vgl. dazu die "Sprachspielkonzeption" des späten Wittgenstein und K. O. Apels, "Theorie der Kommunikationsgemeinschaft"

30) Böhme, G.: Information und Verständigung, in: E. v. Weizsäcker (Hg.), Offene Systeme I, Stuttgart 1974, 17 ff.

31) Gadamer, H. G.: Wahrheit und Methode, Tübingen 1975, 4. Aufl., S. 336

32) Halbwachs, M.: Das Gedächtnis und seine sozialen Bedingungen, (1925) Neuwied 1966

Information gibt keinen Sinn, oder:
Das Relevanzdefizit in der Informationstechnik und
seine gesellschaftlichen Gefahren

Günter Ropohl
Universität Frankfurt

1

"Was ist der Mensch?" Diese Frage ist immer wieder als das grundlegende Problem der Philosophie angesehen worden. Beispielsweise vermerkt Immanuel Kant (1800, 27), diese Frage sei der Kern jener berühmten drei anderen Fragen: "1) Was kann ich wissen? 2) Was soll ich tun? 3) Was darf ich hoffen?" Man hat jene Frage auf die verschiedenste Weise beantwortet; die meisten Antwortversuche heben ein einzelnes Merkmal hervor und tun so, als erfaßten sie damit den Menschen als Ganzes. Wir kennen klassische "Definitionen" wie das "zoon logon echon" (das vernünftiger Rede fähige Lebewesen), das "zoon politikon" (das auf gesellschaftliche Öffentlichkeit angelegte Lebewesen), den "homo faber" (den herstellenden Menschen), oder den "homo ludens" (den spielerischen Menschen). Die modernen Sozialwissenschaften haben dann den "homo oeconomicus" (den rational seinen Nutzen maximierenden Menschen) und den "homo sociologicus" (den allein durch soziale Rollen festgelegten Menschen) beigetragen. Die philosophische Anthropologie dieses Jahrhunderts schließlich beschreibt den Menschen als das "handelnde Lebewesen" (z.B. Gehlen 1961).

Natürlich ist keine dieser Kennzeichnungen falsch; jede erfaßt ein charakteristisches Merkmal des Menschen und repräsentiert eine bestimmte Information. Aber die einzelne Information reicht nicht aus, den Sinn dessen zu umschreiben, was der Mensch als Ganzes ist. Tatsächlich kann man den Menschen nicht auf eines dieser Einzelmerkmale reduzieren, sondern muß ihn als Synthese all dieser und weiterer Merkmale verstehen. Nicht die einzelne Information genügt, sondern eine sinnvolle Kombination mehrerer elementarer Informationen ist erforderlich, um ein komplexes Phänomen wie den Menschen zu verstehen. Offenbar gibt die einzelne Information keinen Sinn. Sinn entsteht erst in einer signifikanten Zusammenstellung von Informationen.

Nachdem sich die Informationstechnik entwickelt hat, scheint es heute geboten, die Frage nach dem Menschen neu zu stellen. Dann wird es sich zeigen, daß der Umgang mit Informationen ein entscheidendes Phänomen in der Entwicklung des "technischen Menschen" ist. Und es wird darzulegen sein, daß das menschliche Bewußtsein nicht allein Informationen, sondern vor allem auch Sinn braucht - ganz in jener Art und Weise, in der menschliches Selbstverständnis vorgeht, wenn es sich nicht mit einzelnen Informationen über isolierte Merkmale begnügt.

2

Ein neueres Modell beschreibt den Menschen als ein soziotechnisches Handlungssystem (Ropohl 1979). In gewisser Weise verbindet dieses Modell die wesentlichen Merkmale, die im ersten Abschnitt erwähnt wurden, vor allem die menschlichen Fähigkeiten des Denkens, des Handelns und der Herstellung von Werkzeugen, die beim Handeln benutzt werden. Das Modell geht sowohl auf Grundgedanken der philosophischen Anthropologie als auch auf die Vorstellungen der Kybernetik und der allgemeinen Systemtheorie zurück; außerdem ist es von gewissen Tendenzen des Systemdenkens in der Soziologie beeinflußt. Aber im Gegensatz zur soziologischen Systemtheorie wird das Handlungssystem hier in realistischer Weise gedeutet, derart, daß es einer empirischen Gegebenheit entspricht. So kann ein Handlungssystem entweder eine Person (Mikroebene) oder eine Organisation (Mesoebene) oder die Gesellschaft als Ganzes (Makroebene) sein. Diese drei Ebenen von Handlungssystemen bilden eine Hierarchie im formalen Sinne, bei der jedes System der höheren Ebene sich aus Systemen der niedrigeren Ebene zusammensetzt.

Handeln wird als Funktion des Handlungssystems betrachtet. Diese Funktion kann als Transformation von Masse, Energie und/oder Information in Raum und Zeit entsprechend einem vorgegebenen Ziel beschrieben werden. Diese Gesamtfunktion kann in verschiedene Teilfunktionen zerlegt werden, denen die Aufgaben der Ausführung (d.h. der Transformation von Masse und Energie), der Informationsverarbeitung und der Zielsetzung entsprechen.

Für jene Teilfunktionen werden jeweils Subsysteme des Handlungssystems angenommen, die insgesamt seine Struktur bilden. Nun ist es von entscheidender Bedeutung, daß unter den Bedingungen fortschreitender Technisierung die Subsysteme entweder menschlich oder technisch sein können. Betrachten wir als Beispiel die Handlung, stofflichen Werkstücken eine bestimmte Gestalt zu geben: Die Teilfunktionen der unmittelbaren Materialeinwirkung, der Werkzeugführung und der Energieversorgung gingen schon während der ersten industriellen Revolution auf technische Subsysteme (Werkzeuge, Schlitten, Antriebe) über. Dagegen benötigte die klassische Werkzeugmaschine für die Teilfunktionen der Materialhandhabung, des Messens und des Steuerns immer noch menschliche Subsysteme. Inzwischen können nun durch die Anwendung der Informationstechnik bei Automatisierung und Robotereinsatz auch diese Teilfunktionen von technischen Subsystemen ausgeführt werden, und der menschliche Beitrag zur Produktion beschränkt sich nun auf die Vorbereitung, die

Wartung und die Überwachung. So ist aus dem menschlichen Handlungssystem ein Mensch-Maschine-System geworden. Da aber die technischen Subsysteme aus gesellschaftlicher Arbeit hervorgehen und gesellschaftliche Fertigkeiten und gesellschaftliches Wissen verkörpern, erweist sich ein derartiges Handlungssystem schon auf der Mikroebene als soziotechnisches System, ganz zu schweigen von der Meso- und Makroebene.

Wie das Beispiel zeigt, ist die gegenwärtige Phase der technischen Entwicklung dadurch gekennzeichnet, daß technische Subsysteme in das Handlungssystem aufgenommen werden, die die menschlichen Fähigkeiten der Informationsverarbeitung ersetzen, ergänzen und verstärken. Das gilt nicht nur für Produktion und Verwaltung, sondern in ständig zunehmendem Maße auch für das Alltagsleben. Jede menschliche Handlung enthält informationelle Teilfunktionen, aber jetzt werden selbst solche Aktivitäten von technischen Einrichtungen übernommen, von denen man bislang geglaubt hatte, sie wären dem menschlichen Denken vorbehalten; es sei an Taschenrechner, Heimcomputer, Textverarbeitungssysteme, Datenbanken u.ä. erinnert. Das "zoon logon echon" ist dabei, sich zu einem Lebewesen zu wandeln, das mit technischen Informationssystemen "begabt" ist.

Eine charakteristische Teilfunktion im soziotechnischen Handlungssystem ist also die Informationsverarbeitung, und diese Teilfunktion wird zunehmend technisiert. Das wirft die Frage auf, was unter Information zu verstehen ist, und ob die Informationsverarbeitung, so wie sie im Computer vor sich geht, der entsprechenden Aktivität des menschlichen Bewußtseins tatsächlich vergleichbar ist.

3

Zugegebenermaßen ist der Begriff der Information sehr vieldeutig. Zahlreiche Schwierigkeiten rühren daher, daß man die wissenschaftliche Bedeutung mit der umgangssprachlichen Bedeutung des Wortes vermengt. Doch selbst wenn man von der umgangssprachlichen Deutung absieht, bleiben bestimmte philosophische Probleme durchaus bestehen (Strombach 1985). Bevor wir uns im nächsten Abschnitt mit einem dieser Probleme beschäftigen, soll zunächst der wissenschaftliche Informationsbegriff geklärt werden.

Folgt man der Informationstheorie (Shannon/Weaver 1949), dann ist Information nicht anderes als ein strukturales Konzept. Gegeben sei eine Menge von Elementen, und jedem Element sei eine bestimmte Auftretenswahrscheinlichkeit zugeordnet; dann ist die Information eines Elements eine mathematische Funktion jener Wahrscheinlichkeit, wobei der Informationsbetrag umso größer ist, je niedriger die Wahrscheinlichkeit ist. Dieses formale Konzept wird üblicherweise auf empirische Elemente, nämlich auf Signale interpretiert. Signale sind physische Ereignisse, d.h.

stoffliche und/oder energetische Elemente in Raum und Zeit, die über sich selbst hinaus weisen sollen. So ist in der Informationstechnik die Information ein Maß für die Wahrscheinlichkeit von Signalen wie elektromagnetischen Wellen, elektrischen Impulsen und ähnlichen Erscheinungen. In diesem engen Verständnis ist Information tatsächlich inhaltsleer.

Doch auch im wissenschaftlichen Zusammenhang braucht Information nicht auf diese formale Deutung beschränkt zu bleiben. Der Schlüssel zu einem erweiterten Informationsbegriff findet sich nämlich in der erwähnten Eigenschaft von Signalen, nicht allein für sich zu stehen, sondern auf etwas anderes zu verweisen. Genau dies aber ist das Wesen der Zeichen im allgemeinen. Die Zeichentheorie (Morris 1938) nimmt für ein Zeichen drei Dimensionen an: Die syntaktische Dimension betrifft die physische Beschaffenheit des Zeichens und seine formalen Beziehungen zu anderen Zeichen; offensichtlich ist es diese syntaktische Dimension, die von der Informationstheorie im engeren Verständnis abgedeckt wird. Die syntaktische Dimension ist jedoch nur das Vehikel der semantischen und der pragmatischen Dimension. Die semantische Dimension bezieht sich auf die Bedeutung des Zeichens, d.h. auf reale oder ideale Gegenstände, für die das Zeichen steht. Die Bedeutung wird dem Zeichen durch individuelle oder gesellschaftliche Festlegung zugesprochen; diese Festlegung muß vergegenwärtigt werden, wann immer das Zeichen von einem Menschen benutzt wird. Daher muß man neben der Beziehung zwischen dem Zeichen und seiner Bedeutung auch eine Beziehung zwischen dem Zeichen und seinem Benutzer in Betracht ziehen, und darin besteht die pragmatische Dimension des Zeichens.

So läßt sich ein erweiterter Informationsbegriff folgendermaßen definieren: Information ist ein Zeichen, (a) das mit einer bestimmten Wahrscheinlichkeit (oder Häufigkeit) innerhalb einer Folge oder Anordnung von physischen Ereignissen auftritt; (b) dem eine bestimmte Bedeutung zugeordnet werden kann; (c) das in bestimmter Weise das Verhalten eines Benutzers betreffen kann. Nur die erstgenannte Bestimmung (a) konnte formalisiert und quantifiziert werden; Theorien der semantischen und pragmatischen Information sind bis jetzt nicht gelungen. Daraus darf aber nicht der Schluß gezogen werden, Information müsse auf die syntaktische Dimension beschränkt bleiben. Ganz allgemein erscheint es als fragwürdige Strategie, wissenschaftliche Begriffe auf jenen schmalen Bereich einzugrenzen, den man nun gerade in eleganter Weise formalisieren kann. Und im vorliegenden Fall kann ja die syntaktische Dimension des Zeichens definitionsgemäß nicht für sich allein bestehen. Sofern irgendeine Erscheinung als Zeichen betrachtet wird, folgt daraus notwendigerweise, daß eine Bedeutung und ein Benutzerbezug existieren müssen, selbst wenn zugunsten der Formalisierung oder auch der technischen Realisierung eine Untersuchung in bestimmten Fällen von der semantischen und pragmatischen Dimension absehen kann.

Die Zentraleinheit eines Computers oder auch eines elektronischen Taschenrechners z.B. tut tatsächlich nichts anderes, als Signale zu verarbeiten. Es werden lediglich Signalfolgen umgewandelt, die aus einfachen physischen Ereignissen wie "Strom fließt" und "Strom fließt nicht" bestehen. Daraus ziehen nun manche Autoren den Schluß, Computer würden überhaupt gar keine Informationen verarbeiten, und sie bestreiten die behauptete funktionale Äquivalenz menschlicher und technischer Informationsverarbeitung (Dretske 1985; Krämer-Friedrich 1985). Doch dieser voreilige Schluß übersieht sowohl das Wesen der Zeichen als auch die tatsächliche Organisation von Computern. Die Signale werden doch nur insoweit und nur aus dem Grund verarbeitet, als und weil sie mögliche Träger von Bedeutung darstellen. Und der Computer wäre unvollständig, wenn es nicht entsprechende Vorkehrungen gäbe, um den Signalen Bedeutungen zuzuordnen; tatsächlich geschieht das nicht allein durch die sogenannte Software, sondern auch durch periphere Einheiten und feste Programmspeicher ("ROM's"). Um das mit einem sehr simplen Beispiel zu illustrieren: Wenn der Benutzer eines Taschenrechners die Knöpfe drückt, gibt er wirklich Informationen in das Gerät ein, weil jeder Knopf eine definierte Bedeutung hat (Zahlen, Rechenoperationen usw.), und wenn er das Rechenergebnis im Anzeigeteil abliest, nimmt er tatsächlich Informationen von der Maschine auf. Daß lediglich Signale verarbeitet würden, trifft nur für die Zentraleinheit zu, während die Eingabe- und Ausgabeeinheiten in Verbindung mit dem festgelegten Übersetzungsprogramm auch die semantische Dimension abdecken.

So ergibt sich aus der Unterscheidung zwischen Signal und Information, so nützlich sie als solche ist, kein überzeugender Einwand gegen die Äquivalenz von Mensch und Maschine, so weit die semantische Dimension in Rede steht. Probleme entstehen erst, wenn man sich der pragmatischen Dimension zuwendet, in der die Beziehungen zwischen dem Zeichen und seinem Benutzer angesiedelt sind. Selbst in dieser Hinsicht gilt die Äquivalenz in einem bestimmten Bereich der Informationsverarbeitung. Nimmt man nämlich an, daß zwei oder mehr informationstechnische Systeme miteinander verknüpft sind, so muß man das eine System als den Benutzer jener Zeichen ansehen, die das andere System ihm weitergibt, und es kann tatsächlich sein Verhalten entsprechend den Steuerbefehlen des anderen Systems ändern. Soweit jedoch der Benutzer des Zeichens ein Mensch ist, erreicht die technische Vergegenständlichung der Information grundlegende Grenzen; denn was als Beziehung zwischen Objekt und Subjekt definiert ist, kann keinesfalls von diesem Subjekt absehen. Vor allem ist es die Intentionalität des menschlichen Bewußtseins, die auf Sinn angewiesen ist, um mit Informationen umzugehen.

4

Auch das Wort "Sinn" ist außerordentlich vieldeutig. So müssen zunächst jene Wortbedeutungen ausgeklammert werden, die für die folgenden Überlegungen irreführend wären. "Sinn" soll im vorliegenden Zusammenhang nicht als eine organische Fähigkeit der menschlichen Wahrnehmung verstanden werden; auch soll das Wort nicht "Gefühl", "Geist", "Ziel" oder "Rechtfertigung" meinen, um nur die geläufigsten Deutungen zu nennen. Vor allem aber soll "Sinn" von "Bedeutung" unterschieden werden.

Es war G. Frege (1892), der die Unterscheidung zwischen Sinn und Bedeutung in die Philosophie der Logik einführte. Nach Frege bezieht sich "Bedeutung" auf den Gegenstand, der durch einen Namen bezeichnet wird. "Sinn" dagegen kennzeichnet die besondere Art und Weise, in der dieser Gegenstand gegeben ist. Ein berühmtes Beispiel für diese Unterscheidung sind die beiden Namen "Morgenstern" und "Abendstern". Beide Namen haben dieselbe Bedeutung, da sie gleicherweise den Planeten Venus bezeichnen. Doch der Sinn des einen ist vom Sinn des anderen verschieden, weil die Tageszeit, zu der man die Venus beobachtet, die unterschiedliche Art und Weise charakterisiert, in der dieser Gegenstand gegeben ist. Zwar hat Frege diese Unterscheidung definiert, um subtile logische Probleme zu analysieren; auch bezog er die zitierte Erklärung auf Namen und schlug für Begriffswörter und Sätze andere Erklärungen vor. Schließlich ist es unter Logikern umstritten, ob Freges Ansatz überzeugend ist. G. Patzig (1981, 265) z.B. weist darauf hin, daß es dem allgemeinen Verständnis widerspricht, wenn Sinn nicht nur mit beschreibenden Bezeichnungen wie "Morgenstern" verbunden werden soll, sondern auch mit bloßen Namen wie "Venus".

Für die Zwecke der vorliegenden Untersuchung mag Freges Unterscheidung immerhin als heuristische Anregung dienen, vor allem, wenn der zitierte Einwand von Patzig berücksichtigt wird. Dann kann man nämlich sagen, daß der Sinn zusammengesetzter Bezeichnungen gerade durch die Verknüpfung einzelner Informationen hergestellt wird. In dem berühmten Beispiel wäre es die Verknüpfung der zwei Informationen (1) über den Stern an einem bestimmten Ort am Firmament und (2) über die Tageszeit, zu der dieser Stern gesehen wird.

So können wir, angeregt und doch unabhängig von Frege und seiner Philosophie der Logik, einen Weg finden, um das Verständnis von Sinn im Unterschied zu Bedeutung zu klären. Doch bevor wir das ausführen, sollten wir uns noch ein anderes Beispiel anschauen, das nun dem Bereich der Informationstechnik entnommen ist. Stellen wir uns ein Datenbanksystem vor, das vom Geheimdienst einer fiktiven Regierung betrieben wird und alle Persönlichkeitsmerkmale speichert, die über "verdächtige"

Bürger zu gewinnen sind. Nehmen wir an, daß das System, wenn es über eine bestimmte Person befragt wird, mit der folgenden Liste von Informationen antwortet:

1 männlich

2 28 Jahre alt

3 ledig

4 studiert Soziologie

5 sieht kein Werbefernsehen

6 Hobbyfotograf

7 besucht regelmäßig ein vegetarisches Restaurant

8 ist Mitglied im Golfclub

9 besitzt kein Auto, benutzt ein Fahrrad

10 Kriegsdienstverweigerer

11 kaufte zahlreiche Schallplatten von Mozart

12 hat keine Tageszeitung abonniert

13 ....

14 ....

Nehmen wir nun weiterhin an, daß sich der Analysator oder ein Analyseprogramm des Computers auf die Kombination der Angaben 2 (jünger als 30), 4, 5, 7, 9 und 10 konzentriert und unterstellt, daß jeder, der unter dieses Persönlichkeitsprofil fällt, höchstwahrscheinlich ein Anhänger der ökologischen Bewegung ist. Dann wird das Fahndungssystem folgern, daß die besagte Person höchstwahrscheinlich auch ein "Grüner" ist, und daß man daher annehmen muß, daß sie auch an einer bevorstehenden Demonstration gegen ein Kernkraftwerk teilnehmen wird.

"Grün" ist nichts anderes als der Sinn der genannten Information. Jede einzelne Information hat ihre eigene Bedeutung und gibt eine besondere Tatsache wieder, die dieser Person zugeordnet ist; aber sie gibt keinen Sinn, solange sie isoliert von anderen Eigenschaften betrachtet wird. Einige Merkmale sind unerheblich oder widersprechen gar dem vermuteten Sinn, aber wer einen "Grünen" aufspüren will, läßt sich von der Mitgliedschaft im Golfclub nicht irritieren. Sinn ist keine Eigenschaft der Wirklichkeit, sondern wird durch subjektive Konstruktion konstituiert. Sinn ist ein kognitives Muster, mit dem die realen Tatsachen überzogen werden, damit man sie besser versteht. Natürlich kann dieses Verstehen gelegentlich in die Irre führen, wenn das Bedürfnis nach Orientierung durch Sinn stärker ist als die Fähigkeit, irritierende Tatsachen anzuerkennen.

So ist Sinn ein unentbehrliches Schema, die Welt wahrzunehmen und zu verstehen. Die Menge der wahrnehmbaren Daten könnte vom menschlichen Bewußtsein nicht bewältigt werden, wenn es nicht in der Lage wäre, diese Mannigfaltigkeit zu begrenzen (Ashby 1956; Luhmann 1971) und sie auf ein erträgliches Niveau zu reduzieren. Offenbar ist dies der Kern des Verstehensbegriffs, wie er in den Geisteswissenschaften im Gegensatz zum Erklären der Naturwissenschaften verwendet wird. Wie der Historiker Th. Schieder (1968, 38) sagt, heißt "Verstehen die Zusammenschau einer Vielheit von Erscheinungen zu einer Einheit wie ihre Herauslösung aus tausend anderen Erscheinungen". Auch M. Weber (1904) scheint einen ganz ähnlichen Begriff des Verstehens im Auge gehabt zu haben, wenn er das Konzept des Idealtyps als ein grundlegendes Erkenntniswerkzeug in sein Programm einer verstehenden Soziologie einführt. Der Idealtyp "vereinigt bestimmte Beziehungen und Vorgänge des historischen Lebens zu einem in sich wiederspruchslosen Kosmos gedachter Zusammenhänge" (Weber 1973, 234). Auch wenn Webers Sinnbegriff nicht besonders klar ist, finden sich doch eine Reihe von Andeutungen, aus denen man entnehmen kann, daß der Idealtyp den Sinn gesellschaftlicher Erscheinungen zugänglich machen soll.

Ganz allgemein ist die typologische Methode, auch wenn sie bestimmten Verfeinerungen Webers nicht folgt, eine Vorgehensweise, die Sinn konstituiert. Bekanntlich stellt die typologische Methode, neuerdings als morphologische Methode auch für die technische Prognostik und die Technikbewertung empfohlen (Ropohl 1971), einen extensionalen Ansatz dar, um komplexe Objekte zu beschreiben und zu verstehen. Führt man diesen Gedanken fort, so kann man versuchen, den Unterschied zwischen Information und Sinn auf formale Weise zu klären. Zu diesem Zweck greifen wir auf die Definition der Information zurück, die im letzten Abschnitt vorgelegt wurde.

Es sei Z eine Menge von Zeichen

$$Z = \left\{ z_1, z_2, ..., z_i, ... z_n \right\}$$

bei der die folgenden Bedingungen für jedes z_i gelten:

(a) z_i ist ein physisches (stoffliches oder energetisches) Ereignis, das mit der Häufigkeit oder Wahrscheinlichkeit p_i auftritt;

(b) z_i bezeichnet eine bestimmte Bedeutung, die durch Übereinkunft festgelegt ist;

(c) z_i hat einen bestimmten Bezug zum Verhalten eines bestimmten Benutzers.

Dann kann man jedes Element $z_i \in Z$ als _Information_ bezeichnen. Die angeführten Bedingungen kennzeichnen die syntaktische, die semantische und die pragmatische Dimension der Information. Selbstverständlich kann die Informationsmenge gemäß der mathematischen Informationstheorie nur im Hinblick auf die syntaktische Dimension berechnet werden; damit wird zwar ein wichtiger Aspekt erfaßt, aber keineswegs ein vollständiges Verständnis der Information erzielt.

Wir können nun die Menge E aller Teilmengen von Z bilden und erhalten auf diese
Weise die Potenzmenge von Z:

$$E = P\,(Z)$$

Dann müssen wir eine Teilmenge $F \subset E$ definieren, die die leere Menge, die
Teilmengen mit einem Element z_i und die gesamte Menge Z umfaßt:

$$F = \left\{ \{\emptyset\}, \{z_1\}, ..., \{z_i\}, ..., \{z_n\}, \{Z\} \right\}$$

Diese speziellen Teilmengen der Potenzmenge müssen wir beiseite lassen, weil sie
entweder keine Information oder nur die einzelnen Informationen widerspiegeln. Der
verbleibende und größere Rest der Potenzmenge jedoch stellt alle möglichen
Kombinationen von Informationen dar, und wir nennen ihn daher die Sinnmenge S:

$$S = E/F$$

So können wir jetzt <u>Sinn</u> als ein Element $s_i \in S$ definieren. Und wir definieren
zusätzlich die <u>Relevanz</u> einer Information als die Eigenschaft oder die Disposition
des betreffenden Zeichens z_i, in jener Teilmenge von Z enthalten zu sein oder
enthalten sein zu können, die einen bestimmten Sinn s_i beschreibt.

Wenn wir auf das einführende Beispiel zurückschauen, können wir uns vergewissern,
daß der Sinn von "grün" tatsächlich nichts anderes ist als jene Teilmenge des
Persönlichkeitsprofils, die die Elemente $\{2,4,5,7,9,10\}$ enthält. Daher sind diese
Informationen relevant in Bezug auf den unterstellten Sinn, während die anderen
Merkmale der besagten Person nicht relevant sind. Überdies zeigt das Beispiel, daß
die extensionale Sinndefinition nur als ein vorläufiges Werkzeug dienen kann, um die
Genauigkeit des Begriffs zu verbessern. Die besondere Zusammenstellung von
Informationen nämlich, die diesen besonderen Sinn bildet, ist keineswegs zufällig.
Vielmehr ergibt sie sich aus gewissen Annahmen über innere Beziehungen zwischen
den erwähnten Merkmalen: so z.B. aus der Erfahrungsregel, daß junge Leute häufiger
zur ökologischen Bewegung gehören als ältere, oder daß der Verzicht auf ein eigenes
Auto in den gleichen Einstellungszusammenhang gehört wie das Desinteresse an
Werbung. So könnte man argumentieren, daß Sinn mehr ist als die bloße Aggregation
von Zeichen und zusätzlich eine Menge von Relationen umfaßt, die über der
Teilmenge von Zeichen definiert sind, so daß Sinn als ein System gemäß der
allgemeinen Systemtheorie (Lenk/Ropohl 1978) aufzufassen wäre.

Darüberhinaus muß man nach den Prinzipien fragen, nach denen die jeweilige
Auswahl von Sinn aus der Menge der denkbaren Sinnmöglichkeiten getroffen wird.
Natürlich kann man diese Prinzipien nicht im einzelnen Zeichen finden, und sie
können auch nicht in irgendeiner Kombination dieser Zeichen stecken. Bislang war

es möglich, das Problem in objektivistischer Weise zu behandeln, doch jetzt muß die Subjektivität des menschlichen Bewußtseins in die Betrachtung einbezogen werden. Offensichtlich wurzeln die Prinzipien, nach denen Sinn gewählt und konstituiert wird, in der Geschichte und der gegenwärtigen Verfassung des Bewußtseins (Weizenbaum 1977, 242 ff.), in dem bewußtseinsinternen Modell der Welt, das bereits aufgebaut ist (Sachsse 1974, 213), im Hintergrundwissen und in den Wertorientierungen (Rapp 1985) sowie in den individuellen Handlungsplänen (Krämer-Friedrich 1985).

Jedenfalls ergibt sich Sinn nicht aus bloßen Tatsachen, sondern erst aus einer Situation, deren Teil das individuelle Bewußtsein ist. Sinn vermittelt zwischen Objektivität und Subjektivität. Sinn ist der Modus, in dem die Welt dem menschlichen Bewußtsein gegeben ist, und er ist das Schema, welches das Bewußtsein konstruieren muß, um Orientierung und Identität innerhalb der sinnlosen Mannigfaltigkeit der Welt zu gewinnen. Da Sinnkonstitution an menschliche Subjektivität gebunden ist, werden dann auch beim Sinn, nicht schon bei der Information, die Grenzen technischer Objektivation erreicht. Computer verarbeiten tatsächlich Informationen, aber solche Information gibt keinen Sinn, wenn nicht ein menschliches Bewußtsein daran Teil hat, dem Informationsangebot sein eigenes Sinnmuster aufzuprägen.

5.

Die Sinnkonstitution ist jedoch nicht nur eine individuelle Leistung. Im Gegenteil könnte man behaupten, daß die wesentlichen Züge persönlicher Sinnmuster ihren Ursprung in gesellschaftlichen Mechanismen haben und daß der individuelle Sinn eher eine Variation der "gesellschaftlichen Konstruktion der Wirklichkeit" ist (Berger/Luckmann 1977). Trotzdem gibt es solche individuellen Variationen, und es gibt sie um so eher, je mehr sich moderne Gesellschaften öffnen und pluralistisch werden, so daß der einzelne Mensch seine besondere Ausprägung von Sinn als einen Ausdruck von Freiheit erfährt.

Das Zusammenwirken von gesellschaftlichen und individuellen Prozessen der Sinnkonstitution ist mannigfaltig und sehr komplex. Zusätzlich kompliziert es sich nun durch die Verbreitung der Informationstechnik. Entsprechend dem Modell des sozio-technischen Systems, das im zweiten Abschnitt beschrieben wurde, werden nun wachsende Anteile menschlicher Fähigkeit, menschlichen Wissens und menschlicher Einstellungen an technische Subsysteme delegiert. So werden Prozesse der Institutionalisierung und der Sozialisation zunehmend technisiert, insofern ursprünglich individuelles Wissen in technischen Gegenständen objektiviert wird und insofern gesellschaftlich verallgemeinerte Wissensvorräte und Einstellungsmuster dem personalen System durch technische Gegenstände vermittelt werden.

Doch wie gesagt gibt es einen Unterschied zwischen Wissen und Sinn. Und genau dies ist die Frage, ob Informationstechnik die Qualität der Sinnkonstitution beeinflußt. Wenn dem so ist, muß weiter gefragt werden, in welcher Weise diese Einflüsse wirken. Um es noch einmal zu wiederholen: Bloße Information gibt keinen Sinn, aber andererseits gibt es auch keinen Sinn ohne Information. Somit affizieren Änderungen in der Menge und Qualität des Informationsangebotes notwendigerweise den Charakter der Sinnmuster und ihrer Konstitution.

So erwächst ein Problem aus der ständig wachsenden Menge des Informationsangebotes. Durch Datenbanken, Dokumentationssysteme, Expertensysteme und deren wachsende Zugänglichkeit innerhalb von Telekommunikationsnetzen erhöht sich die Menge verfügbarer Informationen in dramatischer Weise. Natürlich ist diese Entwicklung seit der Erfindung des Buchdrucks, der Entstehung der modernen Wissenschaft und der Verbreitung der Massenmedien im Gange. Aber nie zuvor gab es einen so allgegenwärtigen Ansturm des Informationsangebots, wie er für die kommenden Jahre zu erwarten ist. Bis zum Ende des Jahrhunderts, um lediglich eine Tendenz zu erwähnen, wird ein großer Prozentsatz der privaten Haushalte an Breitbandkabelnetze angeschlossen sein und von unvorstellbaren Mengen kommerzieller und nicht kommerzieller Informationen heimgesucht werden.

Je mehr Information jedoch verfügbar ist, desto schwieriger wird es, all diese Informationen in zusammenhängende Sinnmuster zu integrieren. Das menschliche Bewußtsein wird mit einem Überfluß von Informationen konfrontiert werden, deren Relevanz es nicht mehr zu erkennen vermag. Bekanntlich ist die individuelle Fähigkeit, neue Informationen in bestehende Sinnmuster zu integrieren, begrenzt. Wenn Information das Bewußtsein im Übermaß belastet, entsteht kognitive Dissonanz (Festinger 1978), und das Bewußtsein reagiert dann, um völlige Verwirrung zu vermeiden, in irrationaler Weise. Dies ist das Problem, daß man als das Relevanzdefizit der Informationstechnik bezeichnen kann, und es könnte zu einer allgemeinen Sinnkrise führen.

Offenbar ist das Relevanzdefizit die Hauptschwierigkeit auf dem Gebiet der künstlichen Intelligenz. Mustererkennung, Sprachübersetzung, Informationsrecherche und Problemlösen hängen mindestens ebenso sehr vom Sinnverständnis ab wie von der technischen Repräsentation bloßen Wissens. Wenn beispielsweise Veröffentlichungen zu einem bestimmten Thema von einem Dokumentationssystem abgefragt werden, nennt das System nur einen bestimmten Teil aller relevanten Veröffentlichungen, die es gespeichert hat; und nur ein bestimmter Teil der ausgewiesenen Veröffentlichungen sind für das angefragte Thema wirklich relevant. Weder der sogenannte "recall" noch die sogenannte "precision" erreichen hundert Prozent; üblicherweise liegen sie erheblich darunter, weil die begrenzte Anzahl von Deskriptoren, die benutzt werden, um das angefragte Thema zu charakterisieren, nicht ausreicht, um den eigentlichen Sinn des Problems zu umfassen. Natürlich sollen mit solchen kritischen Bemerkungen nicht die naiven"Computer-können-nicht"-Behauptungen fortgesetzt werden; denn es ist anzunehmen, daß die Arbeiten zur künstlichen Intelligenz in absehbarer Zeit mit manchen Schwierigkeiten der genannten Art auf praktisch befriedigende Weise werden fertig werden können.

Doch grundsätzlich wird es der künstlichen Intelligenz nicht gelingen, den individuellen Benutzerbezug vollkommen zu berücksichtigen. Da sie wie alle Informationstechnik auf der Objektivation informationeller Prozesse beruht, ist sie definitionsgemäß nicht dazu in der Lage, individuellen Sinn zu liefern. Wohl werden Computerprogramme für informationelle Superstrukturen geschrieben werden können, die der oben angegebenen formalen Definition von Sinn entsprechen. Aber - und das bringt ein Argument von Weizenbaum (1977, 242 ff.) auf den Begriff - die Nachbildung von Sinn im Computer ist nichts anderes als die Entindividualisierung des Sinns. Beispielsweise wird man sogenannte Expertensysteme mit einem gewissen fachspezifischen Sinn ausstatten müssen. Das aber ist dann nicht mehr mein Sinn, und es ist überhaupt nicht mehr der Sinn eines bestimmten einzelnen Menschen. Vielmehr wird das dann ein gesellschaftlich verallgemeinerter Sinn sein, bestenfalls ohne irgendeine individuelle Prägung, schlimmstenfalls jedoch deformiert durch einseitige Perspektiven nicht legitimierter Minderheiten. Die Geschichtsschreibung, die das Wahrheitsministerium in G. Orwells Roman "1984" betreibt, liefert ein anschauliches Beispiel für diese Gefahr. Folglich könnte es geschehen, daß das Relevanzdefizit durch eine universelle Sinnbeherrschung ersetzt wird.

6

Kehren wir noch einmal zum Modell des soziotechnischen Systems zurück, so müssen wir anerkennen, daß die menschliche Fähigkeit der Informationsverarbeitung tatsächlich mehr und mehr auf technische Subsysteme übertragen wird. Aber der Mensch ist eher ein sinnkonstituierendes denn ein informationsverarbeitendes Wesen. Und individuelle Sinnkonstitution kann prinzipiell nicht objektiviert werden. Wenn die Informationstechnik das Informationsangebot vervielfacht, führt sie entweder zu einer völligen Sinnverwirrung oder zu einer computervermittelten Sinnbeherrschung.

Diese Gefahren zu vermeiden ist in der Tat ein technopolitisches Problem, das die gesellschaftliche Organisation der Informationstechnik betrifft. Für die Informatik ist es höchste Zeit, sich ihrer diesbezüglichen gesellschaftlichen Verantwortung bewußt zu werden. Aber es gibt keine Herrschaft ohne Sklaven: Sinnbeherrschung wird nicht greifen, sofern die individuelle Sinnkrise bewältigt werden kann. Genau dies ist der Punkt, wo ein Auftrag an die Philosophie erkennbar wird (Lübbe 1978). Angesichts der Vervielfachung der Information durch Wissenschaft und Technik erhält die Philosophie erneut die Aufgabe, bei der Sinnkonstitution Hilfestellung zu geben. Sie muß helfen, und das heißt, daß die Philosophie heute nicht mehr berechtigt ist, Sinn im Namen und anstatt der Individuen zu bilden. Technische Sinnbeherrschung kann nicht durch philosophische Sinnbeherrschung bewältigt werden. In einer offenen Gesellschaft muß sich die Philosophie darauf beschränken, mögliche Kategorien der Sinnkonstitution zu bearbeiten und die Menschen über ihre Chancen aufzuklären, sich ihren eigenen Sinn zu bilden.

Literatur

Ashby, W. R.: Einführung in die Kybernetik. Frankfurt 1974

Berger, P. L. und Th. Luckmann: Die gesellschaftliche Konstruktion der Wirklichkeit. Frankfurt 1977

Dretske, F.: Bewußtsein, Maschine und Bedeutung. In diesem Band, 1985

Festinger, L.: Theorie der kognitiven Dissonanz. Bern/Stuttgart/Wien 1978

Frege, G.: Über Sinn und Bedeutung (1892). in: Patzig, G. (Hg.): G. Frege: Funktion, Begriff, Bedeutung. 5. Aufl., Göttingen 1980

Gehlen, A.: Anthropologische Forschung. Reinbek b. Hamburg 1961

Kant, I.: Logik, hg. von G. B. Jäsche (1800). Neu hg. von W. Kingel, Leipzig 1904

Krämer-Friedrich, S.: Informationsmessung und Informationstechnik, oder: Zur Produktion von Mythen im 20. Jahrhundert. In diesem Band, 1985

Lenk, H. u. G. Ropohl (Hg.): Systemtheorie als Wissenschaftsprogramm. Königstein 1978

Lübbe, H. (Hg.): Wozu Philosophie? Berlin/New York 1978

Luhmann, N.: Sinn als Grundbegriff der Soziologie. in: Habermas, J. und N. Luhmann: Theorie der Gesellschaft oder Sozialtechnologie. Frankfurt 1971

Morris, Ch. W.: Foundations of the Theory of Signs. Chicago 1938

Patzig, G.: Gottlob Frege. in: Höffe, O. (Hg.): Klassiker der Philosophie, Band II, München 1981, S. 251-273

Rapp, F.: Die Theoriegeladenheit der Information. In diesem Band, 1985

Ropohl, G.: Systemtechnische Ansätze bei der Anwendung der Morphologischen Methode in der technischen Prognostik. in: Blohm, H. und K. Steinbuch (Hg.): Technische Prognosen in der Praxis, Düsseldorf 1972, S. 29-39

Ropohl, G.: Eine Systemtheorie der Technik. München/Wien 1979

Sachsse, H.: Einführung in die Kybernetik. Reinbek b. Hamburg 1974

Shannon, C. E. und W. Weaver: The Mathematical Theory of Communication. Urbana 1949

Schieder, Th.: Geschichte als Wissenschaft. München/Wien 1968

Strombach, W.: "Information" in wissenschaftstheoretischer und ontologischer Betrachtung. In diesem Band, 1985

Weber, M.: Die "Objektivität" sozialwissenschaftlicher und sozialpolitischer Erkenntnis. Archiv für Sozialwissenschaft und Sozialpolitik 19 (1904), S. 22-87; zitiert nach dem Nachdruck in: Weber, M.: Soziologie, Universalgeschichtliche Analysen, Politik, hg. von J. Winckelmann, Stuttgart 1973

Weizenbaum, J.: Die Macht der Computer und die Ohnmacht der Vernunft. Frankfurt 1977

Information, Künstliche Intelligenz und das Praxeologische

Joseph Margolis
University of Philadelphia

Die wachsende Relevanz der Idee der künstlichen Intelligenz in unserer Zeit zeugt von einer unausgesprochenen Anerkennung der Macht und besonderen Ausprägung moderner Technik. In einem weiteren Sinne aber bestätigt sie bloß, wie anhaltend komplex die Bedeutung des menschlichen Eingreifens innerhalb der Welt ist. Dies gilt gerade auch für den einzigartigen gattungsspezifischen Bereich, in dem auf Konsens oder dem Urteil des einzelnen beruhende Kategorien gefunden oder hergestellt werden, die zur Welt passen. Es ist diese unauflösliche Bindung zwischen der zweckgerichteten Tätigkeit und Arbeit des Menschen und dem, was als die Erkennbarkeit der Natur bezeichnet werden könnte (einschließlich _a fortiori_ menschlicher Kultur und Geschichte), was bei vorurteilsfreiem Blick mit dem _Praxeologischen_ gemeint ist. So gedeutet, ist das Praxeologische vollkommen neutral gegenüber den wichtigen theoretischen Diskussionen, die von Marx, Heidegger, Lukács, Adorno, Althusser, Dewey, Habermas bestimmt worden sind, um von Godelier, Vazquez, Markus, Eagleton und einer Reihe neuerer Theoretiker ganz zu schweigen. Das Zulassen des Praxeologischen hat jedoch (sogar in seiner neutralsten Form) zur Folge, daß alle Weisen von naivem oder direktem Realismus zurückgewiesen werden, d. h. alle Spielarten der These von der vollständigen Erkennbarkeit der Natur, insbesondere eine essentialistische Interpretation der Naturgesetze. Denn aus unserer Annahme des Praxeologischen folgt, daß die Welt als eine Funktion der kontingenten, vielfältigen und deutlich vergänglichen Formen des menschlichen Eingreifens zu verstehen ist. Wie wir sehen werden, besteht eine enge konzeptionelle Verbindung zwischen dem Praxeologischen (oder dem Technologischen) und einer Zurückweisung der Auffassung, daß die Welt im Erkennen völlig durchsichtig werde. Dies wirkt sich entscheidend aus, wenn der Wert miteinander konkurrierender Informationstheorien und verschiedener Konzepte der künstlichen Intelligenz zu prüfen ist.

Die Theorie der künstlichen Intelligenz ist, worauf zu achten wäre, umfassender und abstrakter als jene der Computer, Turing-Maschinen und dergleichen. Diese sind bloß Arten der übergreifenden Gattung (oder Ausführungen einer Maschine unbestimmter Art), die durch geeignete Verbesserungen dahin gelangen könnten, daß es gerechtfertigt wäre, ihnen Intelligenz zuzuschreiben. Die übertriebene Vorsicht, mit der wir unsere Termini hier einführen, hat den guten Sinn, unser Nachdenken über die

Bedeutung der K. I. erstens von den spezifischen Einschränkungen einzelner Maschinenarten und zweitens von Vormeinungen über die tatsächlichen im menschlichen Gehirn ablaufenden Prozesse zu befreien. Drittens gilt dies auch für besonders einflußreiche Überzeugungen, denen eine Analyse menschlicher Intelligenz nach dem Paradigma der Maschine zugrundeliegt. Die Diskussion über die Natur und Eigenart künstlicher Intelligenz sowie über die bei menschlichen und künstlichen Systemen (einschließlich physikalischer Systeme) gemeinsame Verarbeitung von Information (zumindest in deren anfänglicher anthropomorpher Form) hat einen erkennbaren Zweck. Sie übt in einer Weise, die dem cartesianischen Dualismus entronnen zu sein glaubt, in ein Rätsel ein, das man den Weltknoten nennen könnte, und das den Ort des Geistes betrifft.[1]

Es wäre jedoch ein Irrtum anzunehmen, daß ein grundsätzlicher Vorteil gegenüber rein reflexiven Untersuchungen menschlicher Intelligenz gewonnen wäre (obwohl kein Zweifel darüber bestehen kann, daß daraus empirischer Forschungsnutzen gezogen wird), wenn man die Funktionsweise des Geistes als Informationsverarbeitung im Sinne einer umfassenden Konzeption von K.I. auffaßt. Und dies nicht nur deswegen, weil die künstliche Intelligenz in entscheidender Weise nach dem Modell menschlicher Intelligenz gestaltet ist (auch wenn zugleich behauptet wird, die menschliche Intelligenz richte sich nach einer Turing-Maschine), sondern weil die künstliche Intelligenz (im Gegensatz zur überirdischen Intelligenz) untrennbarer Bestandteil der Arbeit und des Funktionierens menschlicher Technologie und Intelligenz ist. Dies heißt, daß die künstliche Intelligenz in jeder vorstellbaren Weise wie die menschliche Intelligenz gestaltet werden kann, denn sie ist menschliche Intelligenz. Und dies bedeutet eben auch, daß die von der künstlichen Intelligenz verarbeitete Information propositional konstruiert werden muß, wie es bei der menschlichen Information der Fall ist, da wir keine brauchbaren Alternativen zu solcher Verarbeitung besitzen (entgegen den enttäuschten Erwartungen B.F. Skinners und D.M. Armstrongs).[2] (Vielleicht werden wir mit der Zeit sogar entdecken, daß künstliche Intelligenz auch überirdisch sein kann, wie sie jetzt menschlich ist.)

Überraschenderweise entscheidet dieser einfache theoretische Kunstgriff auf überzeugende Weise mehrere strategische Kontroversen im Hinblick auf die theoretische Bedeutung der K.I., dieser Schlüsseltechnologie. Es zeigt sich sofort, daß Hilary Putnam sich nur völlig geirrt haben kann, als er in einem frühen, sehr bekannten und viel diskutierten Aufsatz folgende Ansicht vertrat (einen Standpunkt, den er heute weitgehend aufgegeben hat): "Die verschiedenen Streitpunkte und Rätsel, die das traditionelle Leib-Seele-Problem konstituieren, sind ganz und gar linguistischen und logischen Charakters ...... in der Tat ist es nicht länger möglich zu glauben, daß das Leib-Seele-Problem ein wirkliches theoretisches Problem ist,

oder daß eine 'Lösung' das geringste Licht auf die Welt würfe, in der wir leben .....
es ist nichts als ein anderes Verständnis der gleichen Reihe von logischen und
linguistischen Kernfragen,   die sich durch die '"Identität" oder "Nicht-Identität"
logischer und struktureller Zustände in einer Maschine' stellen ."[3] Es gibt aber
Probleme, gerade aufgeworfen von Putnams Ansicht, die nur das Leib-Seele-Problem
betreffen - z. B. daß Schmerz in einer rein abstrakten oder funktionalen Art zu
charakterisieren sei, und daß geistige Eigenschaften vollkommen funktional seien,
und daß ihnen dennoch eine kausale Rolle zugeschrieben werden kann. Schon bezogen
auf unser jetziges Anliegen wird deutlich, daß Putnams Kunstgriff streng genommen
keinerlei Vorteil bringt. Es bedeutet nichts, daß das Leib-Seele-Problem nichts als
ein logisch-strukturelles Problem informationsverarbeitender Maschinen ist, da (oder
wenn und nur wenn) dieses Problem seinerseits nichts anderes ist als eine
Manifestation des allgemeinen Leib-Seele-Problems (unabhängig davon, wie unglück-
lich verdreht im Sinne von Putnams eigener Ansicht von psychologischen Zuständen
dies aufgefaßt werden muß).[4] Es lohnt sich, den Implikationen dieser reductio
nachzugehen, denn dies hilft uns, die volle konzeptionelle Bedeutung der Idee des
Technologischen festzustellen.

Putnam behauptet weiter, daß "gemäß einer bestimmten Beschreibung alles ein
Probabilismus-Automat ist,"[5] was jedoch (bloß) bedeutet, daß jeder begrenzte, als
Information qualifizierte Teil eines Systems seine Informationseigenschaften durch
einen Probabilismus-Automaten erzeugen lassen kann. Es heißt nicht, daß Informationseigenschaften oder -prozesse auf die Eigenschaften oder Prozesse nichtinforma-
tionellen Charakters eines beliebigen physikalischen Systems, in dem Information
verkörpert, eingebettet oder auf eine besondere Weise verwirklicht werden soll,
reduziert werden könnten. Ebensowenig bedeutet es, daß die ökologisch reichen und
zahllosen Möglichkeiten der Menschen als solche durch Maschinen gestaltet werden
können. Hier kommen wir nun direkt zum Problem der Wahl zwischen zwei
Strategien, die in den Überlegungen der K.I.-Theoretiker eine bedeutende Rolle
spielt. Die eine Strategie verfährt vom Allgemeinen zum Besonderen (top-down), die
andere vom Besonderen zum Allgemeinen (bottom-up).

Es gibt nur zwei Weisen, die Wahl zwischen der Konkretisierungs- und der
Verallgemeinerungsstrategie zu deuten. Die eine ist eine Sache reiner Bequemlich-
keit und baut auf der These auf, daß die beiden Strategien in jeder uns wichtigen
Hinsicht gleichwertig sind, da alle komplexen Phänomene im Prinzip zusammengesetzt werden aus oder erzeugt werden können durch die Grundelemente eines
gegebenen Systems. Die andere Deutung ist als Ausdruck der je nach dem nicht-
reduktiven oder reduktiven Darstellung des Geistigen, Kognitiven, Intentionalen,
Informationalen, Kulturellen, Historischen, Praxeologischen oder Technologischen

aufzufassen - in Begriffen der physikalischen oder rein extensionalen Naturordnung oder irgendeiner anderen analogen Ordnung. Die Technik im Sinne des Praxeologischen, so neutral wie wir dies verstehen wollen, zu begreifen, bedeutet nun gerade, diese beiden Strategien miteinander zu konfrontieren. Denn die bloße Vorstellung des menschlichen Eingreifens, von Arbeit und Tätigkeit stellt zum einen fest, was wir zu identifizieren wünschen (was die Konkretisierungsstrategie vorläufig bevorzugt), und gibt zugleich das an, was uns die einheitlichste, einfachste und umfassendste Darstellung des Ganzen der natürlichen Welt liefern würde, (was die extremste Verallgemeinerungsstrategie letztlich verspricht).[6]

Konkretisierungsstrategien neigen dazu, obwohl es logisch kaum notwendig ist, sich allen Formen von direktem Realismus zu widersetzen (z. B. der Durchsichtigkeit der Natur: essentialistischen Naturgesetzen, der Entsprechungstheorie der Wahrheit, Fundierungstheorien, Logozentrismus, der Philosophie der Anwesenheit und dergleichen). Dies ist einer der Gründe unserer Betonung der praxeologischen Quellen menschlichen Verstehens und insbesondere unseres Hinweises auf das offensichtliche Mißlingen jedes uns bekannten Forschungsprojekts, daß eine Reduktion der menschlichen Sprache und wirklicher linguistischer Fähigkeiten auf eine Serie sublinguistischer Strukturen und Prozesse versucht. Entsprechend, und wieder ohne logische Notwendigkeit, neigen auf der anderen Seite Verallgemeinerungsstrategien dazu, die eine oder andere Version der völligen Erkennbarkeit der Natur zu bevorzugen, also entweder das offensichtliche Hindernis des Sprachphänomens sui generis zu neutralisieren (so eine von Wilfrid Sellars vertretene Richtung) oder auf verschiedene Weise die spezifisch propositionale Struktur der Sprache der Information in Naturprozessen selbst zu fundieren (wie es Noam Chomsky oder Fred Dretske ausführen).[7]

Es gibt allerdings drei sehr unterschiedliche Formen der Verallgemeinerungsstrategie. Ist sie physikalistisch, behandelt sie die Konkretisierungsstrategie, als wäre sie der Verallgemeinerungsstrategie vollkommen gleichwertig und bloß eine bequeme Wahl. Nimmt sie die Leibnizsche Form an, indem sie auf angemessen elementarer Ebene Eigenschaften informationsbedingter oder kognitiver Art zuschreibt, könnte diese Strategie reduktiv sein, aber sie muß dies nicht zwangsläufig sein. Aber auch wenn sie es wäre, muß dies nicht bedeuten, daß versucht würde, das Linguistische auf das Sublinguistische zu reduzieren (oder in anderer Hinsicht: das Biologische auf das Physikalische). Und schließlich kann man, und dies ist eine weitere relevante Weise, Verallgemeinerungsstrategien als _relational_ konstruierte Formen der Zerlegung (nicht Zusammenstellung oder Erzeugung) von Phänomenen behandeln, die nur auf einer bestimmten Konkretisierungsebene zu unterscheiden und zu spezifizieren sind (insbesondere auf der Ebene der menschlichen _Praxis_ selbst). Die dritte dieser

Strategien darf wohl homuncular genannt werden, obwohl ihr bekanntester Verfech-ter, Daniel Dennett, fest davon überzeugt ist, daß sie der ersten Strategie doch weichen könne und müsse.[8] Jerry Fodors Version des Kognitivismus wird von der ersten Strategie stark beeinflußt, aber gibt sich dennoch - mindestens für heuristische Zwecke - mit der zweiten zufrieden.[9] Chomskys und Dretskes Darstellungen erweisen sich durchaus als Versionen der zweiten Strategie, wenn man sie völlig realistisch betrachtet.

Die miteinander konkurrierenden Hypothesen lassen sich wie folgt grob zusammen-fassen. Die komplexesten kulturellen Phänomene sind nichts anderes als Anhäufun-gen von Atomen oder Monaden (die Verallgemeinerungsstrategie); oder andererseits, solche Phänomene kommen zum Vorschein, sind sui generis, und sie können nur in ihre eigenen Begriffe zerlegt werden (die Konkretisierungsstrategie).

Das Wesentliche nun an diesen Unterscheidungen ist, einen Hintergrund zu schaffen, vor dem wir die Bedeutung der Informationstheorie und der Technologie der K.I. am effektivsten beurteilen können. Wenn z. B., wie schon vorgeschlagen, die künstliche Intelligenz wesentlicher Bestandteil menschlicher Technologie ist, dann kann eine Verallgemeinerungsstrategie der ersten Art prinzipiell nicht effektiv sein ohne eine davon unabhängige Reduktion der praxeologischen - insbesondere der linguistischen - Eigenschaften menschlichen Eingreifens in die Natur. Nehmen wir einmal an, das Leibnizsche Modell sei grundsätzlich unbefriedigend und bloß metaphorisch, da es propositionale Strukturen für natürlich oder real hält, manchmal auch innerhalb der unbelebten Welt, und sie zudem behandelt, als ob sie keiner Erklärung bedürfen, in Begriffen analog denen, die Zuschreibungen von psychologischen Zuständen bestäti-gen.[10] So gesehen, mag es wohl zur Zeit keine andere plausible Strategie als die homunculare geben. Ein kurzer Überblick über Dennetts homunculare und Dretskes Leibnizsche Strategie dürfte uns davon überzeugen, daß im Augenblick keine ernsthaften Aussichten dafür bestehen, irgendeiner im Hinblick auf die künstliche Intelligenz anwendbaren Verallgemeinerungsstrategie nachzugehen, die geeigneter als die von uns als homunculare bezeichnete wäre.

Bevor wir hierfür den Beweis antreten, darf jedoch eine kurze Erläuterung vorangeschickt werden. Natürlich führt Dennett die homunculare These mit Recht als Version einer Konkretisierungsanalyse ein, also als eine, die nicht beabsichtigt, auf der Ebene, auf der sie zunächst eingeleitet wird, die so in Faktoren zerlegten Phänomene zu ersetzen, zu eliminieren oder restlos zu reduzieren. Aber mitten in seiner Argumentation tut er genau dieses: Er faßt die homunculare Analyse als eine auf, die alle Phänomene auf geeignete Weise restlos ersetzt, die auf einer gegebenen Molar-Ebene identifiziert wurden, (d. h. intentionale, linguistische oder psycholo-gische Phänomene). In diesem Moment also interpretiert Dennett seine Konkretisierungsstrategie tatsächlich als eine vollständige Verallgemeinerungsstrategie der zweiten Art (einer Art, die nur unabhängig und nicht-relational eingeführt werden kann).   Weiterhin behauptet Dennett bekanntlich, daß die Bestimmung der homuncularen Ebene, (die auf der Submolar-Ebene noch die informationsbedingte oder intentionale Komplexität der Molarebene aufweist) selbst eliminiert werden könne und zwar zugunsten einer gründlicheren Bestimmung der Verallgemeinerung, die sämtliche intentionale oder informationsbedingte Charakteristika vermeidet (eine Strategie der ersten Art).

Der Schlüssel zur Erklärung des Mißlingens der Hypothese von Dennett ist leicht zu finden. Denn als eine Konkretisierungsstrategie sind homunculare Begriffe vollkommen <u>relational</u>. Das heißt, sie werden nur als Subfunktionen eines funktionierenden, schon festgestellten Molarsystems eingeführt, sind also logisch außerstande, das Molarsystem zu ersetzen. So weist Dennett darauf hin, daß "die Information oder der Gehalt, den ein Ereignis innerhalb eines gegebenen Systems hat, enthält es <u>für das System als ein biologisches Ganze</u> ...... Der Gehalt (in diesem Sinne) eines besonderen Trägers von Information, eines besonderen informationshaltigen Ereignisses oder eines Zustandes ist eine Funktion - muß eine Funktion im System sein, von dem er ein Teil ist."[11] Doch Dennett sagt auch, unvereinbar mit dem vorangegangenen (oder zumindest davon unabhängig und sich nicht auf die ausgeführten Gründe stützend): "Eine Psychologie mit unrealisierten Homunculi für die 'Interne Repräsentationen' als solche, d. h. als Information fungieren, und die nicht durch in rein physikalischen Begriffen beschriebene 'Agenten', ohne Bezugnahme auf Repräsentationen, ersetzt (realisiert) sind   - eine solche Psychologie ist zu einer Zirkularität oder zur endlosen Regression verdammt, also, Psychologie ist unmöglich."[12] Wenn diese Schwierigkeit echt ist, finden wir insoweit bestätigt, in welchem Sinn eine Untersuchung der künstlichen Intelligenz einen prinzipiellen Vorzug für die Analyse menschlicher Technologie und menschlicher Praxis verschaffen könnte, auch wenn dies noch nicht gezeigt werden kann. Denn die künstliche Intelligenz muß selbst informiert werden - mittels relationaler oder homuncularer Unterscheidung (d. h. durch das Einführen von submolaren Funktionen als Subfunktionen des Molars) und mittels aller Kategorien, die auf der Ebene molaren (oder menschlichen) Funktionierens für geeignet gehalten werden. Damit sind wir im wesentlichen bei der Leerheit wieder angekommen, die der frühen These von Putnam vorgeworfen werden muß.

Nun wollen wir uns den Argumenten Dretskes widmen. Dretskes Theorie ist sicher eine der ersten vollständig entwickelten philosophischen Analysen von kognitiven Zuständen - neutral gegenüber der Unterscheidung zwischen dem Menschlichen, dem Tierischen und dem Künstlichen - beeinflußt von zeitgenössischer Kommunikationstheorie (insbesondere von Claude Shannon[13]). Daß die Theorie Dretskes wesentlich das abdeckt, was wir hier den Leibnizschen Typ nennen, wird schon in den einleitenden Bemerkungen zu seinem Werk sofort deutlich. Im Vorwort von "Knowledge and the Flow of Information" sagt Dretske ausdrücklich: "Am Anfang war die Information. Das Wort kam später. Der Übergang wurde durch die Entwicklung von Organismen geleistet, die die Fähigkeit besaßen, diese Information zum Zwecke des Überlebens und der Perpetuierung ihrer Art selektiv auszunützen .....(I)nformation (aber nicht Bedeutung) ist also ein objektives Gut, etwas, dessen Erzeugung, Übertragung und Empfang interpretativer Prozesse weder bedarf noch sie in irgendeiner Weise voraussetzt .... Bedeutung sowie die Konstellation von geistigen Haltungen, die diese Bedeutung zum Vorschein bringen, sind hergestellte Produkte. Der Rohstoff ist Information."[14] Nach Dretskes Ansicht gibt es keinen Isomorphismus, keine extensionale Äquivalenz, nicht einmal gegenseitige Abhängigkeit, die Information und Bedeutung verbinden würde.[15] Warren Weavers Auslegung von Shannon folgend, erkennt Dretske jedoch an, daß die mathematische Kommunikationstheorie die Frage des Informations<u>gehaltes</u> von Zeichen ignoriert, um die quantitative Wirksamkeit und Kapazität der Informationskanäle als solche zu untersuchen.[16] Indem er jedoch eine mit jener Kommunikationstheorie sich deckende Konzeption des Informationsgehaltes entwirft, ist Dretske in Wahrheit bereit, als völlig propositional zu behandeln, was er das "objektive Gut" der Information nennt. Dies bedeutet, er glaubt, daß das, was ein System irgendwo in der Natur, das als ein Zeichen fungiert oder ein Zeichen verkörpert, als Information "beinhaltet", "beinhaltet" es unabhängig davon, ob irgendein "Empfänger sagen wir, der Mensch etwas von dem Zeichen tatsächlich lernt."[17] Information ist also zugleich "objektiv", sie ist <u>da</u> in der realen Welt, unabhängig von jeder Interpretation, <u>und</u> propositional oder intentional, d.h., Information kann in der Form ausgedrück werden: "<u>s</u> ist <u>F</u>", die den Informationsgehalt <u>de re</u> .... <u>von</u> oder <u>über</u> <u>s</u> trägt, daß es <u>F</u> ist; oder in alternativer Form: bestimmt durch "eine Relation zwischen dem, was durch einen offenen Satz ('..... ist <u>F</u>') und einem einzelnen <u>s</u> ausgedrückt wird."[18] Was sich hier als Leibnizscher Typ in einem überzeugenden, aber tendenziösen Sinne erweist, läßt sich durch folgende drei Überlegungen kennzeichnen (vorausgesetzt natürlich, Dretske kommt angemessen zu Wort): 1.) Propositionaler Gehalt wird üblicherweise und zu Recht so gedeutet, daß er nach Sätzen der natürlichen Sprache parasitär gestaltet werde und zugleich kaum mehr als eine besondere Abstraktion der Funktionen jener Sätze sei. 2.) Die Charakterisierung "objektives Gut" gibt einer vollkommen extensionalistischen Bestimmung von Information bedingungslos den Vorzug; sie bevorzugt also eine extensionalistische Bestimmung jener kausalen Prozesse, die für sie, so wird behauptet, unentbehrlich seien. Sie bevorzugt auch eine solche Bestimmung des logischen Verhaltens einer Satzgruppe, durch die der Bedeutungsgehalt eines jeden Informationszeichens festgelegt werden kann. 3.) Von einer Charakterisierung wird erwartet, daß sie zur Formulierung einer kompetenten und plausiblen Verallgemeinerungstheorie der kognitiven Zustände (Erkenntnis und Glaube) tauge, die nämlich sonst äußerst vertrackte Schwierigkeiten intensionaler (d. h. nichtextensionaler) Art bereiten.

Dretskes Theorie ist einer Verallgemeinerungstheorie verpflichtet, geht, streng genommen, von Fundierungsansprüchen aus und sucht daher, den Implikationen einer praxeologischen und technologischen Bestimmung von Information so weit wie möglich zu entgehen. Das Scheitern dieser Theorie würde somit die besondere Bedeutung bestätigen, die innerhalb einer weitverzweigten Techniktheorie einer Analyse der künstlichen Intelligenz zukommt. Allgemein gesprochen müßte die Gegenstrategie zum Versuch Dretskes zweierlei betonen: 1.) Die informationsbedingte Tragweite eines jeden K.I.-Systems ist eine abhängige Funktion der menschlichen Informationsverarbeitung, und zwar einfach deshalb, weil ein solches System die Manifestation solcher Verarbeitung ist. 2.) Menschliche Informationsverarbeitung, insbesondere Kommunikation in natürlichen Sprachen, ist in ihren intensionalen Weisen uneliminierbar kompliziert und kann aus diesem Grunde nur eine extensionale Reduktion in einer abhängigen, allmählichen oder (etwas allgemeiner) homuncularen Form zulassen.[19]

Es gibt zwei Hauptmanöver, welche die (so weit wir die Sache zur Zeit verstehen) wahrscheinlich nicht reduzierbare intensionale Komplexität menschlicher Sprache und jeder Informationsverarbeitung garantieren, wie sie im ganzen Spektrum linguistischen Verhaltens eingebettet ist. Das erste besteht darin, das Mißlingen (und die in jenem Mißlingen implizite Unwissenheit) zu veranlassen, eine vollkommen extensionale Darstellung der folgenden Bestimmungen zu liefern: Referenz, propositionale Einstellungen, Unterscheidung zwischen Bedeutungen und Glaubenssätzen, funktionaler Zusammenhang zwischen der Bedeutung oder dem Sinn von Prädikaten und deren extensionaler Reichweite, wahrheitsfunktionale Bindeglieder zwischen natürlichen und der Relation zwischen den Regeln linguistischen Gebrauchs und kontextabhängigen Einschränkungen solchen Gebrauchs. Das zweite Manöver besteht darin, die Tragweite des Scheiterns von Fundierungsthesen und der Unabwendbarkeit dieses Zugeständnisses innerhalb dieses Bereichs durch den Hinweis hervorzuheben, daß es die historische und praxeologische Natur aller menschlichen Unternehmen sei, die Eigenschaften der Welt, der wir begegnen, zu verstehen, zu beschreiben und zu erklären, und daß folglich alle Erwartungen auf Ganzheit für alle möglichen Welten enttäuscht werden müssen.[20] Die Gegenstrategie wäre daher eine Konkretisierungsstrategie, die zu zeigen sucht, daß es weder realistische Informationstheorie noch objektive Information geben kann, die von den intensional komplexen Eigenschaften menschlicher Information selbst befreit wäre. Genau dies wird berücksichtigt, wenn K.I. als eine Form menschlicher Informationsverarbeitung gedeutet und die bloß figurative Natur der Leibnizschen Informationsvorstellung aufgedeckt wird.

Nachdem diese Überlegungen angestellt wurden, ist es eine unkomplizierte Angelegenheit, die der wichtigen Theorie Dretskes innewohnenden und ihr eigenen Schwächen aufzuzeigen (ohne sich dabei mit spezifischen Problemen seiner Kognitionstheorie zu befassen). Obwohl Dretske bereit ist, Information propositional oder intentional in der schon skizzierten Weise zu charakterisieren, bietet er zwei weitere, sehr bedeutsame Kennzeichnungen an: "Wenn ein Zeichen die Information trägt, daß _s_ ist _F_, dann muß es der Fall sein, daß........das Zeichen soviel Information über _s_ trägt, wie dadurch erzeugt wäre, daß _s F_ ist" (die sogenannte "Kommunikationsbedingung").[21] Weiterhin sagt Dretske: "der Informationsgehalt eines Zeichens ist eine Funktion der _nomischen_ (oder durch Gesetze bestimmten) Relationen, die es zu anderen Bedingungen aufweist."[22] Nun ist die erste Charakterisierung entweder eine nichtssagende Übersetzung irgendeiner vermeintlichen Sachlage (daß _s F_ ist) _in_ die Sprache der Informationstheorie _oder_ beinhaltet die an dieser Stelle überhaupt nicht vertretene These, daß eine wirklich "objektive" Information eine solche Sachlage erkennbar, d. h. ohne Verzerrung oder Interpretation _repräsentiert_. Information ist dann nicht anthropogen, obwohl sie anthropognomisch zu sein scheint - jedenfalls in Leibnizscher Sicht. Vom praxeologischen Standpunkt aus ist sie sowohl anthropogen als auch anthropomorph (linguistisch gestaltet). Folglich wird Erkenntnis von Dretske auf eine besonders extreme Weise definiert: "_K_ weiß, das _s F_ ist = _K_s Glaube, daß _s F_ ist, wird durch die Information, daß _s F_ ist, verursacht (oder kausal begründet)."[23] Die nomischen Universalien der Kausalität versichern also, daß genuine Erkenntnis jene Information erfassen _kann_, weil Information (per definitionem) die Sachlage, die sie repräsentiert, vollkommen widerspiegelt.

Obwohl wahre Information _alle_ extensional herleitbaren Propositionen bewahrt, die entweder mit gegebenen gesetzesähnlichen Relationen oder mit ursprünglich vorausgesetzter Information analytisch verbunden sind (kraft dessen "eine physikalische Struktur keinen _bestimmten_ oder _ausschließlich_ informationsbedingten Gehalt besitzt"[24]), weisen Erkenntnis und Glaube nach Dretskes Ansicht _dennoch_ eine "höhere Stufe der Intentionalität" auf als objektive Information selbst.[25] Erkenntnis (Glaube _a fortiori_) braucht nicht alle solche herleitbare Information aufzubewahren, die in ihr erhalten bleibt. Dies räumen zu Recht einige der bekannten Paradoxa der Intensionalität ein. Aber zugleich werden damit vier Behauptungen aufgestellt, die unhaltbar oder zumindest nicht gerechtfertigt worden sind. 1.) Alle wahre, auf

Fakten beruhende Erkenntnis gründe in Fundierungstheorien, sei essentialistisch oder durch eine natürliche, völlig oder zumindest bis zu dem gewünschten Grad kognitiv erkennbare Welt informiert. 2.) Erkenntnis sei nur in dem Sinn intentional (oder intensional), daß sie eine begrenzte Auswahl aus einer ausschließlich extensionalen Informationsordnung zur Folge hat (die sonst keine Verzerrung oder wesentliche Verdrehung dadurch erfährt). 3.) Die Strukturen der realen Welt (einschließlich die der menschlichen Sprache und Kultur) <u>könnten</u> auf eine völlig extensionalistische Weise als Information vollkommen repräsentiert werden. 4.) Alle kausalen Relationen, vornehmlich jene, die die linguistisch komplexen Eingriffe der Menschen betreffen, könnten einheitlich charakterisiert werden, d. h. als Relationen, die sich extensional verhalten und die unter universelle Gesetze subsumierbar sind. Aber dann muß man auch gleich feststellen: Die erste Behauptung wird von beinahe allen philosophischen Theoretikern fast jeder Richtung als falsch verworfen. Die zweite ist mit dem Gelingen oder Mißlingen der ersten auf Gedeih und Verderb verbunden. Die dritte Behauptung ist offensichtlich falsch oder jedenfalls nicht nachweisbar, ohne daß eine physikalistische oder zumindest materialistische Reduktion der Sprache erfolgte (die z. B. auch einen Nachweis für die vollständig extensionale Struktur natürlicher Sprache zu liefern hätte). Und die vierte Behauptung hängt vom Schicksal der dritten ab.

Nun handelt es sich hier um Theorien, die zu den kontroversesten innerhalb der ganzen philosophischen Tradition zu rechnen sind. Sie nehmen sich kühn aus und - hätten sie recht - erübrigten völlig eine technologische oder praxeologische Konzeption von Information (insbesondere der K.I.). Und dies deshalb, weil die besprochene Konzeption in Wirklichkeit doch der These verpflichtet bleibt, daß <u>Information eine Funktion menschlicher interpretativer Schemata sei</u> - also allen Komplikationen unterworfen ist, die aus diesem Zugeständnis folgen. Ohne das Ergebnis einer eingehenderen Untersuchung vorwegzunehmen, zeichnet sich ziemlich deutlich ab, daß zu diesen Komplikationen die Zurückweisung oder Aufhebung der vier eben postulierten Behauptungen höchstwahrscheinlich gehörte. Folglich ist die Informationstheorie in Wahrheit das Schlachtfeld eines grundsätzlichen Kampfes zwischen opponierenden Orientierungen im Hinblick auf die Technik. Dies ist ein Streit, dessen Linien sich von viel früheren, immer noch problematischen und gänzlich unentschiedenen Streitigkeiten herleiten lassen.

Es kann also nicht die Absicht Dretskes gewesen sein, seine eigene These zur Information so zu deuten, daß sie nur ein Übersetzungsidiom zur Identifizierung jedweder Sachlage in der natürlichen Welt liefern sollte. Sein Ziel war stattdessen, eine unterscheidbare und objektive "semantische" Kategorie (Information) einzuführen, die weder von der Kategorie der Bedeutung abhängt, noch jener gleichwertig sei, noch von dem Erkenntnisbegriff abhängig ist (der im Gegenteil selbst vom Informationsbegriff abhängt).[26] Ferner ist nach Dretske die Wahrscheinlichkeit "1", daß s F ist, ausgehend davon, daß ein Zeichen r "die Information, s ist F, trägt". Und als Resultat davon, daß aus einer so aufgefaßten Information ein Abhängigkeitsverhältnis entsteht, "ist", sagt Dretske weiter, "Erkenntnis ein absolutes Konzept". Doch im Gegensatz z. B. zum nicht unähnlichen Standpunkt Peter Ungers wird von diesem informationstheoretischen Konzept behauptet, es führe nicht zum Skeptizismus und brauche auch nicht dahin zu führen.[27]

Das Fazit läßt sich wie folgt formulieren: Die Information über gegebene Sachlagen repräsentiert jene Sachlage vollkommen. Und faktische durch solche Information verursachte Erkenntnis ist ein nicht "unerreichbarer" Zustand, obwohl die Idee von Erkenntnis "eine absolute Idee ist". Denn ihre Absolutheit hängt von der "geerbten" Information ab, nicht von der "Sicherheit", die Erkenntnis hervorrufen mag oder auch nicht.[28] In diesem Sinne erweist sich Dretskes Theorie über Information und Erkenntnis als eine Fundierungstheorie; sie ist von Leibnizschem Typ und völlig extensionalistisch.

Dieses Programm erweist sich jedoch nicht als tragfähig. Das gilt zumindest im Hinblick auf den aktuellen evidenten Stand jener Lehre, auf die es sich stützt. Und vielleicht kann das Programm sich auch im Prinzip nicht durchsetzen, da es der zwingenden Kraft der praxeologischen Konzeption von Verstehen ausgesetzt ist, die das Programm untergräbt. Es mag hier von Nutzen sein, einige Hauptfehler (oder zumindest einige der ungelösten Schwierigkeiten) durchzugehen, von denen der Erfolg der verschiedenen Formen der Verallgemeinerungsstrategie (physikalistische, Leibnizsche, homunculare) letztendlich abhängt.

So argumentiert W. V. O. Quine: "Ein Gesetz, das sich unschwer durch eine derartige mathematische Induktion beweisen läßt, wenn die Konstruktionen von Sätzen auf Quantifikation und Wahrheitsfunktionen eingeschränkt sind, d.h. logische Transformationen, die mit den einfachsten sowie komplexen, von jenen einfachen konstruierten Sätzen zu tun haben, ist das der Extensionalität", d.h. "der Ersetzbarkeit umfangsgleicher Termini mit demselben Wahrheitswert".[29] Quine nimmt sich voll Optimismus vor, diese These auf die Arbeit der empirischen Wissenschaft anzuwenden. Dabei beteuert er: "....es kann vorkommen, daß nicht dazugehörige, aus früheren Phasen stammende Ausdrucksformen - wie Indikatorwörter z.B. 'dieses', 'dieses Wasser' und die Demonstrativpronomen , intensionale Abstrakta (wie die Behandlung von Klassen, Eigenschaften, Relationen und dergleichen als Gegenstände) und dergleichen - in größeren Ganzheiten verborgen bleiben, die sich derweil wie unanalysierte allgemeine Termini verhalten."[30] Welche formale Nachweise auch immer in Hinblick auf Extensionalität erbracht werden können, es läßt sich dennoch schwerlich daraus folgern, daß von den Bedingungen der auf kognitiv gebundene Weise entwickelten Rede der natürlichen Sprache (sagen wir innerhalb der Einschränkungen einer historisch und praxeologisch orientierten Untersuchung) zuverlässig behauptet werden kann, daß sie sich einer solchen Ordnung fügen. Die schöne Wendung "derweil" verrät eine ungeprüfte Behauptung. Insbesondere schlägt Quines versuchte Eliminierung der sogenannten Undurchsichtigkeit des Bezugs in jenen Sätzen, die sich durch "glauben" und ähnliche Verben propositionalen Charakters auszeichnen (d.h. durch Verben, die der Extensionalitätsthese anscheinend entgegenarbeiten), einfach deshalb fehl, weil das Problem einer kognitiv motivierten Lösung bedarf, nicht einer rein formellen, die die erkenntnistheoretische Frage vorentscheidet.[31] Bisher hat noch keiner eine brauchbare Antwort gefunden. Im Zusammenhang mit Dretskes These steht der Nachweis noch aus, daß menschliche Informationsverarbeitung in extensionalistischen Begriffen erklärt werden kann. Quines Überzeugungen in dieser Hinsicht sind aus einem anderen Grunde merkwürdig. Und zwar ist er selber gegen alle Formen von Fundierungsansprüchen und gegen jeden Essentialismus - was im Kontext von "Word and Object", ohne überzuinterpretieren, als einer praxeologischen These intuitiv verpflichtet angesehen werden darf. Quine ist anscheinend davon überzeugt, daß unsere Unfähigkeit, "eine bestimmte grundlegende Menge von allgemeinen Termini zu entdecken, auf deren Grundlage es prinzipiell möglich wäre, alle Merkmale und Zustände aller Dinge zu formulieren",[32] das extensionalistische Projekt selbst irgendwie doch nicht im mindesten zweifelhaft oder unsicher mache. Aber Quines Zuversicht beruht auf einem offensichtlichen Mangel, und dasselbe gilt konsequenterweise auch für Dretske.

Es gibt, um dies noch einmal zu betonen, keine brauchbare Methode, durch die entweder die Realität von Geisteszuständen und von linguistischem Verhalten zu eliminieren oder nach physikalistischem Muster zu reduzieren wäre. Rudolf Carnap hat die radikalste Version der Reduktionsthese vertreten, doch dann distanzierte er sich von ihr später, ohne sie jedoch je ganz aufzugeben.[33] Wilfrid Sellars vertrat die radikalste Version der These, daß die Rollen der Menschen der im übrigen zufriedenstellend geschlossenen Welt der physikalischen Wissenschaft zugeteilt werden könnten, und zwar ohne jegliche Zuschreibung realistischer Art. Sellars hat die Argumentation dafür aber nie nachgeliefert.[34] Wenn jedoch menschliche kognitive Zustände real, kausal effektiv, als Information bedeutsam und intensional irreduzibel sind, dann wäre ein großer Teil der technologischen oder praxeologischen Informationstheorie (folglich auch der Analyse von K.I.) bestätigt.

Zumindest könnten wir dann nicht behaupten - wie auf etwas unterschiedliche Weise Dennett und Dretske es tun, mehr oder weniger in der Nachfolge Quines -, daß intensionale Komplikationen nur die Sätze wirklich betreffen, durch die die Eigenschaften des Intentionalen markiert werden. Zum Beispiel stellt Dennett das Intentionale in folgender Weise in Frage. Es scheint, daß er sagt, zumindest könnte man ihn so verstehen: "Die Beschreibung eines mutmaßlichen Gegenstandes zu ändern bedeutet, den Gegenstand zu ändern. Welche Art von Gegenstand ist bei anderer Beschreibung ein anderer Gegenstand? Keiner. Können wir nicht überhaupt ohne Gegenstände auskommen und nur über Beschreibungen reden?"[35] Ohne Begründung setzt dies aber voraus, daß es nicht der Fall sein kann, daß es reale Phänomene gibt, die auf extensionalistische Weise nicht zufriedenstellend aufgeklärt werden können. Dies bedeutet auch, daß unsere einzige Wahl die ist, solche Gegenstände ganz zu eliminieren oder sie unter (und nur unter) extensionalistischen Bedingungen zu erhalten. Aber wenn menschliche Informationsverarbeitung real ist und ihre intensionale Komplexität irreduzibel, dann sind die physikalistische sowie die Leibnizsche Strategie unhaltbar. Dretske unterscheidet seinerseits bloß zwischen intentionalen Phänomenen (Informationsphänomenen, sagen wir Informationen über gegebene Sachlagen oder von solchen) und den so bezeichneten intensionalen Phänomenen. Dies sind solche, die der formellen Eigenschaft genügen, Quines extensionale Bedingung nicht zu erfüllen, "wenn, d.h. wenn und nur wenn , wir von den Sätzen reden, die zur Beschreibung solcher intentionalen Phänomene verwendet werden".[36] Das Problem ist jedoch, genau genommen, dies, daß wirkliche geistige Zustände und Verhaltensweisen des Menschen auf eine solche Weise doch linguistisch beeinflußt werden, so daß sie intensional problematisch sind. Diese Schwierigkeit ist für die praxeologische Informationstheorie wesentlich und wird doch von allen Verallgemeinerungsstrategien - ob sie Krypto-Konkretisierungen darstellen oder nicht - und insbesondere von allen "objektiven" Informationstheorien völlig übersehen oder jedenfalls nicht gelöst.

Solche Überlegungen lassen sich erweitern. Zu berücksichtigen wäre der Holismus des Geistigen, d.h. die relationale Weise, in der geistige Zuschreibungen unter der Einschränkung eines intentionalen Modells der Rationalität gemacht werden; die kausale Wirksamkeit des Geistigen; die daraus folgende Schwierigkeit, geistige Phänomene extensional zu identifizieren und dies dann wiederholen zu können; der bedrohliche heteronomische Status der in Begriffen der physikalischen Gesetzlichkeit aufgefaßten natürlichen Welt; die Möglichkeit (also), daß nicht alle kausalen Zusammenhänge sich extensional verhalten; die weitere Möglichkeit, daß nicht von allen kausalen Zusammenhängen nachweislich behauptet werden kann, daß sie unter Allgemeingesetze fallen.[37] In Anbetracht dieser Überlegungen wird es überaus deutlich, daß alle Verallgemeinerungsstrategien zur Analyse von Information, K.I. und kognitiven Zuständen des Menschen zur Zeit kaum mehr als ein eingefleischtes

konzeptionelles Vorurteil sein können. Weiter wird evident, daß die Konkretisierungsstrategie erheblich vernünftiger, methodologisch direkter, ja sogar unvermeidbar ist. Doch indem man dies eingesteht, wird ebenso die vorläufige Überlegenheit
eines technologischen oder praxeologischen Zugangs zu diesen Sachverhalten
eingestanden.

Natürlich kann die systematische Bedeutung dieser Annahmen nicht eng auf das
Thema der künstlichen Intelligenz begrenzt werden. Davon ausgehend, erweist sich
jene Frage selbst als eine besondere strategische Version (aber nichts weiter) der
globalen Frage danach, wie die Art und Weise zu verstehen ist, in der die Natur des
menschlichen Daseins - Kultur und Technologie - unsere Konzeption einer Wissen-
schaftsmethodologie und somit auch unseren Begriff einer adäquaten Ontologie und
Erkenntnistheorie beeinflußt. Unser Überblick ist mit Absicht auf die führenden
Richtungen der gegenwärtigen analytischen Theorien zur Information und künstlichen Intelligenz eingeschränkt worden. Indem wir deren charakteristische Schwächen
aufgedeckt haben - indem wir sie selbst zu Wort kommen ließen -, haben wir gezeigt,
wie ergiebig es wäre, den Leitgesichtspunkt philosophischer Untersuchungen zu
ändern. Statt Verallgemeinerung anzustreben, sollte Konkretisierung versucht
werden.[38]

Wir haben nicht gezeigt, daß Verallgemeinerungsthesen widerspruchsvoll oder
konzeptionell unmöglich oder dergleichen sind. Dies kann kaum erwartet werden.
Aber zu konstatieren ist das Scheitern physikalistischer Darstellungen darin, ihre
Reduktionsabsichten bis zur annähernden Vollendung durchzuführen (Carnap z.B.)
sowie eine hartnäckig metaphorische und auf Fundierungsansprüche sich berufende
Übernahme des Leibnizschen Standpunktes, die sich gegenwärtigen verständlichen
Erwartungen auf gründlichere Analyse und konzeptionelle Verteidigung gegenüber-
sieht (Dretske z.B.), und schließlich die Unfähigkeit, die homunculare in eine
unverwechselbare Verallgemeinerungsstrategie zu verwandeln (Dennett z.B.). Zumal
damit beinahe unwiderstehlich die zum Vorschein kommende Eigenart menschlicher
Sprache _sui generis_ bewiesen wird, bekräftigt dies alles den Sinn, in dem die
Konkretisierungsstrategien weit vernünftiger sind als Verallgemeinerungsstrategien
(einen Sinn, der sich schlicht als eine rhetorische oder gesellschaftsrelevante
Angelegenheit deuten läßt). Sogar in den Fällen, in denen der Zugang durch
Verallgemeinerungsmethoden zunächst provisorisch machbar erscheint (anscheinend
ein heftig umstrittener Punkt unter den Verfechtern der Quanten- und der
Relativitätstheorie in der Physik[39]), kann eine vorherrschende Orientierung an der
Konkretisierungsmethode einen geeigneten Rahmen schaffen. Was diese Orientierung
nicht kann - und wozu sich die Alternativen zur Verallgemeinerung noch nie fähig
gezeigt haben -, ist einsehen lassen, daß dort, wo die linguistische, kulturelle,

historische, praxeologische, technologische Arbeit des Menschen die Phänomene beeinflußt, formt oder informiert, die wir beschreiben und erklären (sogar das Phänomen des Alls z.B.), eine Erklärung nach der Verallgemeinerungsmethode im Prinzip adäquat sein könnte.[40]

Die wichtigste Folge dieses Orientierungswechsels ist, daß die Notwendigkeit wahrgenommen wird, die ganze Theorie darüber neu zu formulieren, was als <u>Methode</u> in der Wissenschaft und für eine rationale Untersuchung zu gelten hat. Einige heterodoxe Thesen sind schon vorgeschlagen worden (z.B. daß kausale Zusammenhänge sich nicht extensional verhalten müßten, oder daß kausale Prozesse, auch wenn regelmäßig, nicht zwangsläufig unter universelle Allgemeingesetze fallen müßten). Das Entscheidende dabei aber ist: der Bruch in den stark verteidigten Versionen der analytischen Philosophie zeigt, daß die Strenge dieser Philosophie sich keiner der folgenden Theorien zu verpflichten braucht: Essentialismus, Fundierungstheorie, Kognitivismus, Extensionalismus, Universalismus, Reduktionismus, Physikalismus, Antihistorismus, Antipraxeologismus. Folglich gäbe es allen Grund, sich zu überlegen, wie die stärksten Eigenschaften der zeitgenössischen angloamerikanischen und der kontinentalen philosophischen Richtungen auf neuartige Weise miteinander versöhnt werden können. Dies ist es auf jeden Fall, was ein Nachdenken über künstliche Intelligenz und Informationstechnologie uns verspricht.

*Einfügungen in eckigen Klammern stammen durchgehend von J. Margolis (Anm. der Übersetzerin).

<u>Anmerkungen</u>

1   Eingehender behandelt werden die Kernfragen der Philosophie des Geistes und der kognitiven Wissenschaften in: Joseph Margolis: "Conceptual Links between Cognitive Psychology and Philosophy of Psychology" in: Cognition and Brain Theory V (1982); Philosophy of Psychology, Englewood Cliffs, N.J. 1984; und "Persons and Minds", Dordrecht 1978.

2   Siehe B. F. Skinner: Verbal Behavior, New York 1957; und D. M. Armstrong: Belief, Truth and Knowledge, Cambridge 1973.

3   Hilary Putnam: "Minds and Machines" in: Philosophical Papers, Vol 2, Cambridge, S. 362, 384. Vgl. auch Hilary Putnam: "Mind and Body" in: Reason, Truth and History, Cambridge 1981.

4 Siehe dazu Ned Block: "Troubles with Functionalism", in: C. Wade Savage (Hrsg.): Minnesota Studies in the Philosophy of Science, Vol. 9, Minneapolis 1978.

5 "The Nature of Mental States", in: op. cit., S. 435.

6 Siehe z.B. Herbert Feigl: The "Mental" and the "Physical": The Essay and a Postscript, Minneapolis 1967; Mario Bunge: "Emergence and the Mind", in: Neuroscience XI (1977); und Mario Bunge: "Levels and Reduction", in: American Journal of Physiology CIII (1977).

7 Siehe Wilfrid Sellars: "Philosophy and the Scientific Image of Man", in: Science, Perception, and Reality, London 1963; Noam Chomsky: Rules and Representation, New York 1980; F. I. Dretske: Knowledge and the Flow of Information, Cambridge, Mass. 1981.

8 Siehe Daniel C. Dennett: Content and Consciousness, London 1969; und ders.: Brainstorms, Montgomery, Vt. 1978. Zur eingehenderen Darstellung des Problems siehe Joseph Margolis: "The Trouble with Homunculus Theories", in: Philosophy of Science XLVII (1980).

9 Siehe Jerry A. Fodor: The Language of Thought, New York 1975; und ders.: The Modularity of Mind, Cambridge, Mass. 1983.

10 Siehe Jerry A. Fodor: Psychological Explanation, New York 1968.

11 Daniel C. Dennett: "Toward a Cognitive Theory of Consciousness", in: Savage, op. cit., S. 214-215. Zur Unterscheidung von "top-down" und "bottom-up" siehe Daniel C. Dennett: "Artificial Intelligence as Philosophy and as Psychology", in: M. Ringle (Hrsg.): Philosophical Perspectives in Artificial Intelligence, Atlantic Highlands, N.J. 1978.

12 Dennett: "A Cure for the Common Code?", in: Brainstorms, op. cit., S. 101

13 Siehe C. Shannon und W. Weaver: The Mathematical Theory of Communication, Urbana 1949.

14 Fred I. Dretske: Knowledge and the Flow of Information, op. cit., S. vii. Eine nützliche Zusammenfassung des Buchs findet man in: ders.: "Précis of Knowledge and the Flow of Information", in: Behavioral and Brain Sciences VI (1983).

15 Vgl. Dretske: Knowledge and the Flow of Information, op. cit., Kap. 2.

16 Ebd., S. 41.

17 Ebd., S. 57.

18   Ebd., S. 66

19   Punkt 2 ist ein Hinweis auf die Relevanz des Programms extensionaler Semantik
     Alfred Tarskis, aber rechtfertigt nicht das Programm Donald Davidsons,
     welches vorgibt, Tarski zu folgen. Siehe Alfred Tarski: "The Semantic
     Conception of Truth", in: Philosophy and Phenomenological Research IV (1944);
     und Donald Davidson: "In Defense of Convention T", in: Hugues Leblanc (Hrsg.):
     Truth, Syntax and Modality, Amsterdam 1973. Vgl. auch Ian Hacking: Why Does
     Language Matter to Philosophy?, Cambridge 1975, Kap. 12; und Gareth Evans
     and John McDowell (Hrsg.): Truth and Meaning: Essays in Semantics, Oxford
     1976.

20   Für eine kurze Einleitung in diese Problematik siehe Joseph Margolis:
     "Pragmatism without Foundations", in: American Philosophical Quarterly (im
     Erscheinen); "Relativism, History, and Objectivity in the Human Studies", in:
     Journal for the Theory of Social Behavior (im Erscheinen); und " 'The Savage
     Mind Totalizes' ", vorgetragen auf der Tagung "Convention and Signification",
     an der Ben-Gurion University of the Negev, Sde Boquer, Israel, Frühling 1983
     (noch nicht erschienen).

21   Dretske: Knowledge, op. cit., S. 63.

22   Dretske: "Précis of Knowledge", op. cit., S. 58

23   Dretske: Knowledge, op. cit., S. 86.

24   Ebd., S. 174 und Schluß des 7. Kapitels.

25   Ebd., insbesondere S. 172-174.

26   Ebd., Kap. 2.

27   Ebd., S. 65, 109-110. Vgl. Peter Unger: Ignorance, Oxford 1975.

28   Ebd., S. 110, 252 Anm. 4.

29   W. V. O. Quine: Word and Object, Cambridge, Mass. 1960, zitiert nach der
     deutschen Übersetzung von Joachim Schulte in Zusammenarbeit mit Dieter
     Birnbacher: Wort und Gegenstand, Stuttgart 1980, S. 398, 265.

30   A.a.O., S. 399, Hervorhebungen von mir.

31   Siehe Joseph Margolis: "The Stubborn Opacity of Belief Contexts", in: Theoria
     XLIII (1977); Quine, op. cit., S. 250-274.

32   Quine, op. cit., S. 399.

33   Siehe Rudolf Carnap: "Psychology in Physical Language", übers. von G. Schick,

in: A. J. Ayer (Hrsg.): Logical Positivism, Glencoe 1959; und Joseph Margolis: "Schlick and Carnap on the Problem of Psychology", in: Eugene T. Gadol (Hrsg.): Rationality and Science, Wien 1982.

34 Siehe Wilfrid Sellars: "Philosophy and the Scientific Image of Man", in: Science, Perception, and Reality, op. cit.; und Margolis: Persons and Minds, op. cit., Kap. 1.

35 Dennett: Content and Consciousness, op. cit., S. 29.

36 Dretske: Knowledge and the Flow of Information, op. cit., S. 75.

37 Siehe Donald Davidson: "Mental Events", in: L. Foster und J. W. Swanson (Hrsg.): Experience and Theory, Amherst 1970; und Joseph Margolis: "Prospects for an Extentionalist Psychology of Action", in: Journal for the Theory of Social Behavior II (1981).

38 Dies erinnert natürlich an Imre Lakatos' Vorstellung eines Programms der wissenschaftlichen Forschung, aber das schließt nicht ein, daß man seine etwas konservativ zurechtgerückte Poppersche Auslegung jener Idee akzeptiert. Es gibt weder ein ausgeprägtes Verifizierungs- noch ein Falsifizierungsverfahren, das in der Philosophie im allgemeinen anerkannt wäre. Es gibt auch keinen allgemein akzeptierten Sinn, in dem die Grenzen philosophischen Fortschritts, gleichgültig wie weit man sie auch zieht, auch nur annähernd formalisiert werden können. Aber indem man dies behauptet, wird damit nicht geleugnet, daß die professionelle Arbeitsweise der Philosophie nach erkennbaren und strengen Methoden verfährt. Geleugnet wird auch nicht, daß sie zugleich, so verfahrend, gegenüber moderater und radikaler methodologischer Erneuerung aufgeschlossen bleibt. Siehe Imre Lakatos: Philosophical Papers, Vol. 1, herausgegeben von John Worrall und Gregory Currie, Cambridge 1978.

39 Den Hinweis auf die Wichtigkeit dieser Auseinandersetzung verdanke ich Diskussionen mit Patrick Heelan und Donald Hockney.

40 Siehe weiter Joseph Margolis: "Relativism, History, and Objectivity in the Human Studies", in: Journal for the Theory of Social Behavior, Op. cit.

Übersetzt von Virginia Cutrufelli

Maschinelle Wahrnehmung*

Patrick A. Heelan
State University of New York, Stony Brook

Die 'COMPUTATIONAL THEORY' visueller Wahrnehmung, entworfen vom späten David Marr und seinen Mitarbeitern,[1] ist ein gewaltiges multidisziplinäres Programm und stellt wahrscheinlich den neuesten Stand des Forschungsprogramms neurophysiologischer Psychologie dar.[2] Visuelle Wahrnehmung ist, gemäß diesem Programm, eine Art künstlichen Sehens, die durch das neurophysiologische System als Apparat durchgeführt wird; maschinelles Sehen ist ein zweistufiger Prozeß, erstens, der Konstruktion symbolischer Darstellung eines äußeren Objekts, die auf den elementaren Eigenschaften des 'grey-level'-Bildes entsprechend dem retinalen Bilde beruht und zweitens, dessen korrekter Identifikation durch den Vergleich mit einem Repertoire symbolischer Darstellungstypen oder "Deskriptionen" möglicher Objekte (der Außenwelt), über die das Gehirn je schon in Form von Algorithmen verfügt.

Das computational program gründet auf drei philosophischen Prinzipien, wobei zwei davon in der gegenwärtigen neurophysiologischen Forschung üblich sind und das dritte deren Erweiterung oder spezifische Anwendung ist: erstens das Prinzip des wissenschaftlichen Realismus, gemäß dem tatsächliches Sehen die wissenschaftliche Makrostruktur (und nicht die pragmatische Lebensweltstruktur) physikalischer Objekte, genauer deren euklidische Struktur, als visuelles Objekt korrekt darstellen soll; wenn nicht, dann haben Prozeßfehler im Wahrnehmungssystem stattgefunden;[3] zweitens, das Prinzip der mind-body-Identität: 'X sehen' ist "denotativ aeqivalent" mit einem spezifisch kodierten Gehirnzustand 'X', der das Endprodukt des auf das grey-level-Bild angewandten Programmes ist;[4] drittens, das Maschinenprinzip des Computers - den Sehprozeß zu verstehen -, bedeutet zu wissen, wie ein Sehapparat zu konstruieren ist, der durch dieselben Algorithmen kontrolliert wird, die auch das Sehen eines menschlichen Beobachters kontrollieren.[5] Ich behaupte, daß alle diese Prinzipien, sofern sie allgemeine oder philosophische Ansprüche erheben, fehlerhaft sind. Das Grundkonzept freilich, daß Wahrnehmungsakte sprachanaloge Algorithmen im retino-kortikalen System enthalten, ist meiner Meinung nach nicht nur philosophisch wichtig, sondern auch wahr. Unter Berücksichtigung des philosophischen Verständnisses von Wahrnehmung aber ist es nötig, das Programm als Teil eines weiteren Kontextes zu begreifen; und wenn das Programm eher in Analogie zu Struktur, Gebrauch und Interpretation von Sprache begriffen wird, können die

Stärken des empirischen Teils des Programms besser beurteilt und bestimmte Schwächen erkannt werden.[6]

Hermeneutische Phänomenologie der Wahrnehmung

Die hermeneutische Phänomenologie bildet den Hintergrund meines Ansatzes, das heißt die Phänomenologie des späten M. Merleau-Ponty und die hermeneutische Kehre von M. Heidegger, H. G. Gadamer und P. Ricoeur. Ich bin der Ansicht, daß es ebenso falsch ist, mind und body im Sinne des computational program zu identifizieren, wie mind und body als zwei verschiedene cartesianische Entitäten zu betrachten. Anstelle der Identität und des Dualismus vertrete ich die Position, daß Menschen körperliche Erkennende oder erkennende Körper sind. Diese Art körperlichen Erkennens (embodied knowing) nennt Merleau-Ponty "la Chair", und der interpretative Aspekt dieses Wissens ist durch Heideggers Begriff "Dasein" gekennzeichnet.[7] Was damit konkret gemeint ist, wird teilweise später geklärt werden. In meinem kürzlich erschienenen Buch Space Perception and Philosophy of Science[8], dem vieles der folgenden Argumentation entstammt, habe ich diesen Ansatz zugrundegelegt. Gegenüber einem wissenschaftlichen Realismus, gemäß dem ausschließlich die wissenschaftliche Betrachtungsweise zu einer wahrheitsfähigen Beschreibung der Realität taugt, verteidige ich das Primat der Wahrnehmung: nur Wahrnehmung kann ein Schema der Realität liefern. Ich vertrete den pragmatischen (oder praktischen) Standpunkt, daß nur die Lebenswelt (oder einfach Welt) der Boden des Realen ist und daß wissenschaftliche Entitäten nur als genuine Wahrnehmungsphänomene durch den perzeptuellen Gebrauch lesbarer Technologien in die Lebenswelt gelangen.

Das computational program der neurophysiologischen Wissenschaften

Ich möchte den meiner Meinung nach umfassenden philosophischen Kontext, in dem die Ziele des computational program zu verstehen sind, schematisierend nachzeichnen. Innerhalb dieses Schemas kann dann der Ort des computational programs ausgewiesen werden, und das Programm kann in seinen Stärken, Schwächen und Ambiguitäten beurteilt werden.

Der Gang der Untersuchung beinhaltet drei aufeinander bezogene Phasen: Phase 1, die Vorbedingungen der Untersuchung; Phase 2, das wissenschaftliche Programm; Phase 3, der Sehakt. Das computational program konzentriert sich auf Phase 2, und gerade hierin liegt seine Bedeutung. Die durch das Prinzip des wissenschaftlichen Realismus und das Identitätsprinzip bedingten Vorurteile führen zu einigen unvorsichtigen und inkorrekten Annahmen bezüglich der Phase 1 und zu einer verwirrten und einseitigen Darstellung von Phase 3.

Phase 1: Die Vorbedingungen der Untersuchung beinhalten das wahrnehmende Subjekt (S1), den untersuchenden Wissenschaftler (S3) und die Welt wahrnehmbarer Objekte, letztere betrachtet als die Welt realer Objekte. Ich verstehe die Beziehung von S1 auf die wahrnehmbaren Objekte als Beziehung in der ersten Person - das heißt, er/sie sieht das Objekt, und die Beziehung von S3 ist in der dritten Person - er/sie konzentriert sich auf die Darstellungen dieses Objektes in S1. Ergänzen wir nun diese Konstellation durch den Philosophen - S2? -, der das Tun von S1 und S3 betrachtet; S2 trägt seine philosophischen Reflexionen zu der Wahrnehmungsphänomenologie von S1 und der wissenschaftlichen Darstellung von S3 bei.

Es ist wichtig festzuhalten, daß S1 nicht existential S3 sein könnte; in der Tat kann kein Paar dieser Trinität von S1, S2 und S3 existential identisch sein, obwohl sie existentiell verschiedene Rollen einnehmen können. Jedes von ihnen hat aber ein ganz spezifisches Wissen. In der Perspektive von S2 betrachtet ist das Objekt der philosophischen Untersuchung - Merleau-Pontys La Chair oder Heideggers Dasein - dennoch in gewissem Sinne sowohl S1 als auch S3 und noch mehr; es ist Menschsein in seiner umfassenden Mannigfaltigkeit eines komplementär verkörperten weltlichen Verstehens. Philosophie der Wahrnehmung ist Philosophie der La Chair oder des Daseins; es ist nicht nur die Phänomenologie von S1 oder die Wissenschaft von S3.

Bereits zu Beginn macht das Programm Voraussetzungen bezüglich des Realen; mit den Voraussetzungen des wissenschaftlichen Realismus wird unterstellt, daß alle wahrnehmbaren Objekte in ihrer Struktur euklidisch sind, nicht nur in ihrer physikalischen Struktur, sondern auch in jeder phänomenologischen Re-präsentation, die Wahrheit beansprucht.[9] Wenn die visuelle Struktur des phänomenologischen Objekts mit der physikalischen Struktur identisch ist, müßte, wie ich bereits dargelegt habe, das visuelle Objekt auf einem Hintergrund dargestellt werden, der die angemessen konstruierten Umweltstrukturen enthält. Nur so kann das visuelle Objekt als Bestandteil einer kulturellen Welt gesehen werden, als Teil unserer Welt, die in dieser historischen Zeit normativ und ausschließlich euklidisch ist. In der Laborwelt jedoch ist es gewöhnlich der Fall, daß die perzeptuellen Stimuli relativ zu der für bestimmtes euklidisches Sehen nötigen Umgebung verarmt sind. Das hat zur Folge, daß der Beobachter stattdessen unter den Einfluß primitiver hyperbolischer visueller Strukturen gerät, die der Psychologe als illusionär betrachtet. In der Praxis hat dann das Programm über das Repertoire wahrnehmbarer Objekte überhaupt und dessen pragmatischen Charakter zu wenig zu sagen. Das Programm interpretiert fälschlicherweise die Parallaxe, den Hinweis auf die Tiefenstruktur hyperbolischen Sehens, als die Tiefendimension euklidischen Sehens und betrachtet ebenso fälschlicherweise hyperbolisches Sehen als bloß einseitigen Zwischenzustand in der Konstituierung euklidischen Sehens.[10]

Das Programm basiert stattdessen auf dem zweidimensionalen Modell der Stimulation der Retina, indem es ein Arsenal zweidimensionaler Muster mit bekannten oder angeblich bekannten realistischen oder illusionären phänomenologischen Effekten gebraucht. Es wurde jedoch gezeigt, daß die phänomenologischen Effekte dieser retinalen Stimulation davon abhängen, was der perzeptuelle hermeneutische Zirkel des Hintergrundes, die Hintergrund-Antizipationen, dazu beiträgt.[11] Eine der daraus resultierenden Unbestimmtheiten ist die Art des visuellen Raumes, der den bestimmten retinalen Input ermöglicht. Wenn nicht Beobachter (S1) und Wissenschaftler (S3) denselben <u>perzeptuellen</u> hermeneutischen Zirkel teilen - und diese hermeneutischen Zirkel sind selten identisch -, dann können unkontrollierbare Irrtümer die Beschreibungen der intendierten perzeptuellen Objekte, für die eine neurophysiologische Kodierung gesucht ist, beeinflussen. Solche Konsequenzen, die aus der Existenz einer hermeneutischen oder pragmatischen Dimension visueller Wahrnehmung folgen, werden gewöhnlich in den psychobiologischen Wahrnehmungstheorien ignoriert oder übersehen.

<u>Phase 2:</u>[12] Das wissenschaftliche Programm ist eine wissenschaftliche Untersuchung des Prozesses des retinalen Inputs des Gehirns und des retino-kortikalen Systems von S1, durchgeführt von S3. Von Anfang an konzentriert sich das Programm auf die Retina, das heißt auf die physikalische Wechselbeziehung von Beobachter und der den Beobachter umgebenden Welt. Alle auf die Retina treffenden Informationen sind verkodiert in einem Mosaik von Rezeptoren, von denen jeder mehr oder weniger linear auf die Intensität optischer Energie antwortet, die innerhalb eines bestimmten Frequenzfeldes auf ihn auftrifft. Das Resultat ist ein zweidimensionales Bild auf der Oberfläche der Retina, genannt "grey-level image", das aus einem Mosaik kleiner Bereiche oder Blöcke mit unterschiedlichem Reizniveau zusammengesetzt ist. Das grey-level-Bild kann auf dem Papier durch ein zweidimensionales Diagramm dargestellt werden, das aus pixels mit bestimmter Größe besteht, wobei jedem von ihnen ein spezifisches meßbares Niveau von Reizung zugeschrieben ist. Tatsächlich wird eine Vielzahl solcher grey-level-Bilder mit verschieden großen pixels und mit unterschiedlichen elektromagnetischen Frequenzbereichen, auf die die Rezeptoren antworten, von der Retina konstruiert. Es gibt blaue, grüne und rote grey-level-Bilder; da uns die Mehrzahl der grey-level-Bilder nicht betrifft, werde ich der Kürze wegen von dem grey-level-Bild reden, als ob es nur eines gäbe.

Der Besitz eines grey-level-Bildes allein kann nicht für Wahrnehmung ausreichen, da dies nur ein physikalischer Zustand des neurologischen Systems ist. Mentale Zustände sind <u>via</u> das Identitätsprinzip in das computational program eingeführt: Jedem neurologischen Zustand, der für Wahrnehmung relevant ist, - angeführt als "Wörter", "symbolische Beschreibungen" oder "Repräsentationen" - entspricht ein mentaler

Akt, in diesem Fall ein Wahrnehmungsakt. Gewöhnlich ist dieser verstanden als ein Akt der Wahrnehmung, dessen Inhalt vollständig bestimmt wird durch die Darstellung, und der keinerlei Unabhängigkeit vom physikalischen Gehirnzustand besitzt. So gesehen ist der Inhalt immer ein Aspekt der physikalischen Welt das heißt, der Welt, wie sie durch die physikalischen und biologischen Wissenschaften beschrieben wird - ausgenommen der Fall, daß die Prozesse der Wahrnehmung mißlingen. Die Darstellungen sind neurophysiologische Zustände, die ich "neurophysiologische Signifikate" oder kurz "Signifikate" nenne. Die Aufgabe ist dann, diese Signifikate zu bestimmen; das Repertoire der Signifikate ist das neurophysiologische "Vokabular". Der Bereich des Bezeichneten wird als Feld der Wissenschaft angenommen. Hier ist festzuhalten, daß es eine der systematischen Ambiguitäten des Identitätsprinzips ist, nicht zwischen wahrgenommenem und bloß wahrnehmbaren Objekt zu unterscheiden, zwischen dem, was durch den Kontext gegeben ist, und dem, was, wenn überhaupt, unabhängig vom Kontext gegeben ist. Ebenso ist festzuhalten, daß das Identitätsprinzip mit der Analyse in meiner Untersuchung inkompatibel ist, weil es die hermeneutische Dimension der Wahrnehmung formal ausschließt. Dies ist der Fall, weil der hermeneutische Prozeß niemals vollständig abgeschlossen oder spezifiziert ist, und weil die Identifikation eines Signifikats (z.B. eines Vertreters für den Buchstaben A) unmittelbar und wesentlich davon abhängt, ob sie die angemessene Funktion innerhalb des Signifikat-Signifikand-Systems erfüllt (z.B. als das alphabetische A).

Das Repertoire der Signifikate ist dreifach bestimmt: 1. durch neurophysiologische Methoden, 2. durch psychologische Methoden und 3. durch Computer-Methoden; letztere versprechen, Verständnis zu erreichen, indem sie einen Computer-Roboter konstruieren, der in der Lage ist, grey-level-Bilder zu empfangen und darauf mit einem Verhalten zu antworten, das dem menschlichen gleicht. Der Roboter würde mit Hilfe des Computerprogramms (das dem angenommenen neurophysiologischen Programm entsprechen soll) seine grey-level-Bilder analysieren und die Objekte, die in ihm und durch es präsentiert werden, größtenteils korrekt identifizieren und dann durch angemessenes Verhalten Evidenz für dieses "Verstehen" schaffen.[13]

Um der folgenden Diskussion eine Richtung zu geben, möchte ich zunächst eine Zusammenfassung der Punkte geben, die ich anführen und verteidigen will: 1. eine Maschine (wie sie zum Beispiel von Banken zum automatischen Schecklesen benutzt wird) verkörpert das alphabetische Zeichensystem und kann einzelne Buchstaben durch besstimmte ausgewählte physikalische Merkmale (maschinengeschriebener Lettern) größtenteils korrekt identifizieren; sie hat aber nicht diese Verkörperung gebraucht, um das System von Buchstaben-Typen, die das Alphabet umfaßt, zu entwickeln (und wäre dazu auch nicht fähig). 2. S1 verkörpert das Alphabet und gebraucht es hermeneutisch (nachdem es mit Hilfe von S3 gelernt hat, ein Alphabet zu konstruieren, das ist, eine lesbare Technologie von Buchstaben-Zeichen), um ein System von Buchstaben-Typen des Alphabets zu artikulieren. 3. S1 verkörpert auch, wie schon gezeigt wurde, einen höheren Algorithmus, in dem das Alphabet ein Term ist. Diese Verkörperung impliziert die Möglichkeit einer höheren Wissenschaft, eine Wissenschaft symbolischer Systeme wie zum Beispiel des Alphabets; dies erlaubt S1 (nachdem es mit Hilfe von S3 gelernt hat, eine angemessene lesbare Technologie von Zeichen zu entwickeln), zusätzlich die höhere Verkörperung hermeneutisch zu benutzen, um ein artikuliertes Verständnis des höheren Systems zu entwickeln. 4. Der Prozeß der historischen Differenzierung des Wissens schreitet in dieser Weise fort und kann unbegrenzt zu immer höheren Stufen von Zeichensystemen und Algorithmen weitergehen. Jeder Schritt zu einer höheren Stufe klärt und vollendet, was schon in unvollkommener Weise auf der unteren Stufe gemacht wurde. 5. Was als Wissen zählt, ist dann historisch bestimmt durch die spezifischen Ziele, die für die schon artikulierten Systeme erreichbar sind, und die Herausforderungen dessen, was als Wissen zählt, wird die Forschung auf das nächst höhere Niveau der Untersuchung heben; diese werden auftreten zum Beispiel aus dem Bedürfnis, Buchstaben (und andere linguistische Zeichen) in weniger vertrauten Kontexten zu identifizieren. 6. Die Fähigkeit zu erkennen (z.B. Buchstaben), zu wissen, daß man erkennt (Buchstaben), zu wissen, daß man weiß, daß man erkennt und so weiter ins Unendliche - die wir sicherlich besitzen - impliziert nicht, daß wir diese Fähigkeit anders ausüben können als durch den progressiven, schrittweisen und historischen Erwerb von Wissen, wie oben beschrieben. Dieser Prozeß ist niemals abgeschlossen, und folglich werden wir zu keinem historischen Zeitpunkt jemals vollständige Klarheit darüber besitzen, was wir über die Welt wissen. 7. Der gerade beschriebene Prozeß ist existential hermeneutisch; d.h. die erwähnten Verkörperungen gehören, was Menschen betrifft, zu dem, was oben Vorhabe genannt wurde; das ist die vor-begriffliche Einheit von Subjekt und Objekt, von der der hermeneutische Zirkel ausgeht, und die im artikulierten Wissen von einem Objekt terminiert. 8. Was, in dieser Perspektive betrachtet, Menschen von Maschinen unterscheidet, ist nicht die Tatsache, daß beide Zeichensysteme und Algorithmen verkörpern, sondern daß Menschen mit ihrer Verkörperung eine hermeneutische Fähigkeit besitzen, über die Maschinen nicht verfügen; diese Fähigkeit macht menschliches Wissen - und die Konstruktion von Maschinen, die davon abhängt - zu einem historischen Prozeß.

Der Computer-Teil des Programms ist am weitesten entwickelt.[14] Dieser beansprucht, ein Computer-Modell menschlichen Sehens zu entwerfen und nachzukonstruieren, indem es Algorithmen der Merkmale und Objekt-Signifikate ausbildet, die den in grey-level-Bildern nachzuweisenden Grundmustern entsprechen. Ein Schlüsselbegriff der Analyse und Synthese von Objekt-Signifikaten ist "primal sketch" (Primärskizze):[15] dies ist die rein strukturelle Skizze, die Gruppen von elementaren Merkmal-Signifikaten zu einzelnen Elementen zusammenfaßt und zu strukturellen Einheiten gruppiert, die dann Objekt-Signifikate werden können. Vergleichbar damit ist die Eigenschaft von Strichzeichnungen und Cartoons, die für den Betrachter unmittelbar zu erkennen sind. Dieser Prozeß wird Segmentation genannt. Marr entwickelt das Computerprogramm, indem er die Regeln der Gruppierung und Vereinheitlichung der Merkmale des grey-level-Bildes zu Gestalten benutzt und zusätzlich andere Prinzipien des Helligkeitsgrades, Textur, Bewegung, Stereoskopie, Farbe usw. berücksichtigt, und führt damit größtenteils die Reduktion durch.

Gemäß Marr führt die primäre Skizze zu einer 2 1/2-dimensionalen Repräsentation - die 1/2-Dimension ist eine betrachterorientierte, nicht objektive, d.h., non-euklidische/non-cartesianische Tiefe; dies ist ein grobes Ausgangsmodell des visuellen Objekts, ein Zustand zwischen der Flachheit des grey-level-Bildes und der objektiven dreidimensionalen Welt, die angeblich das Ziel des Sehens ist.[16] Die 2 1/2-D-Skizze ist nicht euklidisch; tatsächlich zeigt sich, daß es ähnlich aussieht wie ein physikalisches Objekt, das im hyperbolischen Sehen, gemäß meiner Darstellung, erscheinen würde.[17] Marr hingegen interpretiert es als Zwischenzustand des Sehens, nicht objektiv (im wissenschaftlichen Sinne) und defizient, weil es das physikalische Objekt nicht widerspiegelt. Er scheint zu unterstellen, daß der Übergang von der 2 1/2-D-Skizze zu einer objektiven Repräsentation "natürlich" ist, das heißt, nicht von der kulturellen Transformation der Umwelt als einer Vorbedingung abhängig. Es ist allerdings wahrscheinlich, daß Marr diese Frage einfach nicht genügend bedacht hat.

Aus später anzugebenden Gründen möchte ich argumentieren, daß Marrs 2 1/2-dimensionale Skizze nicht ein defizienter Zwischenzustand des Sehens ist, vielmehr ist es selbst eine primitive pragmatische Form menschlichen Sehens, die unabhängig von der objektiven euklidischen Weise des Sehens ihren eigenen "Text" und ihr Grundprinzip hat. Gemäß der Darstellung des visuellen Raumes, die ich in meinem Buch entwickelt habe, ist die euklidische Weise des Sehens in der modernen westlichen Kultur sicher nicht seit mehr als sechshundert Jahren verwurzelt.

Phase 3: Der Sehakt ist ein Prozeß, in dem S1 die wahrnehmbaren Objekte, von denen die retinalen (und andere) Eingaben kamen, sieht oder sehen kann; dieser Prozeß kann in drei Weisen untersucht werden: 1. aus der Sicht von S1 in der ersten Person - dies wäre die phänomenologische Untersuchung, oder 2. aus der Sicht von S3 in der dritten Person - dies wäre die wissenschaftliche Untersuchung, oder schließlich 3. von einem philosophischen Standpunkt aus, hier der hermeneutischen

Phänomenologie - dies wäre eine philosophische Darstellung, die über die Phänomenologie hinausgeht zu einer verdeckten Abhängigkeit von textähnlichen Strukturen in der Welt, im Gehirn und im retino-kortikalen System, und über die wissenschaftliche Darstellung hinausgeht zu deren Interpretation im Phänomen der Wahrnehmung.

Der Schlußteil des Programms beansprucht, Sehen im Sinne der Objekterkenntnis darzustellen: Gemäß dem computational program gibt es ein Repertoire gespeicherter Objekt-Signifikate, ein "Vokabular" gespeicherter "struktureller Beschreibungen" im Gehirn. Was für ein Ding ist ein gespeichertes Objekt-Signifikat? Ist es eine Zelle, die, wenn sie aktiviert ist, die Präsenz des bezeichneten Objekts anzeigt (die Autoren sprechen von einer - apokryphischen - 'grandmother cell'[18])? Oder sind diese Objekt-Signifikate Rythmen der Zellaktivität, gleich musikalischen Themen, oder räumliche Muster der Netzwerkaktivität, gleich Wörtern in einem schriftlichen Text? Wir wissen nicht viel darüber in unserem gegenwärtigen Wissensstand.

Wie wird Objekterkenntnis erreicht? Erkenntnis, sagt Frisby, wird "wahrscheinlich erreicht, indem Übereinstimmung zwischen den strukturellen Merkmalen des grey-level-Bildes und den gespeicherten strukturellen Beschreibungen des Objekts gefunden wird".[19] Ich möchte das Problem, wie ein Repertoire solcher struktueller Beschreibungen im Empfänger entstehen kann, unberücksichtigt lassen und mich auf die Frage konzentrieren, wie wir seinen Gebrauch zu verstehen haben. Die Frage hat zwei Ebenen: 1. Wie kann das Signifikat als 'parole'[20], 'gesprochen' durch die Welt, identifiziert werden? und 2. Wie kann die 'parole' ihre Bedeutung erwerben?

1. Die erste Vermutung ist - und dies wurde schon zurückgewiesen -, daß das Signifikat als 'parole', 'gesprochen' durch die Welt, identifiziert werden kann aus Gründen gewisser physikalischer Merkmale, wie zum Beispiel der räumlichen Struktur, die es besitzt. Frisby etwa schlägt vor, daß eine Struktur des grey-level-Bildes mit der eines gespeicherten "Vokabulars" von Signifikaten übereinstimmt. Keine Übereinstimmung von Umrissen oder anderen physikalischen Eigenschaften jedoch ist eine ausreichende Rechtfertigung dafür, eine einzelne Eingabe als Zeichen eines bestimmten Typus zu akzeptieren, tatsächlich ist dies auch nicht notwendig. Eine Kontrolle höherer Ordnung muß, wie Frisby bemerkt, zur Betimmung von S1 hinzukommen.[21] Eine 'parole' kann dann nicht an-sich identifiziert werden außer durch die Vor-erkenntnis, daß ein System von Signifikationen gebraucht wird; nur unter solchen Bedingungen kann ein einzelner Signifikat-Kandidat - ob korrekt oder inkorrekt - wirklich als Signifikat identifiziert werden. Ein derart begrifflich angeleitetes Verfahren deckt die Notwendigkeit einer hermeneutischen Fähigkeit seitens des Empfängers auf, die für die Durchführung des Wahrnehmungsaktes unverzichtbar ist. Diese hermeneutische Dimension ist sicher keine physikalische oder biologische Eigenschaft.

Die Terme eines Algorithmus oder eines symbolischen Systems stehen für Typen;
diese sind Begriffe oder Bedeutungen, die, obwohl sie selbst nicht physikalisch sind,
erlauben, daß einige individuelle physikalische Entitäten als Zeichen solcher Typen
klassifiziert werden können. Insoweit Algorithmen unter den Aktivitäten im
neurophysiologischen Netzwerk (von S1) entdeckt werden, sind Bedeutungen im Spiel:
S3 kennt diese Bedeutungen, weil sie ihn befähigen, 'Texte' oder 'paroles', die in den
Termen des Algorithmus ausgedrückt sind, zu lesen. Für S3 aber ist das 'Lesen' schon
mit perzeptuellen Bedeutungen, die der Algorithmus für S1 hat, ausgefüllt, da die
Untersuchung von den wissenschaftlichen Bedingungen dafür, daß S1 solche Bedeutungen besitzt, handelt. Mit anderen Worten, die postulierten neurophysiologischen
Algorithmen, die S3 durch den wissenschaftlichen Teil der Untersuchung zu
entdecken hofft, sind genau diejenigen, die die perzeptuelle Bedeutung haben, die S1
ihnen zuspricht. Sobald die Algorithmen entdeckt sind, sind sie angefüllt mit
perzeptuellen Bedeutungen. Durch die ganze Untersuchung hindurch muß dann ein
gemeinsames Set von Hintergrund-Antizipationen vorhanden sein, das S1 und S3
teilen; dies konstituiert die Präsenz des gemeinsamen perzeptuellen hermeneutischen Zirkels, an dem S1 und S3 teilhaben.

Diese Voraussetzung wird in der Praxis experimenteller Forschung oft vernachlässigt.   Die Strafe für diese Vernachlässigung ist das mögliche Eindringen einer
unkontrollierbaren Art von Fehlern in die Ergebnisse.

Maschinelles Sehen

Wie lautet nun letzlich die Beurteilung des computational program? Und was ist mit
seinem Anspruch - oder Versprechen -, maschinelles Sehen zu entwicklen, das heißt,
eine computer-kontrollierte Maschine zu befähigen, von grey-level-Bildern ihrer
Umgebung Information über die Objekte ihrer Umgebung zu gewinnen?

Die Möglichkeiten und Grenzen dieser Sehmaschine folgen aus der oben gegebenen
Darstellung. Menschen wie Maschinen verarbeiten physikalische Verkörperungen
(oder Implementationen) von algorithmischen Termen; aber Menschen können, im
Gegensatz zu Maschinen, die symbolischen oder algorithmischen Systeme, die sie
verkörpern, in natürlicher Sprache artikulieren. Für Menschen haben alle Algorith-
men ihren Ursprung und Ausgang in der menschlichen Lebenswelt. Im Gegensatz zu
Maschinen können erkennende Menschen historisch sogar immer höhere symbolische
Systeme verkörpern, wobei jede Stufe die Unbestimmtheiten der unteren Stufe
klarer macht. Obwohl kein Set von Regeln jemals aufgestellt werden kann, das für
Menschen und Maschinen in idealer Weise den Hiatus zwischen Eingabesignal und
symbolischem System überbrückt, haben Menschen, nicht aber Maschinen, die
Fähigkeit, sich schrittweise in den Möglichkeiten der Erkenntnis gemäß irgendeinem

gegebenen Set von Interessen zu verbessern, indem sie zu einer jeweils höheren Stufe der Analyse hinaufsteigen.

Menschen benutzen die Prozesse des hermeneutischen Zirkels, um die Terme des symbolischen Systems, die sie in ihren vorbegrifflichen Strukturen verkörpern (oder implementieren), begrifflich und linguistisch zu artikulieren; dann, wenn ein symbolisches System artikuliert ist, können Menschen eine Maschine entwerfen, um das symbolische System zu verkörpern. Obwohl Maschinen im Prinzip dazu programmiert werden können, symbolische Systeme und Algorithmen jeder beliebigen Stufe zu verkörpern, können sie nicht wie Menschen die Prozesse vollziehen, die nötig sind, um in einer natürlichen Sprache, die ihnen selbst angemessen ist, das symbolische System auszudrücken, das sie an sich in ihren Strukturen verkörpern. Menschen können Begriffe formulieren, Maschinen nicht.

Die Quelle für symbolische Systeme und Algorithmen, mit denen Maschinen programmiert werden können, ist die natürliche Sprache; die natürliche Sprache spricht die Welt für die Menschen aus, und zwar historisch, pragmatisch und wertbezogen. Die Algorithmen, nach denen Maschinen programmiert sind, dienen primär den menschlichen Interessen und Absichten, gemäß denen sich die Welt konstituiert. Obwohl Maschinen so konstruiert werden können, daß sie jeden Algorithmus übernehmen, den Menschen besitzen, verstehen und begrifflich artikulieren, können sie sich nicht selbst genügen, sie haben keine Geschichte unabhängig von Menschen und können keine Werte jenseits der menschlichen Welt erfüllen.

Mehr noch, der Hiatus zwischen Eingabe und Algorithmus kann von den Maschinen nur dann überbrückt werden, wenn spezifische Regeln, etwa die Übereinstimmung gemäß physikalischen Merkmalen, angemessene Mittel für die Identifikation von Termen bereitstellen. Aber angemessen für was oder wen? Die gefragte Angemessenheit bedeutet Zulänglichkeit für menschliche Zwecke. Diese Zwecke sind sowohl menschlich als auch spezifisch, bestimmt nach Ort, Zeit und menschlicher Situation. Die Maschine wird dann nie mehr sein als eine Vermittlung bestimmter menschlicher Zwecke; sie wird nie ein selbstbestimmtes Leben für sich im menschlichen Sinne führen.

*Diese Arbeit wurde unterstützt durch NSF Grant No. SES-8204465. Ich danke Deborah Chaffin und Georg Zenkert für die Übersetzung dieses Artikels.

Anmerkungen

1. Siehe Marr, D., Vision (San Francisco: Freeman, 1982); Frisby, J., Seeing (Oxford and New York: Oxford University Press 1980); und Pylyshyn, Z. W., "Computation and Cognition: Issues in the Foundation of Cognitive Science", Behavioral and Brain

Sciences, 3 (1980), pp. 111-169. Marrs Programm wird gegenwärtig weitergeführt am Artificial Intelligence Laboratory of MIT durch T. Poggio, J. R. Ullman und andere.

2. Eine erschöpfende, methodologisch und philosophisch explizite Darstellung der zeitgenössischen psychoneurologischen Forschung ist zu finden in Uttal, W. The Psychobiology of Mind (Hillsdale, New Jersey: Erlbaum 1978), bes. S. 681-695; zum Beispiel, "modern psychology, most of its students agree, is mechanistic, realistic, monistic, reductionistic, empiristic, and methodologically behavioristic" (S. 687), und Frisby (1980), S. 157-158.

3. Siehe Marr (1980), S. 3, 99, 105, 354-355; an anderen Stellen, z.B. S. 31, meint Marr, daß visuelle Repräsentation "useful" und nicht "full of irrelevant information" sein muß, was ein mehr pragmatisches Ziel für Sehen unterstellt, das mit den Prinzipien des wissenschaftlichen Realismus leicht kollidieren könnte.

4. Das Identitätsprinzip, auf das ich mich beziehe, wurde formuliert von H. Feigl in "The 'mental' and the 'physical' " (Feigl, H. et al. (eds.) Minnisota Studies in the Philosophy of Science, Vol. II. Minneapolis: The University of Minnesota Press 1958. S. 370-497), und bestätigt durch die neuere Psychobiologie, z.B. Uttal (1978), S. 60-62. Die behauptete Identität beruht auf "denotativer Äquivalenz". Sie besteht im Wesentlichen darin, die Existenz all dessen zu verleugnen, was nicht vollständig durch physikalische oder biologische Wissenschaften beschrieben werden kann, wie z.B. 'mind' oder mentale Prozesse. Mentale Repräsentation und Prozesse sind in dieser Perspektive nichts anderes als neurophysiologische Zustände, z.B. Gehirnzustände, die mit realen Weltzuständen korrespondieren. Marr scheint an dieser Meinung festzuhalten: Für ihn ist eine mentale Repräsentation ein rein neurophysiologischer Zustand, nur Zustände dieser Art sind für den Wissenschaftler zugänglich, solche Zustände sind computerähnliche (informationstheoretische) Repräsentationen, Sehen ist ein Computerprozeß etc.; kurz, er ist der Meinung, wenn ein Wissenschaftler (S3) jemandes (S2) Wahrnehmungsakt verstehen will, ist es ausreichend, daß er den Computerprozeß versteht, den der Informationsprozeß impliziert, und die neurophysiologische hardware, mit deren Hilfe diese Prozesse durchgeführt werden, und alles andere ist nicht relevant. Ich werde hier argumentieren, daß Marr berücksichtigen sollte, daß die Computerprozesse, die S1 ausführt, im wesentlichen sich von den Computerprozessen der Maschine unterscheiden. Die reduktionistische Illusion beruht auf zwei falschen Voraussetzungen: daß nur S3 realistisches Wissen hat (wissenschaftlicher Realismus), und daß S3 über ein Wissen verfügen kann, das nicht das Wissen von S1 voraussetzt.

5. Siehe Marr (1982), S. 331, und Frisby (1980), S. 156-158.

6. Zu den wichtigen philosophischen Werken, die diese Fragen untersuchen, gehört

Hubert Dreyfus' What Computers Can't Do (New York: Harper and Row 1972, 2nd ed. 1979), das die gegenwärtige Orthodoxie kritisch betrachtet, und Fred. I. Dretskes Knowledge and the Flow of Information, Cambridge, Mass.: MIT Press 1981), das sie verteidigt. Ich finde Dreyfus' Ansatz überzeugend, und meine Arbeit verdankt ihm vieles. Vergleiche auch die Bibliographien in diesen beiden Büchern.

7. Merleau-Ponty, M., The Visible and the Invisible (Evanston, III.: Northwestern University Press 1968), Kap. 4, und Heidegger, M. Sein und Zeit (Tübingen: Max Niemeyer Verlag 1927).

8. Berkeley and Los Angeles: University of California Press 1983. Im folgenden angeführt als SPPS. Siehe auch Heelan, P., "Natural science as a hermeneutic of instrumentation", Philosophy of Science, 50 (1983), S. 181-204, und "Perception as a hermeneutical act", Review of Metaphysics, September 1983.

9. Siehe Marr (1982), S. 112.

10. Vergleiche die Diskussion von Marrs 2 1/2 D- Skizze unten.

11. Siehe Ihde, D., Technics and Praxis (Dordrecht and Boston: Reidel 1979), und SPPS.

12. Das Material im Text bezieht sich auf die Darstellung von Marr, Frisby und Uttal in den oben zitierten Werken.

13. Siehe Frisby (1980), S. 156-158, und Marr (1982), S. 329-332.

14. Siehe Frisby (1980), S. 89-105 und 123-140, und Marr (1980), S. 329-332.

15. Siehe Marr (1982), S. 37, 42, 52 und 330, und Frisby (1980), S. 112-113.

16. Marr (1982), S. 277-289.

17. SPPS, Part I.

18. Siehe Marr (1982), S. 15, und Frisby (1980), S. 121.

19. Siehe Frisby (1980), S. 157.

20. Die Unterscheidung zwischen parole - dem gesprochenen Wort - und langue - dem geschriebenen Wort - stammt von den Linguisten der Saussure-Schule und wurde von den Struktualisten übernommen. Siehe z.B. Sturrock, J., Structuralism and Science: From Levi-Strauss to Derrida (Oxford and New York: Oxford University Press 1979), S. 8. Zum Begriff text, im Unterschied zu parole und langue, vergleiche Ricoeur, P., Hermeneutics and the Human Sciences (Cambridge and New York: Cambridge University Press 1982), "What is a text: explanation and understanding," S. 145-164. Zu Vorhabe vergleiche Heidegger, Sein und Zeit, S. 150.

21. Siehe Frisby (1980), S. 117.

III. Ethik und Politik

Philosophische Betrachtungen zur mikroelektronischen Revolution

Albert Borgmann
University of Montana, Missoula

Die mikroelektronische Revolution ist von epochaler Bedeutung. So scheint es jedenfalls in den Massenmedien und in den Untersuchungen und Voraussagen der Wissenschaft. Die bisher unlösbaren Probleme der Menschheit sollen überwunden und die menschliche Lebensweise von Grund auf umgewandelt werden.[1] Wie urteilt die Philosophie über diesen letzten Abschnitt der modernen Technik? Es überrascht vielleicht, wenn ich behaupte, daß die Philosophie in der Begegnung mit der modernen Technik eher die Rolle des Angeklagten als die des Richters spielt. In den Vereinigten Staaten jedenfalls hat die vorherrschende Strömung in der Philosophie so gut wie nichts über die Technik zu sagen.[2] Das ist natürlich nicht die Folge eines einfachen Versehens. Es hängt vielmehr mit der eigentümlichen Weise zusammen, in der die Technik sowohl offensichtlich wie auch verborgen ist; und es hängt weiterhin zusammen mit der Annahme der gängigen Philosophie, daß die Technik ein abgeleitetes Phänomen sei und sich von selbst erkläre, sobald die fundamentalen philosophischen Probleme bereinigt seien. Diese Annahme steht selber, so scheint es mir, unter der Herrschaft der Technik. Aber diesen Vermutungen kann ich hier nicht nachgehen. Stattdessen nehme ich für die vorliegenden Betrachtungen folgendes an: Die mikroelektronische Revolution hat tiefe Unruhe gestiftet und enorme Aufmerksamkeit auf sich gelenkt, während die Philosophie im öffentlichen und nationalen Gespräch der Vereinigten Staaten kaum zu hören ist. Das kann vielleicht als Anstoß dazu genügen, die mikroelektronische Revolution eigens zu bedenken.

Wenn man sich diesem Problem zuwendet, bietet sich als nächster Ausgangspunkt der gegenwärtige Elektronenrechner oder Computer an. Durch ihn hat die mikroelektronische Revolution ihre mächtigste Erscheinung gefunden. Aber was ist philosophisch über den Computer zu sagen? Es gibt wohl viel Lehrreiches zu berichten, wenn wir die verschiedenen Strömungen philosophisch untersuchen, die sich im heutigen Computer vereinigt haben. Aber ich glaube nicht, daß sie uns zum Schwerpunkt der Gegenwart oder Zukunft führen. Und so würden wir nicht der weit und laut verbreiteten Behauptung gerecht, daß die mikroelektronische Revolution schicksalhafte Bedeutung habe. Wie anders ist diese Behauptung zu beurteilen?

Zwei Vorschläge, die den revolutionären Charakter der Mikroelektronik bejahen, sind gemacht worden. Der eine sieht im Computer die effektive und einsichtige Lösung der traditionell verworrenen und unlösbaren Probleme von Intelligenz, Freiheit und

Kreativität. Der Computer, so heißt es oft, verkörpere diese Phänomene in klarer, wenn auch begrenzter Weise. Diese Einsicht würde uns einen neuen Abschnitt menschlicher und übermenschlicher Entwicklung und Macht eröffnen. Es ist aber wohl eine schlichte Tatsache, daß diese Behauptungen bisher jedenfalls den Streit um das Wesen des Menschen nicht zuende gebracht, sondern nur weiter entfacht haben.

Ein zweiter Vorschlag geht darauf hinaus, im Computer das Symbol oder den greifbaren Mittelpunkt der nachindustriellen Epoche zu sehen. In diesem Sinn sagt Daniel Bell: "Technische Revolutionen, selbst wenn sie geistige Fundamente haben, erhalten symbolische, wenn nicht sogar verkörperte, Gestalt in einem greifbaren 'Ding', und in der nachindustriellen Gesellschaft ist dieses 'Ding' der Computer."[3] Man fühlt sich vielleicht an Heideggers dingende Dinge erinnert oder an eine Kathedrale als mittelalterliches Gegenstück zum heutigen Computer. Es mag sein, daß eine solche Auslegung zuviel in Bells Bemerkung hineinliest. Der Gedanke ist aber an sich bedenkenswert. Wie steht es mit der symbolischen und zentrierenden Kraft des Computers?

Ich glaube, daß gerade der Blick auf Heideggers Ding und die Kathedrale zeigt, wie beschränkt und lediglich symptomatisch die Bedeutung des Computers ist. Er ist zu abstrakt und unzugänglich in seiner formalen und materiellen Konstruktion und entweder zu neutral oder zu variabel in seinen Verbindungen mit der alltäglichen Praxis, um als klärender und orientierender Mittelpunkt der modernen Welt gelten zu können.

Wir müssen uns also erneut die Frage nach der philosophischen Bedeutung der mikroelektronischen Technik stellen. Dabei können wir den vorausgegangenen Betrachtungen zwei Hinweise entnehmen. Erstens müssen wir Klarheit suchen in Bezug auf die Behauptung, daß die mikroelektronische Revolution von epochaler Bedeutung sei. Zweitens kann diese Klärung nicht bei einem spektakulären und zentralen mikroelektronischen Phänomen ansetzen, weil es ein solches im strengen und entscheidenden Sinne nicht gibt. Vielmehr muß sich die philosophische Frage nach der Mikroelektronik mit der Weise befassen, in der diese Form der modernen Technik in das unscheinbare Gewebe der Alltagswelt eingegangen ist. Betrachten wir also zum Beispiel einen mikroelektronischen Gegenstand, der jetzt häufig und unauffällig gebraucht wird, nämlich eine digitale Uhr. Wir können ihre Eigenart durch einen Vergleich mit ihrer sprungfeder-betriebenen Vorgängerin hervorheben. Die letztere Art von Uhr wurde erstmals im frühen 16. Jahrhundert gebaut. So war sie Männern wie Bacon und Descartes durchaus vertraut. Im späten 17. Jahrhundert lieferte Newton die wissenschaftliche Kenntnis, die eine genaue und allgemeine Erklärung ihres Funktionierens ermöglichte. In den folgenden drei Jahrhunderten hat es viele Verbesserungen in der Konstruktion mechanischer Uhren gegeben; aber sie alle wären einem Bacon, Descartes oder Newton unmittelbar verständlich. Was aber würden sie zu einer digitalen Uhr sagen? Selbst wenn wir ihnen hunderte von Uhren zur Zerlegung und Untersuchung gäben, wäre ihnen die Funktionsweise dieser Uhren unbegreiflich. Um eine digitale Uhr auf ihren Funktionsebenen zu verstehen so, wie sie die mechanische Uhr in ihren Funktionen verstanden, müßten sie die wissenschaftlichen Revolutionen von 300 Jahren nachholen oder fortgeschrittene Studien in der heutigen Logik, Mathematik, Physik, Chemie und den Ingenieurwissenschaften durchmachen. Was die Struktur und Arbeitsweise - ich nenne es die Maschinerie - einer digitalen Uhr betrifft, ist es sicher keine Übertreibung, von einer revolutionären Kluft zu sprechen, die die digitale von der federgetriebenen Uhr trennt.

Aber in einer anderen Hinsicht ist die digitale Uhr keineswegs revolutionär. Das wird uns klar, wenn wir fragen, wie schwierig es wäre, jemanden wie Newton darüber zu belehren, nicht wie man eine digitale Uhre begreift, sondern wie man sie gebraucht. Offensichtlich wäre letzteres in wenigen Minuten zu erreichen.[5] Es ist sogar leichter als jemanden mit den Zeigern und dem Ziffernblatt einer herkömmlichen Uhr vertraut zu machen. Was uns also die digitale Uhr verfügbar macht, nämlich Zeitansage, ist im wesentlichen bekannt und jedenfalls zugänglich. Natürlich ist die Zeitanzeige weitaus bequemer verfügbar, d.h. in digitaler Darstellung, mit größerer Genauigkeit, mehr Auswahl, größerer Vollständigkeit, mit geringerer Masse und ohne daß man sie aufziehen muß oder auf Schaltjahre zu achten hat. So zeigt es sich, daß bei einem technischen Gerät wie einer digitalen Uhr scharf zwischen der Maschinerie und dem verfügbaren Gut zu unterscheiden ist. Während die Maschinerie typischerweise revolutionären Änderungen unterliegt, durch die sie immer mehr dem Verständnis des Laien entzogen wird, entwickelt sich das durch die Maschinerie verfügbare Gut im allgemeinen gleichmäßig und erfordert immer weniger von der Fertigkeit und Aufmerksamkeit des Benutzers. Diese Tendenz ist ganz allgemein und zeigt sich an all den technischen Gegenständen, die uns umgeben.

Man braucht eine gewisse Übung um zu erkennen, wie durchgängig und progressiv die Gestalt des technischen Gerätes sich der modernen Welt aufgeprägt hat. Die Nahrung, die Nachrichten, die Musik, die wir konsumieren, all das steht uns angenehm und ohne Anstrengung zur Verfügung; und so steht es auch mit weniger greifbaren Gütern wie Gesundheit, Sicherheit, Sex und Annehmlichkeiten aller Art. Und gerade wenn solche Behauptungen uns zögern lassen und uns an einsame, frustrierende und schmerzliche Augenblicke erinnern, gerade dann sollten wir bedenken, daß man dabei ist, technische Maschinerien zu entwerfen und herzustellen, die uns vollständige Gesundheit, zuverlässige Sicherheit und immerzu angenehmen Sex besorgen sollen. Diese Unternehmungen genießen die Unterstützung und die unangefochtene, wenn vielleicht auch unsichere Zustimmung unserer Gesellschaft.

Aber all diese angenehm verfügbaren Güter werden von immer komplexeren und verborgeneren Maschinerien beigestellt, die sich gerade wegen ihrer Komplexität und Absonderung immer weiter von unserer Kompetenz entfernen. Während wir tiefer und tiefer in das Schlaraffenland des Konsums vorrücken, lassen wir uns immer mehr von der tüchtigen und verständigen Bürgerschaft in der technischen Gesellschaft entmündigen.

Natürlich zahlen wir unsern Beitrag als Mitglieder der Technik durch unsere Arbeit. In unserer Arbeit sind wir zu einem gewissen Ausmaß mit der Maschinerie der Technik verbunden. Denn die Trennung von Maschinerie und Konsumgut innerhalb des technischen Gerätes hat sich unserm Leben als die Trennung von Arbeit und Freizeit aufgeprägt. Normalerweise widmen wir uns der Herstellung und Wartung der technischen Maschinerie in unserer Arbeit und benutzen unsere Freizeit zum Konsum. Angesichts der Schärfe dieser Trennung von Arbeit und Freizeit ist es wohl möglich, daß die Entwicklungen der Mikroelektronik sehr ungleiche Folgen in diesen beiden Gebieten haben. Aufgrund unserer bisherigen Betrachtungen scheint es, daß die Auswirkungen auf Freizeit und Konsum gering sind. Niemand hat eine bedeutende Änderung in seinem Leben erfahren, als er seine federbetriebene Uhr gegen eine digitale austauschte oder sich einen programmierbaren Mikrowellenofen kaufte. Aber könnte es nicht sein, daß diese Änderungen, die unerheblich erscheinen, wenn man sie vereinzelt betrachtet, doch insgesamt eine tiefe Wirkung verursachen und daß es die letztere ist, an die die Propheten der mikroelektronischen Revolution denken? In diesem Sinn wird oft ein freieres, reicheres, tieferes und interessanteres Leben vorausgesagt.[6] Auf Seiten der Arbeit sieht man die künftige Befreiung von "Arbeit, die gefährlich, schmutzig oder eintönig ist".[7]

Wie sollen wir diese Prophezeiungen beurteilen? Zunächst müssen wir uns darüber klar sein, daß sie durchaus nicht revolutionär sind, sondern eine Herkunft von 350 Jahren haben. Sie wurden erstmals als die praktische Version der Aufklärung von Bacon und Descartes formuliert und versprachen eine Zukunft von Reichtum und Freiheit auf der Grundlage der neuen Naturwissenschaft.[8] Diese Verkündungen konstituieren die Verheißung der Technik, deren Verwirklichung in der Industriellen Revolution begann und die seither den Fortschritt der Technik als die offizielle Rhetorik und als belebende Kraft begleitet hat.[9]

Wenn wir jetzt das Ergebnis von zwei Jahrhunderten darüber haben, wie es mit der Erfüllung des Versprechens der Technik bestellt ist, müssen wir uns wohl fragen, welches Urteil die Tatsachen zulassen. Die Antwort hängt davon ab, ob man den Mittelpunkt oder die Randgebiete der Technik betrachtet und ob man die Arbeitswelt oder die Freizeit untersucht. In den technisch fortgeschrittenen Gesellschaften war die Bewältigung von Hunger, Krankheit und Analphabetentum unbestreitbar erfolgreich, und geradeso offensichtlich hat es eine solche Bewältigung in den Entwicklungsländern nicht gegeben. Was die Qualität von Arbeitsweise und Freizeit in den technischen Gesellschaften betrifft, so hat sich die Verheißung der Technik sicher nicht erfüllt. Zwar ist technische Arbeit relativ gefahrlos und angenehm in ihren äußeren Umständen und sehr lukrativ. Aber normalerweise hat sie doch sehr an innerem Wert verloren, an Selbständigkeit, Verantwortlichkeit und Können.[10] Die typische Qualität der Freizeit scheint ebenfalls niedrig zu sein, solange wir bereit sind, überhaupt irgendwelche Maßstäbe anzulegen. Unsere Vermutungen und Befürchtungen, daß der größte Teil der freien Zeit aufs Fernsehen verwandt wird und nur wenig Zeit auf solche Dinge wie aktiven Sport, das Theater, Museen, Musizieren, Briefschreiben oder das Lesen von Büchern werden von den Ergebnissen der Sozialwissenschaften bestätigt, wenigstens in den Vereinigten Staaten. Einer Studie zufolge ist die gesamte Zeit, die den letzteren Beschäftigungen gewidmet wird, im Durchschnitt nur ein Fünftel der Zeit, die vor dem Fernseher verbracht wird.[11]

Aber angeblich wird die mikroelektronische Revolution uns endlich Zugang zu einer Welt verschaffen, wo es überall reichlich Nahrung gibt, wo Krankheiten überwunden und Bildung gesichert sind, wo die Leute ihre Zeit mit befriedigender Arbeit und erhebender Muße verbringen. Wie wahrscheinlich ist das alles? Die Ansicht, daß steigender Wohlstand in den industriellen Ländern der Dritten Welt Hilfe bringen wird, beruht auf der Annahme, daß der gegenwärtige Mangel an Hilfe für die hungernden Völker auf unsern gegenwärtig ungenügenden Reichtum zurückzuführen ist. Aber das ist bestenfalls zweifelhaft. 1952 war der Lebensstandard in den Vereinigten Staaten unvergleichlich höher als der in den Entwicklungsländern. Bis 1972 hatte sich das reale durchschnittliche Familieneinkommen mehr als verdoppelt.[12] Während derselben Zeit hat sich die Auslandshilfe als Anteil des nationalen Haushalts um mehr als 80 Prozent verringert und schwebt jetzt zwischen einem und zwei Prozent.[13] Wirkungsvolle Auslandshilfe ist schwer zu erreichen. Aber es ist klar, daß unsere Bemühungen, sie zu verwirklichen, nicht im Verhältnis zu unserm steigenden Reichtum gewachsen sind. Es kann natürlich sein, daß die Technik durch ihre eigene Dynamik die ganze Erde bedecken und so Hunger und Krankheit verdrängen wird. Aber das geschähe langsam und auf den Gräbern von Millionen, die dahingesiecht und verhungert sind.

Ich habe schon angedeutet, daß der Wohlstand, den wir uns vorbehalten haben, wenig zur typischen Qualität von Arbeit und Freizeit beigetragen hat. Wird die mikroelektronische Revolution uns endlich Zugang zum gelobten Land verschaffen? Um eine Antwort auf Seiten der Arbeit zu erhalten, müssen wir uns zunächst fragen, warum die normale Arbeit durch die Technik so sehr an innerem Wert verloren hat. Der

Hauptgrund, so meine ich, lag in dem Bestreben der technischen Gesellschaften, eine mächtige und zuverlässige produktive Maschinerie zu errichten. Maschinen sind natürlich hervorragend produktiv und unermüdlich. Die Erfindung und Verbesserung von Maschinen und industriellen Prozessen sind seit dem Anfang der Industriellen Revolution das vorrangige Mittel von Produktivitätssteigerungen. Aber im allgemeinen war es bisher unmöglich, Maschinen zu bauen, die von alleine liefen. Menschen waren nötig zum Auswählen, Beschicken, Zusammenbauen und Steuern. Aber wie Marx schon sah, war die Logik der Maschine erstrangig, und die menschliche Arbeit wurde nach den Anforderungen der Maschine zerteilt und beschleunigt.[14] Die menschliche Komponente der produktiven Maschinerie ist jedoch unvermeidlich mangelhaft. Sie kann mit einem Roboter nicht wetthalten. "Nicht nur kann der Roboter", so lesen wir in _Time_, "täglich drei Schichten arbeiten; er macht auch keine Kaffeepausen, meldet sich montags nicht krank, wird nicht gelangweilt, macht keine Ferien, hat kein Anrecht auf Pension - und läßt keine Coca-Cola-Büchsen in den Produkten herumscheppern, die er mitzusammengebaut hat."[15] So kommt durch die mikroelektronische Revolution die innere Entwertung der Arbeit in der Ausschaltung der Arbeit zu ihrem Abschluß. Die Ausschaltung von "gefährlicher, schmutziger oder eintöniger" Arbeit ist nur ein Teil der umfassenderen Erscheinung, die zum Verlust von immer mehr Facharbeit führt.[16] Wieviel Arbeit wird verloren gehen? Manche schätzen, daß bis zu 75 Prozent der Fabrikarbeiter verdrängt werden.[17] Kurz gesagt ist also die wahrscheinlichste und bedeutendste Folge der mikroelektronischen Revolution in der Arbeitswelt, bedenkt man die Geschichte und Logik der Technik, nicht die Verbesserung der Arbeit, sondern Arbeitslosigkeit.

Da aber die Automatisierung im Namen von Produktionssteigerung unternommen wird, mag sie doch immerhin den Lebensstandard erhöhen; und obgleich es viel weniger Arbeit geben mag, könnte es doch auch viel mehr Wohlstand geben, mit dem man die wachsende Freizeit anfüllen könnte. Der Bereich der Freizeit und des Konsums enthüllt sich als letzte Instanz,vor der sich die mikroelektronische Revolution schließlich rechtfertigen muß; und auch hier ist die Revolution durchaus traditionell, denn Freizeit und Konsum waren schon immer der oberste Gerichtshof der Technik. Aber vielleicht ist der mikroelektronische Fall doch einmalig, weil seine Produkte angeblich von Grund auf neuartig sind. Das wird eindeutig im ersten Abschnitt des _Newsweek_-Artikels über Mikroelektronik angenommen. Dort heißt es:

> Eine Revolution ist im Gang. Die meisten Amerikaner sind schon
> wohlbekannt mit dem Feuerwerk und den Raffinessen, die in
> rapide sich beschleunigenden Stößen aus den hochtechnischen
> Laboratorien in aller Welt hervorbrechen. Aber die meisten von
> uns erkennen nur verschwommen, wie verbreitet und tiefgängig

die Wandlungen der nächsten zwanzig Jahre sind. Wir sind am Aufgang der Ära der schlauen Maschine - ein "Zeitalter der Information", das für immer die Art und Weise, wie die ganze Nation arbeitet, spielt, reist und sogar denkt, ändern wird. Gerade so, wie die Industrielle Revolution die Kraft der menschlichen Muskeln und die Reichweite der menschlichen Hand dramatisch gesteigert hat, so wird die Revolution der schlauen Maschinen die Macht des menschlichen Gehirns erhöhen.[18]

Solche Ankündigungen sind jedoch lediglich Versprechungen, die wenig Einblick in die Farbigkeit und das Gewebe der mikroelektronischen Welt gestatten. Aber auch hier ist Newsweek unverzagt vorgeprescht und hat uns einen Blick in die mikroelektronische Alltagswelt gegönnt, und zwar in der Vorrede zum bereits zitierten Artikel, wo ein mikroelektronischer Bürger uns wie folgt anspricht:

Willkommen. Bin immer gern bereit, jemandem von den frühen Achtzigern die Wohnung zu zeigen. Die größte Veränderung stellen natürlich die schlauen Maschinen dar - die gibt es jetzt überall. Kein Grund zur Sorge; die sind sehr freundlich. Kann mir nicht vorstellen, wie Sie ohne die existieren konnten. Das Telefon, das gute alte Ding, gibt einem Geldeintreiber, dem ich aus dem Weg gehe, ständig das Besetztzeichen. Wenn er nicht von einer neuen Nummer aus, die mein Telefon nicht kennt, anruft, kommt er nie durch. AUS! Entschuldigen Sie mein Schreien - hab' beinah' vergessen, daß der Fernseher im Schlafzimmer an war. Also noch irgendwas, bevor wir gehen? Der Ofen kennt schon das Menü für heute abend, und der Küchenroboter wird uns einen mächtigen Martini mischen. Ich glaub', wir sind soweit. Nein, Nein; Sie brauchen keinen Schlüssel. Wir programmieren das Schloß, so daß es Ihre Stimme erkennt und Sie reinläßt, wann Sie wollen.[19]

Diese Skizze ist natürlich kurz, und sie mag oberflächlich und leichtfertig erscheinen. Aber in ihren wesentlichen Zügen ist sie den studierteren Darstellungen in The New York Times oder den umfassenden und atemlosen Berichten vergleichbar, die man in Tofflers Die dritte Welle findet.[20] Was zeigt uns dieses Bild? Betrachten wir die einzelnen Züge. 1. Die schlauen Maschinen sind "freundlich", d.h. sie sind leicht zu gebrauchen. 2. Wir halten sie für unentbehrlich. 3. Sie versetzen uns in die Lage, folgendes zu tun: a. Wir können am Telefon elektronisch ausweichend oder grob sein statt es persönlich oder durch unsere Kinder sein zu müssen. b. Wir können Geräte von weitem ausschalten und ersparen uns so die Mühe, ganze Zimmer durchqueren zu müssen. c. Wir sind davon entlastet, Mahlzeiten planen oder Gästen Cocktails mit unseren eigenen Händen mischen zu müssen. d. Die Möglichkeit, daß wir den Hausschlüssel verlieren oder daß er uns gestohlen wird, bleibt uns erspart.

Es zeigt sich, daß die technische Befreiung von der Härte des täglichen Lebens immer mehr zur Loslösung vom tüchtigen und körperlichen Verkehr mit der Wirklichkeit führt. Unsere freizeitliche Verbindung mit der Welt wird zum reinen Konsum verengt, zur mühelosen Aufnahme von Konsumartikeln, wo keine Vorbereitung erforderlich ist, keine Orientierung gegeben wird und keine Spur von Bedeutsamkeit zurückbleibt. Vielleicht wird die vorliegende Darstellung dem Reichtum an Information, Unterhaltung und Spielen, den uns die neue Elektronik beschert, nicht gerecht. Aber dieser Reichtum wird auch nur konsumiert werden, d.h. er wird keine Bindungen, keine Disziplin und keine Fertigkeiten erfordern. Dank größerer Auswahl und engerer Anpassung an den individuellen Geschmack wird er mehr Ablenkung mit sich bringen. Aber da er unfähig ist, unser Leben zu ordnen und zu erhellen, wird die Ablenkung immer mehr zur Zerstreuung, zum Zerfall unserer Aufmerksamkeit und zur Verkümmerung unserer Fähigkeiten führen. In Amerika wird es jetzt schon offenkundig, daß die neue Videotechnik von den Leuten nicht als Hilfsmittel gebraucht wird, das es ihnen endlich ermöglicht, zu den Historikern, Kritikern, Musikern, Bildhauern oder Sportlern zu werden, die sie schon immer hatten sein wollen.[21] Vielmehr scheint die Hauptfolge dieser technischen Entwicklung die Verbreitung der Pornographie zu sein.[22]

Gestatten Sie mir jetzt, unsere Befunde über das Verhältnis der Mikroelektronik zum Schwerpunkt unserer Zeit zusammenzufassen und zu klären. Erstens habe ich zu bedenken gegeben, daß der Computer als der Zentralfall der Mikroelektronik nicht den Schwerpunkt oder Orientierungspunkt der Moderne darstellt. Und im Unterschied zu den vortechnischen Kulturen ist die technische Gesellschaft überhaupt nicht von einem zentralen und hervorragenden Ding gestaltet oder zentriert. Vielmehr verdankt sie ihre Eigenart einem durchgängigen und tiefgreifenden Schema, das paradigmatisch im technischen Gerät zum Vorschein kommt. Wie verhält sich dann die Mikroelektronik zum herrschenden Paradigma des technischen Geräts? Geräte, die die Mikroelektronik verkörpern, seien sie programmierbar oder nicht, vergegenwärtigen die fortgeschrittenste Art technischer Geräte, und zwar sowohl in Hinsicht auf die Konsumartikel wie auch auf Seiten der Maschinerie. Solche Geräte liefern bisher unverfügbare Güter, und sie liefern traditionelle Güter auf raffiniertere, mühelosere, mehr gesicherte und verbreitete Weise. Diese Konsumgüter beruhen auf Maschinerien, die abstrakter und komplizierter sind und darum weniger zugänglich und verständlich als die vorhergehenden. Aber streng innerhalb des Geräteparadigmas genommen ist die Mikroelektronik keineswegs revolutionär. Sie ist lediglich das fortgeschrittenste Stadium einer allgemein bekannten und wohl eingebürgerten Entwicklung.

Stellt diese neueste Bewegung in der Geschichte der Technik einen qualitativ neuen Abschnitt dar, wenn man sie in einem weiteren kulturellen und gesellschaftlichen Rahmen betrachtet? Meine Hoffnung geht darauf hin; aber dieser neue Abschnitt wird nur dann Eigenständigkeit erhalten, wenn wir fähig sind, uns den allgemeinen Hoffnungen, die an die Verheißung der Technik geknüpft sind, zu entziehen. Jene Verheißung verspricht uns Freiheit und Reichtum auf der Grundlage wissenschaftlicher Kenntnis. Wir sollen dieses Programm nicht einfach verwerfen, sondern das Schema erkennen und begrenzen, durch das die Unschuld und Vieldeutigkeit des ursprünglichen Programms eine genaue und folgenreiche Gestalt erhalten haben. Wir müssen sehen lernen, daß echte Freiheit und wirklicher Reichtum nicht durch eine Existenz erreicht werden können, die in gedankenlose Arbeit und zerstreuten Konsum zerspalten ist. In den Vereinigten Staaten, so meine ich, regt sich langsam und mühsam die Erkenntnis, daß diese Art von Existenz die Beredsamkeit und Tiefe der Welt verdeckt und unsere wesentlicheren Fähigkeiten erstickt. Die mikroelektronische Revolution ist in gewisser Weise der letzte und fieberhafte Versuch, das zu betreiten. Ich hoffe, daß sie die Krise ist, die wir durchmachen müssen, um unser Wohlbefinden zurückzugewinnen.

Die Reform der Technik und die Wiedergewinnung ihrer Verheißung bedeuten große Anforderungen. Aber die Kritik der Technik muß hoffnungslos und ziellos erscheinen ohne einen Hinweis auf die positiven Schritte, die zu unternehmen sind. Diese kann ich hier nur andeuten. Aber die Kürze meiner Bemerkungen wird dadurch wettgemacht, daß die Reform der Technik nicht ein utopischer Vorschlag ist, den man einer unwissenden Leserschaft mühsam vorlegen müßte. Vielmehr ist die Reform der Technik schon unterwegs, unscheinbar und oft unsicher, aber doch eindeutig, sobald die Gestalt der Technik, die der Reform bedarf, einmal erkannt ist.

Die Reform muß auf der freizeitlichen Seite der Technik beginnen, und dort kann sie auch eher ihren Anfang nehmen. In der Freizeit haben alle ein großes Maß an Entscheidungsmöglichkeit. Aus den vorhergehenden kritischen Bemerkungen über den Konsum in der fortgeschrittenen Phase der modernen Technik ist es klar, wie diese Möglichkeit zu nutzen ist. Wir müssen im Gedränge der Geräte und Konsumgüter eine Lichtung schaffen für die Dinge und Gebräuche, die uns als vollkommen menschliche und körperliche Wesen eigenständig in Anspruch nehmen. Ich meine zentrale Anliegen wie die Bereitung und Feier von Mahlzeiten, die Ausübung von Sport, die Erfahrung der Natur oder das Musizieren. Offensichtlich können mikroelektronische Geräte solchen Unternehmungen hilfreich sein, aber sie sind nicht entscheidend. Die Dinge und Gebräuche, die, soweit ich sehen kann, orientierende, bindende und erhaltende Kraft haben, sind alle wesentlich vortechnischen, d.h. vormodernen Ursprungs, wiewohl sie in der technischen Umwelt eine neue Pracht und Strahlkraft erhalten. Auf diese Weise, so könnte man vielleicht sagen, werden sie metatechnisch.

Wenn wir in den Gewohnheiten unserer Freizeit ein Maß von Gesundheit und Orientierung zurückgewinnen, dürfen wir auf eine Umgestaltung der technischen Arbeit und Maschinerie hoffen. Das wird möglich, weil eine gesundere Freizeit natürlicherweise unsern luxurierenden Konsum mäßigen und unsere Güter und Rohstoffe und unser Kapital relativ vermehren wird. So gewinnen wir den Spielraum für wirtschaftliche Reform. Die letztere ist notwendig, da die Gesundung der Freizeit letzten Endes die Heilung und Sicherung der Arbeit erfordert. Hier enthält die mikroelektronische Revolution eine echte Verheißung. Durch die Automatisierung kann sie uns in der Tat von "gefährlicher, schmutziger und eintöniger" Arbeit befreien, und durch die Mikroelektronik können wir das unentbehrliche technische Gerüst unserer Existenz rationeller und zuverlässiger gestalten. Aber die automatisierte Wirtschaft muß in zwei Hinsichten begrenzt werden. Eine ist die Ausmerzung oder Verminderung des wertlosen Konsums, was, wie gesagt, natürlicherweise aus der Freizeitreform folgen würde. Die andere ist die Einrichtung oder die Unterstützung einer lokalen und arbeitsintensiven Wirtschaft, deren Wohlfahrt ein ausdrückliches und gemeinsames Ziel der öffentlichen Politik sein müßte. Das vorrangige Problem ist selbstverständlich das, wie man die zweite Wirtschaft stärkt und vor den Übergriffen der zentralisierten und automatisierten Wirtschaft beschützt. Zum Dank würde die lokale und arbeitsintensive Wirtschaft nicht nur erfüllende Arbeit für alle Arbeitsuchenden ermöglichen, wenigstens auf lange Sicht; sie würde uns auch dabei helfen, wieder lokale Kulturen zu errichten, die die natürliche Umgebung und das besondere Erbe ihrer Bürger und Bürgerinnen widerspiegeln.

Solche Reformen würden auch zur Gesundung und Würdigung der Technik führen. Ganz gleich wie raffiniert und staunenerregend die mikroelektronische Technik an sich ist, man würdigt sie herab, wenn man sie in den Dienst von Zerstreuung und Obszönität stellt. Wenn dagegen unser Leben auf anspruchsgerechte Gewohnheiten hin eingerichtet ist, wird die Würde der Technik auf dreifache Weise wiederhergestellt. Erstens erhält die befreiende und bereichernde Kraft der Technik eine eindeutig wohltätige Stellung. Zweitens bewahrt uns der intensive, begrenzte und bisweilen anstrengende Charakter zentraler und verbindlicher Gewohnheiten den Sinn und die Bewunderung für die unbeschwerte und weitreichende Kraft technischer Geräte. Drittens mögen uns die Disziplin und Ruhe, die von lokalen Gewohnheiten genährt werden, die Kraft und Zeit dazu geben, die Grundbegriffe der Natur- und

Ingenieurwissenschaften zu erlernen, auf denen die technischen Geräte beruhen. Erst wenn wir wissenschaftlich und technisch geschult sind, erwerben wir volles Bürgerrecht in der technischen Gesellschaft.

<u>Anmerkungen</u>

1. Siehe z.B. die Titelgeschichten in <u>Newsweek</u>, 30. Juni 1980, und <u>Time</u>, 8. Dezember 1980. Ein signifikantes Anzeichen war die Entscheidung von <u>Time</u>, für 1982 nicht einen Mann, sondern eine "Maschine des Jahres", nämlich den Computer, zu feiern. Siehe die Ausgabe vom 3. Januar 1983.

2. Bemerkenswerte Ausnahmen hinsichtlich der Computertechnik sind Hubert L. Dreyfus, <u>What Computers Can't Do</u>, 2. Aufl. (New York, 1979) und Daniel C. Dennett, <u>Brainstorms</u> (Montgomery, Vt., 1978). Eine Anzeige dafür, wie die Philosophie die Technik im allgemeinen übersieht, ist der Mangel jeden Hinweises auf die Technik in Richard T. DeGeorge, <u>The Philosopher's Guide to Sources, Research Tools, Professional Life, and Related Fields</u> (Lawrence, Kans., 1980).

3. Siehe Daniel Bell, "The Social Framework of the Information Society", in <u>The Microelectronics Revolution</u>, hg. von Tom Forester (Cambridge, Mass., 1981), S. 509.

4. Siehe Otto von Simpson, <u>The Gothic Cathedral</u> (Princeton, N. J., 1974).

5. Vgl. Alvin Tofflers Darstellung davon, wie schnell und leicht er einen kleinen Computer, den er als Wortprozessor gebrauchte, zu meistern lernte, in <u>The Third Wave</u> (New York, 1981), S. 189.

6. Siehe <u>Time</u>, 8. Dezember 1980, S. 83; vgl. <u>Newsweek</u>, S. 51 und 56 und Toffler, S. 155-67, 380-91 und passim.

7. Siehe <u>Business Week</u>, 9. Juni 1980, S. 63, und <u>Time</u>, S. 78.

8. Siehe Francis Bacon, <u>The New Organon and Related Writings</u>, hg. von Fulton H. Anderson (Indianapolis, 1960), S. 16, und René Descartes, <u>Discourse on Method</u> übers. von Laurence J. Lafleur (Indianapolis, 1956), S. 40.

9. Historische Darstellungen sind zu finden bei Hugo A. Meier, "Technology and Democracy, 1800-1860", <u>Mississippi Valley Historical Review</u>, XLIII (1957), 618-40, und Eugene Ferguson, "The American-ness of American Technology",

Technology and Culture, XX (1979), 3-24. Ein klassisches Beispiel aus der Gegenwart steht im Wall Street Journal, 13. April 1976, S. 11, wo Jerome B. Wiesner in einer Reklame von U. S. Steel die Verheißung der Technik proklamiert.

1o. Siehe Harry Braverman, Labor and Monopoly Capital (New York, 1974) und Louis E. Davis und Albert B. Cherns, The Quality of Working Life, 2 Bde. (New York, 1975).

11. Siehe John P. Robinson, How Americans Use Time (New York, 1977), S. 102 und 107.

12. Siehe Daniel Yankelovich, New Rules (Toronto, 1982), S. 18.

13. Siehe Information Please Almanac, hg. von Ann Golenpaul (New York, 1975), S. 80 und 87.

14. Siehe Bernard Gendron und Nancy Holmstrom, "Marx, Machinery, and Alienation", Research in Philosophy and Technology, II (1979), S. 120.

15. Siehe Time, 8. Dezember 1980, S. 73.

16. Siehe Business Week, S. 62.

17. Ebenda, S. 63; siehe auch Colin Norman, Microelectronics at Work (Washington, D.C., 1980), S. 29-40, und F. Byrnes "Mikroelektronik und Arbeiterrechte" in diesem Band.

18. Siehe Newsweek, S. 50.

19. Ebenda.

20. Siehe Part 2 in The New York Times Magazine vom 27. September 1981, der dem "Wohnen mit der Elektronik" gewidmet war, und Tofflers Buch, das in Anm. 5 zitiert ist.

21. Vgl. Joe Weizenbaum, "Once More, the Computer Revolution", in Forester, S. 550-70.

22. Siehe Tony Schwartz, "The TV Pornography Boom", The New York Times Magazin, 13. September 1981, S. 44, 120-22, 127, 129, 131-32, 136.

Sozialphilosophische Notizen zu den Folgen der „mikroelektronischen Revolution"

Hans Lenk
Universtät Karlsruhe

"Was, wenn überhaupt irgendetwas, soll man von heutigen Philosophen erwarten?" so schrieb *Time* im Januar 1966. Diese Frage kann leicht auch für die Aufgaben und Erwartungen an die Sozialphilosophie bei Problemen der sogenannten Computerrevolution gerichtet werden.

"Die neuen Priester kommen vom Labor" (McKeon), gilt das auch für die Probleme der sogenannten Computergesellschaft, für die mikroelektronische Lawine oder für die Debatte über die Automatisierung? Aber dann kann diese Feststellung nicht nur Philosophen betreffen, die professionellen "Liebhaber der Weisheit"; soweit diese keine Berufsexperten sind, sondern eher Amateure (dieses Wort stammt ja bekanntlich vom lateinischen "amare"="lieben"). Ist der bissige Witz - auch in *Time* (ebd.) - hier einschlägig, daß es mit der Philosophie, der "Liebe zur Weisheit", so stünde wie mit anderen Formen der Liebe: "Die Professionellen verstehen am wenigsten davon"? Wie es auch mit der Selbstbescheidung der Philosophen in Sachen Weisheitsliebe sein mag, die Experten, die wirklichen Professionals beim vorliegenden Thema, sind die Computerwissenschaftler, alle Arten von berufsmäßigen Computerologen (vielleicht einschließlich mancher computeromanischer "Liebhaber", auf neudeutsch "Hacker" genannt).

Nochmals: Was, wenn überhaupt irgendetwas, soll man vom Sozialphilosophen in bezug auf die Automatisierungs- und Computerdiskussion erwarten?

Ich möchte zunächst die Aufmerksamkeit auf den Philosophen lenken, der das soziale Problem der Automatisierung zuerst überhaupt erwähnte. Überraschend ist dies wieder einmal Aristoteles, und in seiner "Politik" (1253 f) schreibt er:

"Denn freilich, wenn jedes der Werkzeuge, sei es auf erhaltenen, sei es auf erratenen Befehl hin, seine Aufgabe zu erfüllen vermöchte, wie es von den Bildsäulen des Dädalus und den Dreifüßen des Hephaistos heißt, von welch letzteren der Dichter sagt, 'daß sie aus eigenem Trieb in die Schar der Götter eingingen', wenn so die Weberschiffe von selber webten und die Zitherschlägel von selber die Zither schlügen, freilich bedürfte es für die Meister nicht der Gehilfen und für die Herren nicht der Sklaven."

Aristoteles glaubte zweifellos, daß dieses eine positive Entwicklung wäre. Er konnte wohl nicht die negativen Effekte der Arbeitslosigkeit in einer traditionellen

arbeitsorientierten Gesellschaft voraussehen: Die griechische Gesellschaft, jedenfalls die der freien Bürger, war nichts weniger als dies. Aber wie dem auch sei, er
sah immerhin beschreibend die rein technischen und sozialen Konsequenzen voraus.

Als wiederum ein Philosoph, der emigrierte Pole Adam Schaff, kürzlich den Club-of-
Rome-Bericht über Mikroelektronik und Gesellschaft unter dem kennzeichnenden
Titel "Auf Gedeih und Verderb" (1982) herausgab, kam er in der Tat nicht viel weiter
als Aristoteles' Genius bereits im Altertum. Tatsächlich schien er nicht einmal von
diesem zitierten ersten Satz über die sozialen Folgen der Automatisierung zu wissen,
jedenfalls zitierte er ihn nicht.

Das Problem jedoch wächst, nimmt dramatische soziale Bedeutsamkeit an. Arbeitslosigkeit droht großen Teilen der Bevölkerung als Folge der aufkommenden
Roboterrevolution in hochindustrialisierten Gesellschaften, wie Edmund Byrne in
seinem Beitrag "Roboter und die Zukunft der Arbeit" zu dieser Tagung geschrieben
hat. 1990 erwartet beispielsweise General Motors, daß 50 % der Fließbandarbeiter
ihre Beschäftigung verloren haben werden. Und Business Week schätzte schon 1980,
daß "intelligente Roboter 65 - 75 % der Fabrikarbeiter ersetzen könnten".

Vor genau 100 Jahren wurde dieses Problem übrigens schon dramatisch von Marx'
Schwiegersohn Paul Lafargue in seiner Streitschrift "Das Recht auf Faulheit"
beschrieben.

Das Problem ist wahrlich äußerst ernst und dringlicher als etwa die Frage, ob man
den Ausdruck "Revolution" auf die sozialen Wandlungen anwenden kann, die mit der
aufkommenden Vorherrschaft von Time-Magazines "Mann des Jahres" von 1982 in
der industriellen Produktion, nämlich dem Computer, verbunden sind. Die Frage ist
auch drängender als das Problem der Computerideologie und der Informationsmytho-
logie: "Myth Information", wie Winner ironisch unter Anspielung auf "Mißinforma-
tion" paraphrasiert, obwohl auch diese Fragen an sich sozialphilosophisch immer
bedeutsamer werden.

Tatsächlich sind die meisten der anscheinend neu entdeckten sozialen Implikationen
der Computergesellschaft und der Automatisierung bereits 1957 von Helmut
Schelsky vorausgesagt, skizziert und diskutiert worden, wenn auch in vorläufiger
Formulierung. Schelsky diskutierte schon damals nicht nur das Arbeitslosigkeitspro-
blem, sondern auch die möglichen ideologischen Verzerrungen, die er sogar für eine
größere totalitäre Gefahr hielt als die Folgen der technologischen Entwicklung
selbst. Dies jedoch scheint eine eher vorläufige Beurteilung gewesen zu sein, die sich
später durchaus als änderungsbedürftig herausstellen könnte; vermutlich hat sich die
Situation schon so geändert, daß das Urteil in den Akzenten zu revidieren ist.

Nebenbei bemerkt, Schelsky glaubt nicht, daß der einzige Faktor der technischen und industriellen Automatisierung an sich schon "revolutionär" genannt werden könnte, sondern daß nur mehrere schwerwiegende Faktoren in Kombination als eine soziale "Revolution" bezeichnet werden könnten. Er glaubte 1957 noch, daß die Rede von einer zweiten, oder wenn man so will, dritten industriellen Revolution unbegründet gewesen sei - wenigstens voreilig. Dies scheint heute ein revisionsbedürftiges Urteil.

Als praktische Maßnahme empfahl Schelsky Stückwerkstrategien auf allen Seiten, auf jener der Unternehmer und der Firmen, auf der des Staates und der Arbeiter und Gewerkschaften. Er hielt eine Informationspflicht und Verbesserung und Verbreitung von Wissen sowie Forschung für wichtig. Die Gesellschaften sollten beispielsweise eine gesellschaftliche Verpflichtung übernehmen und wahrnehmen, die Öffentlichkeit über geplante Rationalisierungs-, Beschäftigungsmaßnahmen und größere Produktionsänderungen zu informieren. Eine systematische Behandlung von Arbeitsplatzwechsel und Umschulungsprogrammen wurde ebenfalls gefordert. Für besonders entscheidend hielt er eine Reform der technischen Erziehung - besonders in den Schulen, aber auch in allen Bildungsinstitutionen. Schließlich meinte er, daß die Forderung der Gewerkschaften sowie die Idee einer allgemeinen Beteiligung der Bevölkerung an dem Gesamtwachstum der ökonomischen Produktivität ernst genommen werden müßte.

Was also die sozialen Folgen und den Katalog üblicher Forderungen angeht, findet sich grundsätzlich nicht viel Neues in der aktuellen Debatte über mikroelektronische Automatisierung. Jedoch haben das Phänomen und die Folgen gegenwärtig eine wirklich dramatische Akzentuierung gewonnen. Jedoch leistete Schelsky im engeren sozialphilosophischen Sinne auch keinen dezidierten Beitrag zur Diskussion. Dies scheint heute eine besonders dringliche Zukunftsaufgabe zu sein.

Wie können wir also sozialphilosophisch dieses Problembündel angehen? Und was, nochmals, können Philosophen dazu sagen? Über solche allgemeinen gesellschaftlichen Fragen nachzudenken, das ist doch wohl auch eine wesentliche Aufgabe für Philosophen, selbst wenn diese im emsigen Hin und Her zwischen Lehrdeputaten und Veröffentlichungszwang heute recht selten zum tieferen und langfristigen Nachdenken zu kommen scheinen. Einige Philosophen gaben einige eingeschränkte pragmatische Ratschläge: Sie empfahlen allmähliche Anpassung, eine schrittweise Lenkung bei der Einführung der Automatisierung, die Einführung von Umschulungsprogrammen und so weiter (Byrne). Dies ist wiederum nicht sehr philosophisch - ebensowenig wie es die Vorschläge des Soziologen Schelsky sind. Andere, beispielsweise Schaff, glauben, daß "lebenslange Erziehung als eine Form der universellen Tätigkeit" zugleich das Beschäftigungsproblem lösen und das antike Ideal des universalen

Menschen verwirklichen könne - nämlich das des universell erzogenen, harmonisch entwickelten Menschen im Sinne des platonischen kalos k'agathos, der schönen und guten, voll entwickelten Persönlichkeit. Man braucht nicht auf Auschwitz oder die tiefenpsychologischen Theorien zu verweisen, um den utopischen Charakter dieses Ideals hervorzuheben. Der Mensch ist nicht der gute Mensch, den Schaff wenigstens potentiell wiederum in ihm zu sehen scheint. Die Kombination des Homo studiosus und des Homo ludens, die den Homo laborans ersetzen sollte, wird sich nur für recht wenige Leute verwirklichen lassen. Viele, wenn nicht die meisten, wollen nicht ein Leben lang auf der Schulbank sitzen. Wenn man zu den Freizeitbeschäftigungen übergeht, wie Albert Borgmann es eindringlich in seinem Beitrag zu dieser Tagung formulierte, wird Entsprechendes auch hier deutlich:

"Die typische Qualität der Freizeitbeschäftigung scheint ebenfalls niedrig zu sein, wenn man sie überhaupt nach irgendeinem besonderen Gütestandard (standard of excellence) messen will. Unsere Eindrücke und Erfahrungen zeigen, daß die meiste frei verfügbare Zeit mit Fernsehen verbracht wird, und daß wirklich sehr wenig auf Tätigkeiten wie aktiven Sport, Theater- oder Museumsbesuche, Musizieren, Briefe schreiben oder Bücher lesen verwendet wird: Dies bestätigt die Sozialforschung nachdrücklich. Die Gesamtzeit, die diesen letzteren Aktivitäten gewidmet ist, ist im Durchschnitt nur ein Fünftel der Zeit, die für das Fernsehen aufgewendet wird."

Borgmann schließt daraus, daß "das Hauptversprechen der Technik nicht erfüllt wird". Dies bezieht er auf den Freizeit- wie auf den Arbeitsbereich.

"Die Arbeit ist zwar (relativ, H. L.) sicher geworden, angenehmer, was den Arbeitsplatz und seine Umgebung betrifft, und viel einträglicher. Aber typischerweise ist sie im selben Maße abgewertet worden: Initiative, Verantwortlichkeit und Geschick wurden ihr genommen."

Und dasselbe, meint Borgmann, gelte mutatis mutandis für Freizeitaktivitäten. Um noch einmal einen Absatz aus seinem Beitrag zustimmend zu zitieren:

"Es ist klar, daß die technische Befreiung von der Plage des täglichen Lebens mehr und mehr zu einer Entkopplung (disengagement) vom geschickten und körperlichen Kontakt mit der Realität führt. Unter Freizeitkontakt mit der Welt wird auf bloßen Konsum eingeengt, das unbehinderte Einverleiben von Gütern, das keine Vorarbeit erfordert, keine Orientierung bietet und keine Spuren hinterläßt... Vergnügen führt immer mehr zur Ablenkung, zur Zerstreuung unserer Aufmerksamkeit und zur Atrophierung unserer Fähigkeiten. Es ist schon deutlich, daß die neue Videotechnik nicht von den Menschen als entscheidende Hilfe dazu benutzt wird, sich zu Historikern, Kritikern, Musikern, Bildhauern oder Sportlern zu entwickeln, als die sie sich in ihren Wunschträumen ausgemalt haben."

Aber haben sie dieses wirklich gewünscht? Wollten alle Menschen wirklich Künstler und Athleten werden? Schaffs optimistische Hoffnung hierauf scheint sich nicht zu bestätigen, wenn sie nicht überhaupt von Anfang an als eine falsche Hoffnung hätte aufgefaßt werden müssen.

Borgmann plädiert für eine Reform "auf der Freizeitseite der Technik". Er schlägt vor, die Chancen der Mikroelektronik und anderer fortgeschrittener Techniken zu nutzen, um "Raum zu schaffen für Dinge und Handlungsgewohnheiten, die uns eigenständig als vollständige Personen und auch als körperliche Wesen engagieren", d.h., bei den zuvor erwähnten kreativen und rekreativen Tätigkeiten.

Durch die Automatisierung und die sogenannte mikroelektronische Revolution können wir in der Tat von "gefährlicher, dreckiger und monotoner Arbeit" befreit werden - auch von einem großen Teil der vielbesprochenen "entfremdeten", oder besser: der entfremdenden Arbeit. All dies, glaubt Borgmann, kann "die unerläßliche technische Infrastruktur unseres Lebens wirksamer und verläßlicher machen". Er hält "mikroelektronische Einrichtungen für hilfreich hierzu, aber nicht für entscheidend". Ich glaube jedoch, daß sie dafür irgendwie mitentscheidend werden können, obwohl nur als höchstens notwendige, aber sicherlich nicht hinreichende Bedingungen einer aktiven Lebenserfüllung. Interessanterweise unterstreicht Borgmann, daß "jene Dinge und Praktiken, die orientierende, engagierende und weiterhelfende Kraft haben, alle wesentlich vortechnischen Ursprungs sind, obwohl sie, im technischen Zusammenhang ausgeübt, neuen Glanz gewinnen". Diese These entspricht sehr weitgehend meiner Hauptthese in dem gerade veröffentlichten Buch Eigenleistung. Plädoyer für eine positive Leistungskultur (1983). In der Tat ist der Mensch im tiefsten Grunde das aktive und handelnde Wesen, das fähig ist, seine Tätigkeit zielorientiert zu verbessern. Er ist das leistende, das eigenleistende Wesen. Wirkliches Leben ist wesentlich persönliche Handlung und Leistung. Dies meint Borgmann sicherlich mit seinen "engagierten Tätigkeiten". Schon Aristoteles schrieb in seiner schon erwähnten Politik (1254a): "Das Leben ist nun ein Handeln und nicht (nur, H. L.) Hervorbringen..."

Das Konsumieren und die Konsumentenhaltung sind in der Tat nicht die gewissen Versprechungen eines menschlichen Paradieses. Des Menschen Paradies kann nicht passiv oder passivistisch sein. Es ist vielmehr aktiv und aktivistisch zu "erleisten" - wenigstens in der westlichen, nicht-buddhistischen kulturellen Tradition. Hier haben gewiß die Sozialphilosophien, die philosophische Anthropologie wie auch eine anthropologische Philosophie der Kultur, der Kreativität, der Handlung und der Erziehung eine gewichtige Rolle zu übernehmen. Als Technikphilosophen sollten wir nicht nur feststellen, daß es gerade die vortechnischen Aktivitäten sind, die wirklich befriedigend und identifizierend sind, ja, die tiefer die Persönlichkeit engagierenden darstellen, sondern versuchen, philosophisch zu erklären, warum dies so ist. Ist diese Beobachtung wirklich in so grober Form richtig? Und wenn ja oder wenigstens zum Teil richtig, warum ist das dann so? Können wir nicht auch in einem wirklich menschlichen Sinne _technisch_ handeln? Dies mag hier als eine interessante offene Frage dahingestellt sein.

Ein anderer Gesichtspunkt, der gewiß mit den erwähnten Problemen zusammenhängt, erschließt sich unter den vermittelnden Wirkungen der modernen technischen Welt. Man braucht nicht in die Einzelheiten über die sogenannte verwaltete Welt mit allen ihren Erscheinungen der Bürokratie, Zerstückelung, Funktionalisierung, Manipulation und Entfremdung zu gehen, um dies einzusehen. Man braucht auch nicht die passivmachenden Auswirkungen der manchmal so genannten kodifizierten Welt von Bildern, Filmen und des vorfabrizierten stellvertretenden Lebens auf dem Fernsehschirm auszumalen, die nur die Illusion einer Tätigkeit, des Aktivsein, eine Pseudo-Aufregung ohne wirkliche eigene persönliche Beteiligung erzeugen. Telekratie und allgemein die Herrschaft der Medien ist wirklich eine Gefahr für den Menschen, besonders für den Jugendlichen und Heranwachsenden. Die sogenannte vierte politische Gewalt hat eine mittelbar machende, ablenkende, wenn nicht gar verdrängende und abstrahierende Auswirkung in unserer Gesellschaft gewonnen, die nicht leichtfertig unterschätzt werden sollte. Das Leben selbst scheint nicht mehr so echt zu spielen wie der Fernsehfilm. Aber Telekratie und Mediokratie sind zur Mediokrität verurteilt, wie wir wissen. Mediokratie _ist_ in gewissem Sinne Mediokrität. In Einzelheiten braucht die verfilmte und verdatete Welt nicht weiter ausgemalt zu werden.

In der Tat, eine vollkommen effiziente neue computerokratische Variante der verwalteten Welt scheint in der sich ankündigenden mikroelektronischen Lawine zu entstehen. Die abstrakte Modellierung durch Computer hat zweifellos einen ablenkenden, verdrängenden, abstrahierenden Effekt an sich. Aber das Herumspielen mit Computermodellen ist nicht das wirkliche Leben. Modelle scheinen die Realität zu ersetzen - jedenfalls die Wirklichkeit in einem bisher unvorhergesehenen Ausmaß zu prägen. Nichtsdestotrotz sind Modelle keine Wirklichkeit. Sie machen eine Scheinwelt aus, und diese Welt kann ihre eigenen Krankheiten erzeugen: neurotische Computernarren, die sogenannten "Hacker", wie sie heute selbst in der größeren Öffentlichkeit - ironischerweise in den Medien selbst, man denke an den Film "War Games" - zur Kenntnis genommen und kolportiert werden. Computerkriminalität breitet sich immer mehr aus. Diese neuen Formen von Computeritis wurden von Weizenbaum schon vor langer Zeit in seinem Buch _Die Macht der Computer und die Ohnmacht der Vernunft_ als eine Art Neurose beschrieben, die wie der alte "Bücherwurm" zu idealtypischen Karikaturen führt. Der Film "War Games" signalisiert in der Tat nur die wachsende öffentliche Aufmerksamkeit. Die Hacker sind im Vormarsch. Computer haben anscheinend eine verführende Kraft; sie sind attraktiv, reizen zur leidenschaftlichen Pseudo-Identifizierung, die gelegentlich zu einer Art von Computer-Liebeskrankheit werden kann. Eine neue neurotische Computermanie, sozialpsychologisch vergleichbar den anderen, älteren Formen der Manie? So aktivistisch die Computermanie sich auch ausnehmen mag, sie lenkt jedoch in Wirklichkeit von persönlichen, d.h. von den von Person zu Person gerichteten, Verbindungen und Verpflichtungen ab. Es ist eine Pseudo-Liebesprojektion und kann manchmal, wenn übertrieben, sogar gefährlich werden. "War Games" kann sogar eine gesellschaftliche Gefahr im Orwell-Jahr werden.

Aber zurück zu den gesellschaftlichen und sozialphilosophischen Aspekten im engeren Sinne. Sind nicht die erwähnten Trends der Computerokratie nur Beispiele für das, was ich bereits vor zehn Jahren "Systemtechnokratie" oder, besser: "systemtechnokratische Tendenzen" genannt habe, die allmählich mehr und mehr in unserem "informations- und systemtechnologischen Zeitalter", wie ich es damals nannte, an sozialer Bedeutsamkeit und Auswirkung gewinnen? In der Tat, wenn wir ein wenig grob verallgemeinern, können wir zu idealtypischen Beschreibungen solcher Trends kommen. Wir haben jedoch zu berücksichtigen, daß idealtypische Verallgemeinerungen immer Übertreibungen sind: "He who generalizes, generally lies" (MacCormac).

Führen Systemtechnik und Computerrevolution zu einer Art von Systemtechnokratie? Diskussionen über Systemtechnokratie als einer speziellen Variante der Technokratie könnten um so bedeutsamer und wichtiger werden, als die informations- und systemtechnischen Tendenzen sich deutlicher profilieren und Realität werden - mit allen Gefahren umfassender computerisierter Datenverarbeitungssysteme für diktatorische oder alles durchwaltende, alles verwaltende zentralistische autokratische Regime und mit allen Möglichkeiten der Entmenschlichung. Aber was die Möglichkeiten der Technik im allgemeinen betrifft, sollte man auch das Potential für die Humanisierung nicht vergessen. Die systemtechnokratischen Gefahren müssen aber durch politische und gesellschaftliche Achtsamkeit, durch demokratisches Engagement, durch Beteiligung der Betroffenen und durch eine wirklich menschliche und verantwortliche Kontrolle ausgewogen werden. Künftige Gesellschaften werden zunehmend mit solchen systemtechnokratischen Trends und Herausforderungen konfrontiert werden. Es gibt zweifelsohne vielsagende Trends in dieser Richtung, gerade was die Informations- und Computertechnik angeht. Man denke nur an die Probleme der Datenkontrolle und -sammlung und an die gesetzlichen sowie moralischen Fragen des Datenschutzes sowie generell an die sozialphilosophische Problematik der Sicherung der Privatheit. Die Sozialphilosophie muß künftig verstärkt auf diese Fragen achten und in Zusammenarbeit mit Juristen, Informatikern und Psychologen (vgl. Kruse) diese interdisziplinären Herausforderungen aufnehmen. Es handelt sich nicht nur um rechtsphilosophische und sozialpsychologische, sondern vorrangig auch um sozialphilosophische und moralphilosophische Probleme. Sozialphilosophen, Wissenschaftstheoretiker und Ingenieure sowie Moral- und Rechtsphilosophen sollten die Diskussion nicht nur den Politikern und Soziologen allein überlassen. Umfassende Systemverflechtungen und Wechselwirkungen in diesen öffentlichkeitsrelevanten Bereichen sollten die interdisziplinäre Forschung und das philosophische Denken herausfordern. Man hat sich bisher von philosophischer Seite viel zu wenig den drängenden sozialen und moralischen Problemen dieser neuen Technologien gewidmet. Das gilt zweifellos auch für das Thema "Soziale Folgen der mikroelektronischen Revolution", besonders hinsichtlich des Beschäftigungsproblems.

Zurück daher zur Arbeitsproblematik: Wir sollten als Sozialphilosophen prüfen, ob die Aussichten derart dunkel sind, wie viele denken. In der Tat wird Arbeit in hochautomatisierten Industrien und in unserer hochindustrialisierten Gesellschaft allgemein immer knapper. Dieser Trend hat ein beträchtliches soziales Ausmaß angenommen. Die Arbeitslosenzahlen werden sich strukturell aufgrund und im direkten Verhältnis zu der fortschreitenden Automatisierung der Produktion erhöhen. Welche sozialphilosophischen Folgerungen sollen wir aus dieser Beobachtung bzw. Voraussage ziehen?

In der Tat scheint es nicht genug zu sein, wie Schaff bloß eine lebenslange Erziehung zu empfehlen oder bei der biblischen Weisheit stehenzubleiben, die ironischerweise auch in die Sowjetverfassung von 1937 geschrieben wurde: "Wenn jemand nicht arbeiten will, soll er auch nicht essen." (Luther-Übersetzung: "Und da wir bei euch waren, geboten wir euch solches, daß, so jemand nicht will arbeiten, der soll auch nicht essen.") (2. Thess. 3:10). In sozialphilosophischer Sicht könnte behauptet werden, daß wir diese traditionelle brutale Alternative zwischen den zwei Optionen, entweder zu arbeiten oder zu verhungern, abzuschaffen haben werden. Dies ist zumal wahr für jene Arbeitslosen, die nicht aufgrund eigenen Verschuldens von der Arbeitslosigkeit betroffen sind. In einer industriellen Wohlstandsgesellschaft können und sollten wir einen garantierten Minimallebensstandard jedem gewähren, ganz gleich, ob er arbeitet oder nicht. Dieses Minimum braucht und sollte sich nicht einmal an dem physiologischen Existenzminimum ausrichten, sondern je nach "gesellschaftlicher Leistung" (Bolte) beträchtlich darüberliegen. Eine soziale Strategie der Sockelbefriedigung, dessen, was die Ökonomen in neudeutschem Jargon "satisficing" nennen, scheint weise und durchführbar zugleich zu sein, wenigstens in produktiven Gesellschaften. Dies bedeutet nicht, daß das sogenannte gesellschaftliche Leistungsprinzip völlig außer Kraft gesetzt werden sollte. Über den garantierten Sockelbetrag des Unterhalts hinaus könnte Leistung immer noch eine sozial differenzierende und relativ "gerechte" Maßnahme und Institution zur Verteilung von Einkommen und von anderen sozialen Gratifikationen sein. Jedoch existentiell in bezug auf das Grundniveau des Lebensunterhalts sollte eine Wohlfahrtsgesellschaft sich zugute halten, daß sie auf das traditionelle individualistische eineindeutige Koppelungsverfahren von geleisteter Arbeit und Überleben verzichtet. In der Tat hat die Idee der sozialen Wohlfahrtsgesellschaft dies zum Ziel. Und angesichts der wachsenden Probleme der Arbeitslosigkeit und der Explosion der automatisierten Produktivität wird eine industrielle Wohlstandsgesellschaft in Zukunft mehr und mehr gezwungen sein, diese wechselseitige Verkoppelung aufzugeben. Ein solcher Wandel wird auch neue Möglichkeiten dafür bieten, freiwillige Arbeit, zum Beispiel Sozialarbeit ohne Lohn, anders zu bewerten, sozial höher einzuschätzen. Menschen brauchen und sollten in Zukunft ihren sozialen Wert und den anderer Personen nicht ausschließlich in Kategorien des Geldeinkommens abschätzen. Es gibt andere bemerkenswerte Leistungen, die nicht der Geldbewertung unterliegen. Dies mag ein wenig utopisch klingen - besonders in einer "money-making society" wie etwa der amerikanischen -, aber wir werden allmählich gezwungen sein, diesen Richtweg einzuschlagen. Es gibt sozial wertvolle und produktive Tätigkeiten, die außerhalb der Geldmacherideologie der sozialen Reputation liegen. Ihre künftige soziale Einschätzung und Leistung, Arbeit und freiwillige Tätigkeit, hat dies zu berücksichtigen. Nicht nur Arbeit und Geld, das heißt Einkommen für Berufsarbeit, sind sinnvoll, schaffen und vermitteln Sinn. Es gibt viele andere sozial sinnvolle Tätigkeiten. Die Mikroelektronik könnte sich als fruchtbar und hilfreich erweisen, uns von der Diktatur dessen zu befreien, was besonders die neomarxistischen Gesellschaftskritiker "Entfremdung" der Arbeit genannt haben. Falls wir die erwähnte wechselseitige Koppelung von Arbeit und Lebensunterhalt aufgeben können - und die mikroelektronische Revolution, eine verbreitete Innovation der Mikros könnten unter anderen Trends der heraufkommenden automatisierten Über- oder Postindustrialisierung uns dahin führen -, wird der Bereich für freie persönliche Tätigkeit und für soziales Engagement viel größer werden. Das gilt nicht nur für, aber wesentlich auch für erzieherische und schöpferische sowie erholsame Tätigkeiten. Nicht nur Berufsarbeit, bezahlte Arbeit vermittelt Lebenssinn. Zweifellos ist im derzeitigen Entwicklungsstand der Verlust der Arbeit oft mit einem Verlust an erlebtem Lebenssinn verbunden. Die Einstellung, nur bezahlte Arbeit schaffe Sinn, muß sich ändern. Tätigkeit, Handeln, Eigenhandeln erzeugt und vermittelt in der Tat Lebenssinn. Doch dies kann auch durch andere Formen sozial anerkannter Tätigkeiten, freiwilliger Arbeiten, besonders durch Sozialaktivität, vermittelt werden. Wir

werden den zwangsmäßigen Zuschreibungscharakter der abendländischen Arbeitsethik ändern, vielleicht sogar aufgeben müssen. Wir werden weiterhin und sollten
aktiv Handelnde bleiben. Manche werden auch in Zukunft sich so weit mit ihrer
Tätigkeit identifizieren, daß sie geradezu zu "workoholics" werden mögen. All das
mag sein und bleiben, aber das übergreifende Gesamtmuster der sozialen Entlohnung
und Prestigeordnung muß sozusagen entdramatisiert werden. Freiwillige und frei
gewählte Tätigkeiten, die um ihrer selbst und um ihres Eigenwertes willen oder für
soziale Zwecke, selbst für Erholungszwecke gewählt werden, sollten einen neuen
sozialen Status und Wert gewinnen. Eigene persönliche engagierte Aktivität,
Eigenleistung sollte unabhängig von möglicher Bezahlung einen besseren Ruf
erlangen. Der vollständige Gegensatz zwischen den Bereichen Arbeit und Freizeit
wird und sollte überbrückt, gemildert, in manchen Bereichen vielleicht ganz
geschlossen werden. Eine neue positive Kultur der frei gewählten persönlich
engagierenden, nicht entfremdenden Tätigkeit, der Eigenleistung, muß entwickelt,
gesellschaflich lanciert und mit mehr Nachdruck und Eindruckskraft versehen
werden. Selbst ein Menschenrecht auf Eigenleistung und eigene persönlich kreative
und rekreative Tätigkeit könnte begründet werden - durchaus in Verbindung und in
Weiterführung oder Übereinstimmung mit einigen der UNO-Erklärungen der Menschenrechte von 1948 und 1966.

Das vieldiskutierte "Recht auf Arbeit" kann vielleicht weiter auch in diesem Sinne
gedeutet werden - also als menschliches Recht auf persönliche Entwicklung,
Erziehung, kulturelle Aktivität (die in der Tat nicht nur passive Aufnahme von
kulturellen Produkten bedeutet).

Es könnte sich herausstellen, daß mit Hilfe der Mikroelektronik und anderen
dynamischen Fortschritten der angewandten Technik allmählich eine sozial "gerechtere" oder sogar "persönlichere", stärker auf persönliche Bedingungen und Wünsche
sowie Interessen eingehende Gesellschaft entstehen könnte, die sich nicht mehr
ausschließlich auf bloßen Individualismus und zwangsmäßige Arbeitsethik gründet.
Eine solche Gesellschaft würde viel Raum für Individualität und nichtentfremdete
Tätigkeit, das heißt Eigenleistung, offenlassen und doch sich an einer Art von
grundlegender Solidarität der Menschheit orientieren. Sie würde die Konkurrenz um
persönliches Überleben und sozialen Aufstieg weniger ernsthaft geraten lassen, ohne
etwa die Idee einer milderen Konkurrenz als eines Vehikels von Fortschritt und
Entwicklung auszuschließen. Leistungskonkurrenz würde freilich nur außerhalb des
garantierten Versorgungssockels relevant. Die Konkurrenz wäre nicht mehr existentiell ernsthaft, sondern würde eher zu einem symbolischen Ausdrucksmittel und
Vehikel der Selbstvervollkommnung, sozusagen zu einer Art Sozial<u>sport</u> für Talentierte und Leistungswillige werden.

Die Mikroelektronik könnte auf dem Wege zur Verwirklichung einer solchen zunächst anscheinend utopischen Idee von einer menschlicheren, sozial gerechteren Leistungsgesellschaft als förderliche, vielleicht sogar nötige, wenn auch zweifellos nicht hinreichende Bedingung dienen. Dies würde vielleicht auch dazu führen, daß einige altehrwürdige, aber keineswegs überholte soziale christliche Werte ihrer Verwirklichung nähergebracht werden. Die möglichen sozialen Folgen der Mikroelektronik bieten eine wirkliche historische Chance, die Aussichten auf eine im echten Sinne humane Gesellschaft ernstzunehmen oder zu verwirklichen. Wir sollten diese Chance nicht verspielen, sondern diese Gelegenheit sozial weise nutzen.

Literatur

ARISTOTELES: Politik (abgewandelt zitiert nach Taschenbuchausgabe Rowohlt 1965. Übersetzung Susemihl).

BODEN, M.A.: Artificial Intelligence and Natural Man. Brighton 1977.

BORGMANN, A.: Philosophical Reflections on the Microelectronic Revolution. Vortrag auf der Deutsch-Amerikanischen Konferenz für Technikphilosophie, New York, 3.-7.9.1983.

BYRNE, E.: Robots and the Future of Work.

Deutsches Institut für Fernstudien Tübingen: Zeitungskolleg "Mikroprozessoren. Die Elektronische Revolution". Tübingen 1980: Textsammlung und Basistexte, jeweils besonders Kapitel 7-12.

FEIGENBAUM, E.A. - McCORDUCK, P.: The Fifth Generation. New York 1983.

HOFSTADTER, D.R. - Gödel, Escher, Bach: An Eternal Golden Braid. New York 1979.

KRUSE, L.: Privatheit als Problem und Gegenstand der Psychologie. Bern 1980.

LAFARGUE, P.: Das Recht auf Faulheit. Frankfurt/Wien^2 1969 (Orig.: 1883).

LENK, H.: Philosophie im technologischen Zeitalter. Stuttgart^2 1971.

LENK, H. (Hg.): Technokratie als Ideologie. Stuttgart 1973.

LENK, H.: Zur Sozialphilosophie der Technik. Frankfurt 1982.

LENK, H. - MOSER, S. (Hg.): Techne - Technik - Technologie. Pullach bei München 1973.

LENK, H. - ROPOHL, G.: Technische Intelligenz im systemtechnologischen Zeit-
     alter. Düsseldorf 1976.

N.N.: What, if Anything to Expect from Today's Philosophers? Time Magazine
     1966 Nr. 1.

RUMPF, H.: Technik zwischen Wissenschaft und Praxis. Düsseldorf 1981.

SCHAFF, A. - FRIEDRICHS, G. (Hg.): Auf Gedeih und Verderb. Mikro-
     elektronik und Gesellschaft. Bericht an den Club of Rome. Wien 1982.

SCHELSKY, H.: Die sozialen Folgen der Automatisierung. Düsseldorf 1957.

WEIZENBAUM, J.: Die Macht der Computer und die Ohnmacht der Vernunft.
     Frankfurt 1979.

Der Computer als Werkzeug zum Diagnostizieren

Nathaniel Laor
Yale Universität, New Haven

Joseph Agassi
Universität Tel-Aviv und York Universität, Toronto

Vor einigen Jahren haben wir das Manuskript eines Buches fertiggestellt, das sich mit der Frage auseinandersetzte, welche Funktion der Computer bei einer Diagnose spielen sollte und wie diese Funktion am besten eingerichtet werden kann. Wir stießen auf enorme Feindseligkeit dem Buch gegenüber und - obwohl einige Verleger und Herausgeber große Begeisterung zeigten - es ist noch immer nicht veröffentlicht. Wir finden es sehr interessant, diese enorme Feindseligkeit zu erklären.

Um dies zu verdeutlichen, wollen wir den diagnostischen Service des Computers anderen Werkzeugen zum Diagnostizieren, wie z.B. Röntgenaufnahmen oder Computertopographie gegenüberstellen. Diese Instrumente unterscheiden sich nicht vom Vergrößerungsglas oder dem Stethoskop - sie vergrößern die Sehkraft des Diagnostikers, sie erweitern die bereits vorhandenen diagnostischen Informationen über den Patienten. Aber sie sind weder irgendwie am Beweisführungsprozeß (process of reasoning) beteiligt noch an der endgültigen Entscheidung oder am Urteil des Diagnostikers.

Betrachtet man dann nicht den Input, aber den Beweisführungsprozeß - einschließlich der Entscheidung, welcher Input für das richtige Urteil notwendig ist - und das endgültige Urteil sowie das Verordnen einer Behandlung als eigentliche Diagnose, was sind dann die Regeln der Diagnose und auf welche Weise ist der Computer in der Lage, dazu beizutragen und unter welchen Umständen ist dieser Beitrag wünschenswert?

Es gibt ein Prinzip der Diagnose, welches von vielen medizinischen Texten und von vielen medizinischen Fakultäten gefordert wird. Dieses Prinzip ist entweder gänzlich unmöglich oder vollkommen nutzlos. Es fordert, daß jedes diagnostische Unternehmen zu einer Diagnose führen soll, die so sorgfältig und vollständig wie möglich ist. Was bedeutet "so vollständig wie möglich"? Die Tatsache, daß einige Diagnosen zur Krankenhauseinweisung aus diagnostischen Gründen führen, beweist, daß die Grenzen einer diagnostischen Sitzung in einer Praxis wahrscheinlich zu eng sind. Es ist nicht sehr aufschlußreich zu sagen, "so vollständig wie innerhalb der Praxis möglich", wenn dies einfache Labortests, deren Ergebnisse sofort oder innerhalb eines oder zweier Tage zur Verfügung stehen, ein- oder ausschließt; wenn dies einen Besuch in einem Labor mit Röntgenapparaten oder Computertopographieinstrumenten ein- oder ausschließt, wenn dies die Heimkehr des Patienten mit oder ohne selbst zu verabreichender Medizin und die Aufforderung zur Rückkehr am nächsten Tag bei anhaltenden Symptomen ein- oder ausschließt; jede dieser Spezifikationen ist problematisch, jedoch keine zu machen, ist sogar problematischer. Selbst für die Frage, wann eine Diagnose zur Krankenhauseinweisung für diagnostische Zwecke führen sollte, gibt es keine grundsätzlichen Richtlinien, obwohl es für einige Fälle verordnete (prescribed) Antworten gibt. Jedoch diese verordneten (prescribed) Antworten ändern sich natürlich mit dem Fortschritt der Medizin und selbst durch den gesunden Menschenverstand, so daß Richtlinien existieren, jedoch selten artikuliert werden.

Hierzu möchten wir noch einige Anmerkungen machen. Erstens, die Richtlinien können artikuliert sein. Die Formulierung könnte jedoch die Quintessenz verfehlen, und dadurch zur Kritik und Umformulierung einladen, vielleicht sogar zur Reform. Dies wäre alles zum Besten; jedoch die Angst vor Kritik ist ein Anreiz, diese Aufgabe zu vermeiden. Offensichtlich ist die Bewältigung dieser Aufgabe notwendig, um den Computer in den Diagnoseprozeß einzuschalten. In der Tat sind jedoch selbst wohlformulierte Richtlinien weit weniger explizit als Computer sie benötigen, sollen ihre Dienste beansprucht werden.

Zweitens können wir den diagnostischen Prozeß nicht zu einer standardisierten klinischen Sitzung limitieren. Wie wir bereits aufzeigten, limitiert niemand Diagnostik auf diese Weise. Wie wir ebenfalls aufzeigten, geschieht die Erweiterung (extention) einer Diagnose ad hoc mit dem gesunden Menschenverstand, um jedoch diese Erweiterung zu verbessern, sollten wir dies formulieren und die Formulierung zur Kritik öffnen. Wir möchten daher Diagnose als den Gedankenprozeß definieren, einschließlich der Entscheidung, mehr Output herbeizuführen - durch das Labor, Krankenhauseinweisung oder sogar eine Operation aus diagnostischen Gründen -, der zur Verordnung einer Behandlung führt.

Daraus folgt, daß in jedem Behandlungsstadium Überlegungen diagnostisch sind, da diese - wie beabsichtigt - die Änderung der Behandlung ermöglichen. Daraus folgt ebenso, daß auch Kontrolluntersuchungen diagnostisch sind, selbst wenn die Behandlung, zu der sie führen, überhaupt keine Behandlung ist.

Wenn wir diese beiden Anmerkungen verknüpfen, dann benötigen wir im besonderen die Formulierung von Richtlinien, die uns mitteilen, unter welchen Umständen ein Patient ohne weiteres entlassen wird, wann wir ihn ins Krankenhaus einweisen oder gar aus diagnostischen Gründen operieren und all die Fälle zwischendrin.

Sobald wir es in diesem Lichte sehen, bemerken wir, daß fast alle medizinischen Unternehmen (encounter) eine diagnostische Komponente haben, selbst die Häufigkeit der Zusammenkünfte zwischen Arzt und Patient. Da die meisten modernen medizinischen Komplexe Computer benutzen, ist in diesem Zusammenhang das Folgende die wichtigste Bemerkung.

In der modernen Welt ist fast keine Beziehung zwischen Arzt und Patient ohne Diagnose und ohne Computeraktivität; daher schließen fast alle modernen Diagnosen Computer ein. Die Frage nach dem Grad der Computerisierung sowie nach deren Ziel ist kaum untersucht. Die Aussage, daß sie für gewöhnlich marginal ist, ist zwar wahr, aber die Schlußfolgerung, daß sie daher insignifikant ist, ist bekanntlich falsch. Die Frage fordert zur genaueren Untersuchung auf.

Auch ist Diagnose nicht auf die Zusammenkunft (encounter) von Arzt und Patient limitiert. Die Fälle einwandfreier Fehldiagnosen, obwohl rar, gehen auf viele Weise über die Beziehung zwischen Arzt und Patient hinaus; Konferenzen, ob diagnostisch oder studienhalber, öffentliche Gesundheit und Gerichtsmedizin rücken ebenso ins Blickfeld. Es ist uns nicht möglich, all dies hier zu diskutieren: unser Buch berührt diese Inhalte, hier sollen sie jedoch unberücksicht bleiben.

Von den allgemeinen Fällen, die fast immer den Computer betreffen, wenn auch nur marginal, möchten wir weitergehen zu den Fällen, bei welchen die Computer zentral beteiligt sind: Computerdiagnose par excellence. Natürlich stehen Computerdiagnosedienste zur Verfügung, und gerade ihre Verfügbarkeit macht es unmöglich, die Rolle des Computers bei der medizinischen Diagnose zu übersehen. Lassen Sie uns jedoch uns nicht auf ihre Verfügbarkeit, sondern vielmehr auf ihren tatsächlichen Gebrauch konzentrieren.

Diese sind fast ausschließlich Fälle künstlicher (artificial) Intelligenz, bei denen der Computer die besten vorhandenen medizinischen Dienste simuliert (z.B. ein Mensch mit einem Handcomputer) und die komplette Aufgabe des Diagnostikers übernimmt. Dies ist ein heutiges Verfahren und wir finden es so gefährlich, daß wir die Neigung haben, es einfach als unzulässig zu betrachten. Die Gefahr ist zweifach, die Petrifikation des Verfahrens und die Bürokratisierung desselben: der Diagnostiker könnte den Computer anklagen, und damit persönliche Verantwortung an ein totes Objekt verweisen.

Menschen, die eine Computerdiagnose auf der Basis, daß sie gegen künstliche Intelligenzdienste etwas einzuwenden haben, ablehnen, übersehen die Tatsache, daß eine computerunterstützte Diagnose weit weniger problematisch ist als eine vollcomputerisierte Diagnose; eine computerunterstützte Diagnose ist außerdem nicht so zu mißbilligen wie eine Diagnose durch eine künstliche Intelligenz. Aber jemand könnte selbst computerunterstützte Diagnosen auf der Basis mißbilligen, daß jeder individuelle Patient einzig ist, daß der Computer die Bürokratisierung der Medizin akzeleriert, und daß der Computer die Intimspäre des einzelnen Patienten gefährdet.

Diese drei Einwände sind gültig und überzeugend. Sie müssen beantwortet werden. Aber man kann sie nicht beantworten, indem man gegen die Welle (tide) der - unserer Meinung nach völlig übertriebenen - Computerisierung ankämpft, welche wir zur Zeit beobachten. Um die Einmaligkeit des einzelnen Patienten zu sichern, müssen wir daher demokratische Sicherungen gegen die Petrifikation der Computer-techniken finden und gegen Ärzte, die ihre eigene Verantwortung an Maschinen weitergeben. Auch der Prozeß der Bürokratisierung kann nicht durch die Verordnung des Computers - welcher ein nützliches bürokratisches Instrument ist - kontrolliert werden, sondern durch eine Zentralisierung der Computerdienste und deren Einrich-tung auf eine Weise, daß sie wachsen können und sich zu einem nationalen und globalen Netz verknüpfen können. Derartige Netze sind äußerst effizient und ermöglichen spezielle Techniken, um die Rechte des einzelnen und seine Intimsphäre zu schützen. Dies gilt für Regierung, Handel, Industrie und Medizin: wir müssen hier den Stier bei den Hörnern packen.

Im besonderen können Computer als Mittel eingesetzt werden, um einzelne gegen Fehlbehandlung und Mißhandlung zu schützen. Die computerunterstützten diagnosti-schen Dienste können hierbei unter Bedingungen helfen, daß ein informierter Konsens (informed consent) nicht nur für die Behandlung oder für spezielle diagnostische Prozeduren verlangt wird, sondern für alle Diagnosen. Die Annahme, daß Diagnose auf ein standardisiertes klinisches Unternehmen (encounter) beschränkt ist - was wir im übrigen bereits kritisiert haben -, ist die Rechtfertigung (excuse), keinen informierten Konsens zu zeitigen: die Tatsache, daß der Patient die Praxis betritt, wird als stillschweigender Konsens betrachtet. Dies ist jedoch kein informierter Konsens und demzufolge ungenügend. Sobald wir auf informiertem Konsens bestehen, ermutigen wir damit die Patienten, den Computer selbst - gegen Kosten - zu benutzen, um grundsätzliche Informationen zu erhalten und ihre eigenen Fälle zu überwachen.

Wir schlagen vor (propose), daß dies mehr oder weniger das gegenwärtige Bild ist und es erklärt, wie wir weiter vorschlagen, unsere Schwierigkeiten bei der Veröffentli-chung unseres Buches. Professionelle Interessen widersprechen hier den öffentlichen Interessen und die Öffentlichkeit sollte informiert sein.

Die computerunterstützten Dienste sollten Untersysteme enthalten, die zum einen verschiedene Felder der Medizin, aber auch Städte, Regionen und Länder verbinden könnten. Sie sollten grundsätzliche Informationen für die Öffentlichkeit enthalten, wie z.B. Glossare und Patterns von Krankheiten - keine Wiedererkennung (pattern-recognition), wie es der Advokat für künstliche Intelligenz zu haben wünscht - einfache Schätzungen (calculation) zusammengefügter (compound) Wahrscheinlich-keiten, welche die Fehler vermeiden sollten, die aus intuitiver Einschätzung von Wahrscheinlichkeiten (Tversky and Kahneman) entstehen, sowie einige Informationen über Seuchen. Sie könnten auch akkumulierte Dossiers einzelner Patientten unter Verschluß enthalten.

All dies hat die Frage, mit der wir begannen, offen gelassen: Wie sorgfältig sollte jeder diagnostische Prozeß sein? Wir können hier keine Richtlinien anbieten, obwohl wir in unserem Buch einige skizzieren. Wir können jedoch sagen, was die grundlegende Theorie solcher Richtlinien ist. Es ist die Theorie der Kosteneffektivi-tät (cost effectiveness). Dieser Fakt präsentiert das ganze Feld der Systemanalyse, einschließlich der Entscheidungstheorie als einen Teil der Computerausrüstung, welche in die Dienste der Medizin durch Assistenz bei diagnostischen Prozessen gestellt werden sollte. Aber dies bedeutet auch, daß ein Land, in welchem solch ein ausgefeiltes (elaborate) und starkes (powerful) System vorhanden ist, ein nationales Büro einrichten muß, um den Gebrauch der Computer auf nationaler Ebene zu kontrollieren, zu überwachen und zu leiten.

Dies erscheint in jedem Fall notwendig, und zwar, um zu wiederholen, auf allen Sektoren - Regierung, Handel, Industrie und nicht weniger Medizin.

Wir wollen mit einer Zusammenfassung unseres Buches enden in der Hoffnung, daß dies auf bescheidene Weise dazu beitragen wird, die Sachlage für die öffentliche Diskussion zu präsentieren.

Nachfolgend einige Schlußfolgerungen unserer Untersuchung, welche akzeptierte Ansichten auf dem Feld der computerisierten medizinischen Diagnose provozieren sollen:

a. Der diagnostische Teil der Medizin ist heute eine empfindliche Stelle in der Kette der medizinischen Dienste.

b. Ein vollkommen automatisiertes diagnostisches System ist in der nahen oder vorhersehbaren Zukunft weder durchführbar noch ist es moralisch annehmbar. Dennoch zielen die meisten gegenwärtigen Versuche der totalen Computerisie-rung auf dieses undurchführbare und unerreichte Ziel; sie leeren unsere Taschen, indem sie uns mit falschen Versprechungen füttern.

c. Ein computerunterstütztes diagnostisches System ist ein Dreiparteiensystem, welches das gegenwärtige Zweiparteiensystem aus dem Gleichgewicht bringt

(offsets); die klinischen, sozialen, ethischen, legalen und ökonomischen Implikationen durch das Einbeziehen von Computern in den diagnostischen Prozeß
erfordern sorgfältige Vorüberlegungen. Wenn dies nicht getan wird, muß die
gegenwärtige professionelle Opposition gegen den Einsatz (implementation) von
Computern im Feld der Diagnostik als rational betrachtet werden.

d.   Eine umfassende Sichtweise ist theoretisch sowie technologisch für die rationale
Planung und die Durchführung (implementation) der computerunterstützten
diagnostischen Dienste erforderlich. Der Einsatz (implementation) kann so
geplant werden, daß Wachstum unterstützt wird, und zwar in dem geographi-
schen Gebiet, in welchem der Dienst angeboten werden könnte und in dem zu
bedienenden medizinischen Bereich.

e.   Alle Kunden des diagnostischen Systems müssen ungehinderten Zugang zu den
computerisierten Teilen erhalten. Den Patienten Zugang zu diesen Teilen zu
erlauben, wird nicht nur ein ausgezeichnetes Bildungsinstrument sein, sondern es
wird auch den Beitrag des Systems zum wissenschaftlichen Fortschritt sowie
zum technologischen Erfolg erhöhen. Das Öffnen der computerisierten Teile für
alle Kunden kann sehr wohl die klinische Qualitätskontrolle erhöhen und
ermöglicht daher freie Ausbildung im demokratischen Prozeß, da die Aufteilung
der Verantwortung zwischen allen beteiligten menschlichen Parteien ermuntert
wird.

Beschreibung des Buches nach Kapiteln

Vorwort

Was häufig zwischen einem Patienten und der besten, vorhandenen Behandlung steht,
sind genau die Schwierigkeiten, auf die er stößt, bevor er seine korrekte Diagnose
erhält. In einer Welt mit einem sinkenden Bestand von und steigendem Bedarf für
medizinisches Personal, mag die Automatisierung des diagnostischen Prozesses
zuerst als Wunderheilmittel erscheinen. Tatsächlich zielen die meisten existierenden, umfassenden Versuche auf volle Automatisierung. Dies erscheint entweder als
äußerst naiv oder als größenwahnsinnig: Falls überhaupt möglich, würde es sicherlich
notwendigerweise zu teuer und möglicherweise zu gefährlich sein. Diese Tatsache,
sowie das Fehlen expliziter Kriterien, unter welchen Umständen es vorteilhaft ist,
Computer im Dienste der Diagnose einzusetzen (implement), verstärkt die Haltung
einiger großer Institutionen, selbst in Bezug auf den Einsatz von existierenden
partiellen Programmen - Angst und feindseliger Widerwillen. Eine umfassende Sicht
ist jedoch für jegliche rationale Planung angebracht. Dies sollte nicht utopisch sein,
sondern vielmehr als Blaupause für die schrittweise Durchführung (implementation)

von partiellen Programmen dienen, die zur Integration in irgendein künftiges, umfassendes System entworfen wurden. Patienten und Ärzte müssen unterstützt werden, Zugang zu und Kontrolle darüber für ihre eigene Ausbildung und Ausübung von Autonomie zu haben. Daher werden demokratische Diskussionen und sorgfältige Analysen für die Erstellung von Common-Sense-Regeln über die Limitationen, Untersuchung und Reform eines solchen Systems verlangt. Diese Studie bietet ein Mittel, diese Diskussion zu beginnen. Je früher ihre Software herausgefordert wird, desto glücklicher werden die Autoren sein.

Kapitel 1: Die Problemsituation

Das Computersystem sollte dazu entworfen sein, bei medizinischen Diagnosen zu assistieren und - falls und wenn möglich - ihre Qualität zu verbessern, ohne Schaden für andere Teile der Leistung (performance) des Diagnostikers, welche zur Zeit nicht computerisierbar sein mögen, und ohne die sozialen und moralischen Aspekte des Systems der medizinischen Diagnose zu verletzen. Seine Verfügbarkeit für alle Nutznießer ist klinisch notwendig und moralisch gefordert. Eine Systemanalyse des medizinisch-diagnostischen Systems wird verlangt, bevor Empfehlungen für den rationalen Einsatz (implementation) von computerunterstützten diagnostischen Diensten vorgebracht werden, um sicherzustellen, daß alle diese Punkte so gut wie möglich beachtet (taken care of) werden.

Kapitel 2: Der Systemzugang (approach) zur medizinischen Diagnose

1. Vorstellen des Systemzugangs

Der Systemzugang ist immer problemorientiert. Er ordnet die Teile eines Problems dem Ganzen unter und favorisiert eine kritische Haltung gerade selbstverständlichen (self-understood) Dingen gegenüber. Die generellste Aufgabe, die ein Analytiker hat, wenn er auf ein System zugeht, ist daher, das Problem zu suchen und dabei den Entscheidungsträger (decision-maker), den Nutznießer und das Ziel des Systems in den vorhandenen Bedingungen, deren Variationen er ebenso zu studieren hat, zu lokalisieren. Der Standard der Richtigkeit der Operation des Systems mag entweder vom Nutznießer oder Entscheidungsträger oder beiden abhängen: dafür gibt es keine generelle Regel.

2. Anwendung auf die Diagnostik

Unser Ziel ist zweifach: auf der klinischen Ebene ist es die Zuschreibung einer Krankheit zu dem Patienten; auf der Forschungsebene ist es die Verbesserung des medizinischen Wissens. Das erste Ziel nimmt einen vorgegebenen theoretischen Hintergrund an und das zweite eine unabhängige Aufsicht darüber. Daher haben wir hier einige Einheiten (units), wie das diagnostische Unternehmen (encounter), die dabei angewandte konzeptionelle Rahmenarbeit, die Forschungseinheit im eigentlichen Sinne (at large) und die Praxis im eigentlichen Sinne (at large), und wir sollten jede dieser Einheiten wie die Bedingungen oder die Umwelt, in welcher Aktion stattfindet, nehmen und die anderen Unterodnungen (subordinate) als abhängig vom jeweiligen Problem betrachten.

Kapitel 3: Der Nutznießer des Systems und sein Problem

1. Individualistische Ethik

Die gegenwärtige Untersuchung liegt außerhalb der Domäne der Ethik, obwohl ihr Inhalt (purports) Ethik zu einem Zweck anwendet: Die mögliche Effizienz des verantwortlichen diagnostischen Agenten zu erhöhen. Sie kann das tun, indem sie annimmt, daß der Patient der letztendlich verantwortliche Agent und daher der Entscheidungsträger im diagnostischen Prozeß ist. Die Frage, ob Konsultation des Computers anzuraten ist, kann ihm oder seinem Diagnostiker überlassen werden, wie zwischen ihnen vereinbart. Jegliche weitere Division der Funktionen widerspricht dem individualistischen Prinzip, daß der einzelne voll und bedingungslos für alles, was auch immer im Bereich seiner Aktivitäten geschieht, verantwortlich ist. Die Anwendung dieses Prinzips ist jedoch oft problematisch.

2. Die Stellung des informierten Konsenses in der Diagnostik

Die Versorgung von Patienten mit diagnostischen Hintergrundinformationen erleichtern das Problem des informierten Konsenses in der Therapeutik. Computerunterstützte medizinische Diagnosen und Überwachung können die Last der Verantwortung für die Verbesserung (improvement) der medizinischen Forschung, Planung, Verhütung, Diagnose und Behandlung unter den variierenden Nutznießern des Systems demokratisch aufteilen.

3. Der Kunde und das wissenschaftliche medizinische System

Der einzelne Kunde jedes medizinischen Dienstes spielt beides, die Rolle des Patienten und die Rolle des Versuchskaninchens; wenn er lediglich ein Patient ist, verliert die Gesellschaft ein Versuchskaninchen; wenn er lediglich ein Versuchskaninchen ist, könnte er die richtige Behandlung verlieren; wenn er jedoch zur gleichen Zeit beides, ein Patient und ein Versuchskaninchen ist, dann zieht die Gesellschaft einen Nutzen daraus, ohne daß er dafür mehr leiden muß. Der Anreiz für freiwillige Teilnahme von Patienten und Diagnostikern in dem extensiven (large scale) menschlich-technologischen Experiment muß so sein, daß während jemand eigene Daten hinzufügt, er einen Nutzen aus dem existierenden extensiven Pool zieht, z.B. der extensive, umfassende computerunterstützte diagnostische Dienst, welcher auf dem freien Markt operiert.

Kapitel 4: Untersysteme der medizinischen Diagnose

Der Einsatz (implementation) von Computern im diagnostischen System ist gefährlich. Mittel zur Risikoverhütung müssen eingebaut und regelmäßig überwacht werden. Die Risiken sind die Stabilisierung des Systems, die Aufrechterhaltung des Effektivitätsniveaus des Systems mit unvernünftig hohen Kosten und mehr. Jede empfohlene Änderung muß sich auf die totale Analyse des Systems als Ganzes verlassen.

1. Diagnostische Theorie

Als reine Wissenschaft betrachtet, hat Medizin keine Patienten oder Leistungsmaßstäbe (performance measure). Es wird daher bevorzugt, sie in der ersten Annäherung als ein gegebenes Untersystem der medizinischen Diagnostik zu betrachten.

2. Rationale diagnostische Technologie

Die diagnostischen Mittel, die für medizinische Wissenschaft und Technologie verfügbar sind, sind durch außerwissenschaftliche, menschliche, moralische und legale Faktoren eingeengt (constrained). Totale Risikovermeidung ist unter derartigen Bedingungen unmöglich. Umfassende computerunterstützte diagnostische Dienste können diagnostischer Rationalität helfen, indem sie klar machen, welche Fehler (mit oder ohne die Hilfe des Computers) leicht vermeidbar sind, so daß das Begehen dieser Fehler eine Verletzung der Forderungen für rationale Technologie bildet. Aber das wird nur so sein, wenn die Computerdienste regelmäßig verbesserungsfähig sind. Sonst werden sie nur ein brauchbares Werkzeug für das Umgehen von Verantwortung sein.

3. Rationale diagnostische Methode

Jede effektive Diagnose ist differential und als solche statistisch. Medizinisch-diagnostischer Intuition sollte von sogleich verfügbarer Berechnung (computation) unterstützt werden. Jedoch die Versuchung, sich gedankenloser Kollektion oder Applikation von Statistiken auf Daten hinzugeben, muß kontrolliert werden. Hypothesen über diagnostische Methoden sowie über Strategien der Diagnostiker sind nötig und nicht eine Maschine, deren Aufgabe die automatische Imitation einiger Experten ist. Das diagnostische System kann verbessert werden, indem sofort vorhandene, formalisierbare Computerteile mit dem menschlichen Diagnostiker in ein System integriert werden unter der Bedingung, daß die Verantwortung immer bei dem menschlichen Teil, nie bei der Maschine liegt.

4. Klinisch diagnostische Situation

In klinischen Situationen verflechten sich Diagnose und Behandlung. Kenntnis einer Reihe von Behandlungen und ihrer Kosten beraten (advise) den Arzt, ob die Fortsetzung des diagnostischen Prozesses wünschenswert ist. Die Kosten ändern sich entsprechend der klinischen Situation. Das Definieren der Situation sowie das Filtern relevanter Information sind unformalisierbar und verlassen sich auf medizinische

Kompetenz. Der Computer kann jedoch in jedem Stadium zur Unterstützung beim Prozeß der Diagnose und der Einschätzung der Kosten eingeführt werden. Die Einbeziehung des Computers muß sich der Kosteneffektivitätsanalyse unterwerfen, für welche das umfassende computerstützte diagnostische System von großer Hilfe sein kann.

5. Rationale diagnostische Kontrolle und öffentliche Gesundheit

Es ist möglich, eine bestimmte Einzelheit des diagnostischen Dienstes für einen Kunden mit der Hilfe des umfassenden computerunterstützten diagnostischen Servicesystems zu überwachen und zu kontrollieren. Dies kann leicht im Hinblick auf einige ungefähre Kosteneffektivitätsberechnungen, die auf einfachen Entscheidungstheorieüberlegungen einiger genereller Informationen und vorhandener Statistiken basieren, getan werden. Das Benutzen des Allgemeinen, um das Besondere zu überprüfen, ist jedoch gefährlich, weil es immer dem Allgemeinen zu gewinnen erlaubt, da das Allgemeine seine eigene statistische Verstärkung erzeugt. Daher kann der programmierte Teil nur eine Glocke klingen oder ein rotes Licht blinken lassen, nie entscheiden. Entscheidungen, die einzelne Fälle betreffen, sind den menschlichen Partnern des computerunterstützten diagnostischen Dienstes überlassen. Abweichungen von Regeln sollten aufgezeichnet und überwacht werden und beizeiten zu einer Reform der Regel führen.

6. Die rationale Kontrolle einzelner diagnostischer Unternehmen (encounters)

Das Output des vorgeschlagenen umfassenden computerunterstützten diagnostischen Systems muß dann als Kontrolle zurückgemeldet werden, und alle Kontrollfunktionen müssen in den Computer und zu diversen Institutionen der Kontrolle und Entscheidung (Kunden, Vertreter der Öffentlichkeit und Programmierer) zurückgemeldet (fed back) werden. Klinisch computerunterstützte diagnostische Konferenzen (CCC) und klinisch-ethische Konferenzen (CEC) sollten als Mittel der Kontrolle und Verbesserung von einzelnen diagnostischen Unternehmen (encounters) eingeführt werden. Verhütende und öffentliche Gesundheitsdienste sowie medizinische Ausbildung können aus dem computerisierten System Vorteile ziehen und helfen, es zu kontrollieren. Die Vertraulichkeit (confidentiality) des einzelnen muß jedoch durch beschränkten Zugang zu persönlichen Daten, z.B. durch kodenummerierte Kreditkarten, geschützt sein.

Kapitel 5: Überblick über die computerunterstützten diagnostischen Dienste

1. Spezifizierte rationale diagnostische Dienste

Der Computerdienst kann Daten betreffs Standards, Kosten, Nutzen, usw. sowie auch über Krankheiten und ihre Behandlung anbieten. Die Patterns, die durch den Computer wiedererkennbar sind, sind jedoch unvollkommen - sie sind wie jede andere empirische Nachricht durch Geräusche (noise) verseucht (contaminated). Minimierung des Geräusches erhöht die Effektivität des Systems, eliminiert jedoch das seltene Ereignis und die seltene Diagnose, welche für den Fortschritt der medizinischen Diagnose und Behandlung so wichtig sind. Dem kann abgeholfen werden, indem nur die ersten beiden Stadien der Pattern-Wiedererkennung (pattern-recognition) - erstens die Elemente und zweitens die Patterns - stabil gehalten werden, während die beiden letzteren Stadien - drittens Pattern und Elementanpassung, und viertens Entscheidung - für häufigere Änderungen offen gelassen werden. Fünftens und sechstens, die Überprüfung und Verbesserung des Einsatzes, sollten vermischt bleiben.

2. Das gegenwärtige Stadium des Computers im Dienste der Diagnose

Traditionell gibt es drei Methoden, um Diagnosen zu formen: 1) alle Geräusche zu ignorieren; 2) Geräusche zu erlauben, indem alternative Optionen vorgestellt werden und jeder ein statistisches Gewicht gegeben wird, und 3) Computersimulation. Alle drei zielen auf das Unmögliche, d.h. auf die volle Formalisierung der medizinisch diagnostischen Kompetenz; sie sind deshalb stark limitiert. Ihre Kombination kann jedoch als erste Annäherung an einen mehr rationalen, systemanalytischen Zugang (approach) zu umfassenden computerunterstützten diagnostischen Diensten dienen.

3. Die Zukunft des Computers im diagnostischen Dienst

Die umfassenden computerunterstützten diagnostischen Dienste werden hier als eine regulierende Idee vorgeschlagen, um partielle Dienste in einem späteren Stadium flexibel zu integrieren. Solch ein Plan ruft zu Diskussionen in bezug auf Ziele und Standards unserer generellen Dienste auf, zu welchen die Systemanalyse des medizinisch-diagnostischen Systems ein Mittel für einen Anfang bietet.

Anhang A: Der Systemzugang

Der Systemzugang (approach) wird als regulativ gutgeheißen, ist jedoch in Wissenschaft und Technologie kritisierbar. Es scheint, daß 1) Kosteneffektivität nicht immer so leicht rational berechnet werden kann und 2) die Entwürfe des Analytikers gegen seine eigenen zudringlichen Vorurteile geschützt werden müssen. Daher wird vorgeschlagen, daß variierende Ansichten eines jeden gegebenen Systems von unterschiedlichen Gesichtspunkten aus entwickelt werden und daß sie demokratisch diskutiert werden. Mit dem Erfolg, daß der Durchführende (implementor) und der Überprüfende als separate Entitäten oder Funktionen eines jeden gegebenen Systems hinzugefügt werden, zusätzlich zu den bis jetzt vorgeschlagenen, nämlich dem Entscheidungsträger, dem Klienten und dem Analytiker. Auf diese Weise könnte der Systemzugang mit individualistischer Ethik und rationaler technologischer Planung vereinbar sein.

Anhang B: Diagnose

Es gibt keine Patternwiedererkennung ohne Geräusche. Manchmal bringt der Kunde des Patternwiedererkennungsprozesses die Geräusche hervor. Medizinische Diagnose erkennt derartig eindrängende Kunden als Simulanten. Computerdiagnose ohne Eliminierung von Simulanten konstituiert defunktionelle Computersimulierung, wir können Simulanz jedoch nicht eliminieren. Computerunterstützte menschliche Diagnose hilft der Situation durch das Ausweiten des Systems, um ihre menschliche Umwelt einzuschließen: Durch die Ausbildung der Kunden des medizinischen Systems in Autonomie wird ihnen erlaubt, die Verantwortung für die Verbesserung der individuellen diagnostischen Unternehmen (encounters) sowie die generellen diagnostischen Dienste zu teilen.

Anhang C: Behandlung

Behandlung basiert für gewöhnlich auf sehr dürftiger Patternwiedererkennung. Die Patternwiedererkennung der Behandlung ist medizinisch wie auch traditionell dürftig definiert. Daher ist es vorzuziehen, Diagnose und Behandlung abstrakt zu beschreiben. Durchführung (implementation) verlangt jedoch kontextabhängige Überlegungen in bezug auf die therapeutische Verpflichtung - nicht um zu schaden, sondern um zu erklären, um die Erlaubnis des Patienten zu erhalten und ihn angemessen zu behandeln. Unglücklicherweise geben unterschiedliche Ärzte unterschiedliche Erklärungen, benutzen Standards und variieren weit in der Behandlung. Solch eine Situation ist untragbar und ruft nach einer Diskussion, in einer Anstrengung verantwortliche Übereinstimmung zu erzeugen. Nur dann können Erklärungen, Standards und Behandlungen verantwortlich computerisiert werden. Moralische Standards und Entscheidungen, welche Behandlung einschließen, müssen nicht computerisiert werden und ihr Einsatz (implementation) muß immer offen überprüft werden.

Fußnote:

1. Nathaniel Laor and Joseph Agassi: Diagnosis Computerized: The Pros and Cons of All-Round Computer-Assisted Diagnostic Services.

Mikroelektronik und Arbeitsrechte

Edmund F. Byrne
Indiana University, Indianapolis, Indiana

Die Industriegesellschaften erleben eine rasante Entwicklung, die allgemein als mikroelektronische Revolution bezeichnet wird und deren wichtigste Folgewirkung wohl das Aussterben herkömmlicher Berufe und Qualifikationen sein könnte. Sicher werden an anderer Stelle neue Arbeitsplätze beziehungsweise Qualifikationen entstehen, doch nicht in entsprechender Anzahl. Der Übergang wird in einigen Ländern durch sogenannte "Verträge zur Neuen Technologie" erleichtert, welche die bereits Beschäftigten schützen. Jedoch wird mit Ausnahme Skandinaviens für den zukünftigen Arbeitssuchenden wenig getan. Die übrigbleibenden Arbeitsplätze werden den nicht qualifizierten oder dequalifizierten Arbeitern kaum ein ausreichendes Einkommen bringen. Kurz gesagt, könnten wohl in der Zukunft weder der sprichwörtliche Schweiß des Angesichts noch die hinter dem Angesicht angesammelten Kenntnisse sichere Voraussetzungen zum Lebensunterhalt darstellen. Was ist eigentlich der Stellenwert der Arbeit in der Epoche der Mikrochips? und wie soll man denn den Wert derjenigen einschätzen, deren Qualifikationen in einer durch Hochtechnologie angekurbelten Wirtschaft schier altmodisch geworden sind?

Es geht hier um eine grundlegende Frage menschlicher Würde und sozialer Verantwortlichkeit, welche bisher die meisten Theoretiker, unter ihnen sogar Marx, wegen der äußersten Unwahrscheinlichkeit einer nicht auf menschlicher Arbeit gegründeten Wirtschaft, vernachlässigt haben.[1] Trotz der Entwicklung verschiedener Arbeitslosen- und Wohlfahrtsunterstützungssysteme in diesem Jahrhundert, die unter anderen von John Rawls eloquent verteidigt worden sind, ist die Neue Technologie nichtsdestoweniger beunruhigend, insofern sie das in Gang setzt, was einige den "Zusammenbruch der Arbeit" genannt haben.[2] In diesem wie auch in jedem anderen Fall ist die futuristische Methodologie recht unzuverlässig. Jedoch deuten vorsichtige, auf neuere Entwicklungen und sichtbare Trends gegründete Prognosen zweifelsohne darauf hin, daß wir vor radikalen Umstellungen in unserer herkömmlichen Arbeitsweise stehen.

Die Mikroelektronik wird wahrscheinlich ganze Industriezweige, z.B. den Postbeförderungsdienst, überflüssig machen. Sie hat schon verschiedene Arbeitsprozesse, beispielsweise in der Werkzeugmaschinenindustrie, im Druck- und Verlagswesen, im Handels-, Bank- und Versicherungswesen und in der Büroarbeit derartig umgestaltet, daß es in solchen Sektoren schon so weit gekommen ist, daß nur verhältnismäßig wenige Arbeitsgänge noch von menschlicher Arbeit abhängig sind. Viele traditionell hochgeschätzte Fachkenntnisse sind bereits überflüssig geworden und werden wohl durch eine viel geringere Anzahl neuer fachlicher Qualifikationen ersetzt werden.[3]

Im folgenden sollen einige Beispiele das bereits Geschehene beleuchten. Acht Hersteller von Büromaschinen melden nach einer Umfrage Olivettis eine 20-prozentige Verringerung des Personalstands zwischen 1969 und 1978. In drei Jahren, von 1975 bis 1978, hat eine schwedische Telekommunikationsfirma ihre Arbeitskräfte in der Produktion von 15.000 auf 10.000 verringert. Zwischen 1972 und 1979 haben 35.000 im westdeutschen Druckgewerbe Beschäftigte wegen der Bildschirmeinheit (VDU) ihren Arbeitsplatz verloren. Ähnliche Veränderungen sind im Versicherungs- und Bankwesen und neuerlich auch in der Büroarbeit dokumentiert worden.[4] Gerade in der einst arbeitsintensiven Computerindustrie ist die Beschäftigtenzahl zwischen 1963 und 1965 auf 50 % gesunken.[5]

In der Werkzeugmaschinenindustrie, die vormals einen hohen Grad an fachlicher Qualifikation erforderte, sind Menschen heutzutage fast nur noch mit Überwachung und Datenverarbeitung beschäftigt. Die noch benötigten Kenntnisse sind eher in der analytischen und logischen Fähigkeit als in der auf der Arbeitsstelle erworbenen Erfahrung begründet. Büroarbeitskenntnisse, die nicht selten eine Reihe administrativer Pflichten einschließen, werden nun durch das Textverarbeitungsgerät vertrieben, ein Umstand, der sich nicht zufällig enorm ungünstig auf die weiblichen Arbeitskräfte auswirkt.[6] Früher wurden elektronische Bauteile hauptsächlich von fachlich wenig qualifizierten Arbeitskräften (70 - 80 %) hergestellt. Neue elektronische Bestandteile (umfangreiche integrierte Schaltkreise) werden nun von Arbeitskräften hergestellt, die sich in drei fast gleichgroße Gruppen einteilen lassen, nämlich in hochqualifizierte Ingenieure und Techniker, in teilweise geschulte Fachkräfte und in nichtqualifizierte Arbeiter.[7] So sehen wir im Bereich der mikroelektronischen Herstellung eine Zuspitzung der von Adam Smith als erstem befürworteten Arbeitsteilung, die später von Charles Babbage gefördert und in der mechanischen Epoche von Frederick Taylor durchgeführt wurde.[8]

Eine Grenze der vielfältigen durch die Automatisierung ähnlich gefährdeten Bereiche ist nicht zu sehen. Daß die Produktionsarbeiter zuerst getroffen worden sind, ist bestimmt kein reiner Zufall. Repetitive Tätigkeiten, die nur einfache Handgriffe wie Montage, Zusammensetzarbeiten und Zubringerdienste erfordern, sind schon lange reif für den Einsatz von Robotern.[9] Einen Roboter könnte man als einen computergesteuerten, selbstregulierten Manipulator verschiedener Automatisationsbestandteile definieren.[10] Einer Schätzung nach sind bereits 15.000 Roboter im Umlauf, ungefähr die Hälfte in Japan und ein Viertel in den Vereinigten

Staaten.[11] Es gibt etwa sechs- bis siebentausend Einheiten in der Sowjetunion, doch sind die meisten von ihnen auf drei bis vier Bewegungsachsen beschränkt.[12] Bis 1986 hoffen die Russen 40.000 zusätzliche Einheiten zu besitzen, und in den fünf Jahren danach werden sie Sensorenroboter einführen (siehe unten).[13] 1980 betrug die Roboterproduktion von hundertfünfzig Firmen in Japan (fünfmal mehr als in den Vereinigten Staaten) den Wert von 400 Millionen Dollar. Für das Jahr 1985 werden Produktionshöhen im Wert von 2,2 Milliarden Dollar und für 1990 von 4,5 Milliarden Dollar erwartet.[14] In den Vereinigten Staaten wurde 1981 eine jährliche Roboterproduktion im Wert von 50 Millionen Dollar erreicht, die jedoch vor der Jahrhundertwende wohl bis auf 250 Milliarden Dollar steigen dürfte.[15]

Die Roboter der Zukunft werden "Sensorenfunktionen" mit verschiedenen, auf die jeweiligen Arbeitsgänge bezogenen Empfindlichkeitsstufen des "Tastsinns" sowie auch des "Gesichtssinns" besitzen; beide Arten werden bald technisch und wirtschaftlich realisierbar sein. Ein Mitsubishi-Roboter "weiß" beispielsweise, wenn er den richtigen Gegenstand auf der Arbeitsbank ergreift, weil er jenen mit Bildern auf zwei Fernsehkameras vergleichen kann; eine ist auf der Hand des Roboters montiert und die andere über der Bank angebracht. Ein Hitachi-Roboter ist so tastempfindlich, daß er einen Kolben in einen Zylinder mit nur 20 Mikron Verdrängung in drei Sekunden einfügen kann.[16] Selektive Vorwahl und Prüfung von Werkteilen sollen demnächst auch möglich sein. Noch ferner in der Zukunft ist ein "denkender" Roboter vorgesehen, der selber die wirksamste Ausführung eines vorgegebenen Auftrags wählen kann.[17]

Obwohl die Auswirkung der Roboterautomation auf die Arbeitskräfte nur allmählich spürbar wird, ist es klar, daß Arbeitslosigkeit ein mindestens indirektes Ergebnis dieses Prozesses darstellt. Die Firma General Electric wird wohl durch die Nutzung und geplante Herstellung von Robotern eine beachtliche Wirkung auf die Löhne der eigenen und anderer Firmen haben. Bis jetzt hat General Electric die Verringerung des Personalstands auf normales Ausscheiden eingeschränkt.[18] Westinghouse, der nordamerikanische Wettbewerber der GE, hat eine Roboterbranche mit dem Auftrag begründet, "jedes Herstellungsgebiet und alle zusammen unter die Roboterautomatisierung zu bringen".[19] Von PUMA (computergesteuertes Universalgerät für die Montage), ein von General Motors und Unimation entwickelter Roboterarm zum Preis von 20.000 Dollar, wird erwartet, daß die Hälfte der Fließbandarbeiter von General Motors vor 1990 freigesetzt wird.[20] Robogate, ein von Fiat entwickelter und eingeführter Fließbandroboter, hat bis jetzt keine Arbeitskräfte ersetzt. Doch sobald die Sensorenroboter in der italienischen Firma eingeführt werden, könnte schätzungsweise ein 90-prozentiger Abbau der Beschäftigten vor 1990 erfolgen.[21]

In Japan hat MITI, der quasi-regierungsgeleitete Forschungszweig der japanischen Industrie, 140 Millionen Dollar in sieben Jahren investiert, um die Vollroboterautomatisierung der Montage eines Produktes wie des Autos durchzuführen; ein jeweiliges Automuster könnte einfach durch Wechsel der Software des Systems geändert werden. Hitachi zielt darauf, noch vor 1985 durch intelligente Roboter 60 % der Montagearbeit durchführen zu lassen.[22] Diese Firma hat bereits einen Prototyp des flexiblen Herstellungskomplexes (FMC) in Höhe von 60 Millionen Dollar in Gang gesetzt, der fünf vollautomatisierte Herstellungsverfahren einschließt, die alle untereinander verbunden und durch eine Hierarchie von Computern kontrolliert werden. Menschen sind nur für die Sicherheitsüberwachung der Laserstrahlen zuständig, welche zur Steuerung gebraucht werden. Vorauszusehen ist, daß vor 1985 20 % der gesamten japanischen Fabrikproduktion durch den FMC-Prozeß durchgeführt sein wird.[23] Inzwischen hat die Fujitsu Fanuc GmbH einen automatisierten Betrieb im Wert von 38 Millionen Dollar zur Herstellung von Robotern und Computerwerkzeugmaschinen eröffnet. Gebraucht werden Roboter, numerisch gesteuerte Werkzeugmaschinen und nur eine Schicht von 100 Arbeitern für die Montage der robotergebauten Bestandteile.

Überträgt man diese Entwicklungen in bestimmten Industriezweigen auf die gesamte Massenherstellung, so nimmt deren wahrscheinliche Auswirkung auf die in der Produktion Beschäftigten sehr beunruhigende Ausmaße an. Nach einer Voraussage werden Roboter im letzten Jahrzehnt dieses Jahrhunderts wohl die Hälfte der gesamten Manufakturwaren produzieren; daraus würde die Entlassung von etwa einem Viertel der Arbeitskräfte in den Fabriken folgen.[24] Eine zweite Studie errechnet, daß der wachsende Gebrauch von Robotern und anderen elektronischen Geräten in der amerikanischen Industrie einen 30-prozentigen Rückgang der menschlichen Arbeitskräfte mit sich bringen wird, und dies hauptsächlich durch die Vollautomatisierung der dritten Schicht oder der "Geisterschicht", wie sie in Deutschland gern genannt wird.[25] Nach den Angaben eines dritten Techno-Propheten könnten intelligente Roboter mindestens 65% der heutigen Arbeitskräfte in den Fabriken ersetzen.[26]

Angesichts dieser ziemlich plötzlichen Verwandlung der Produktionsmittel ist sogar auch _sushin koyo_, das viel gerühmte Arbeitsversicherungssystem der japanischen Fabrikarbeiter, verletzbar geworden. Die Zahl der japanischen Betriebsarbeiter ist von 14.4 Millionen im Jahre 1973 auf 13.7 Millionen im Jahre 1980 gesunken. Stark kritisiert wurde die Behauptung einer Regierungsuntersuchung, welche die Wirkungen der Mikroelektronik auf den Beschäftigtenstand als unwichtig einschätzte. Die bis jetzt fügsamen Gewerkschaften beginnen, sich darum Sorgen zu machen.[27] Ein Ergebnis dieser neuen Situation ist, daß der Gewerkschaftsbund der japanischen

Autoarbeiter einen Vertrag mit Nissan geschlossen hat, der die Arbeitsplätze der bereits Beschäftigten vor Entlassung oder Abwertung durch die Einführung von Robotern und Mikroelektonik schützt.[28] Doch tut die Regierung wenig, um neue Arbeitsplätze zu entwickeln.[29]

Die technologische Beschäftigungsproblematik beschränkt sich nicht auf die Industrieländer. Computergesteuerte Montage in den Vereinigten Staaten und in Japan ist bereits mit der arbeitsintensiven und immer teurer werdenden Menschenarbeit in anderen Ländern wettbewerbsfähig ("outsourcing"); daher ist es für die elektronischen Firmen weniger profitabel geworden, sich für die Montage einfacher Bestandteile auf asiatische Entwicklungsländer zu verlassen.[30]

Kurz gesagt, wird unter informierten Beobachtern der Roboterindustrie nicht mehr die Gefahr der Arbeitslosigkeit an sich diskutiert, sondern nur noch ihr Ausmaß. Darüber hinaus hat das Freisetzen noch eine zusätzliche Dimension gewonnen, welche die These, daß das Ganze stets größer als die Summe seiner Teile sei, so gut wie auf den Kopf stellt. Es handelt sich hier um den Rückgang, wenn nicht gar um das Aussterben der geschichtlich zum Schutz der Arbeiter am Arbeitsplatz organisierten Gewerkschaften. Der Bund der amerikanischen Autoarbeiter (United Auto Workers) sieht einen Verlust von 200.000 seiner jetzt eine Million starken Mitgliederschaft zwischen 1978 und 1991 voraus. Dem Gewerkschaftsbund der Maschinenarbeiter (International Association of Machinists) sowie dem Bund der Elektrizitätsarbeiter (International Brotherhood of Electrical Workers) stehen ähnliche Einbußen bevor.

Dazu kommt, daß die Mikroelektronik ebenfalls die Arbeitsplätze vieler Angestellter und Beamter abbauen wird. Der Beschäftigtenstand des Postbeförderungsdienstes in den USA hat sich von 744.000 im Jahre 1970 auf 667.000 im Jahre 1981 vermindert.[31] Und gerade während sich die riesige ATT darauf vorbereitet, die gerichtsverordnete Teilung des Konzerns in einen Ferndienst und fünf regionale Gesellschaften durchzuführen, versucht die Gewerkschaft der amerikanischen Telekommunikationsarbeiter (Communication Workers of Amerika) den Schutz des Arbeitsplatzes zum Kern der Vertragsverhandlungen zu machen.

Was die Beschäftigten der ATT für wichtig halten, ist auch von Belang für die westeuropäischen Regierungen. Der sogenannte Nora-Bericht, der 1978 dem damaligen französischen Präsidenten Giscard d'Estaing vorgelegt wurde, ist außerordentlich pessimistisch. Nach dem Nora-Bericht würde das bald von der IBM und ihren amerikanischen Partnern (Comsat und Aetna) einzuführende Telekommunikationssystem alle Souveränitätsansprüche jedes kleinen Nationalstaates wie Frankreich untergraben.[32] Die Warnung Noras, daß sich deshalb kleine Nationen auf eine

kollektive Politik einigen sollten, bleibt reines Postulat ohne jede Realisierungschan-
ce. Jedoch werden diese und andere Entwicklungen bestimmt massive Entlassungs-
wellen herbeiführen mit entsprechenden Folgewirkungen auf mittlere und höhere
Leitungskader, welche ohne untergebene Mitarbeiter ebenfalls überflüssig werden.

Wenn sich in den kommenden Jahren eine technologisch bedingte Arbeitslosigkeit
tatsächlich so, wie hier beschrieben, entwickelt, so wird das nicht geschehen, weil es
keine Alternative dazu gibt, sondern weil die Mikroelektronik als auf lange Sicht
kostengünstig und daher als im Rahmen des technologischen Wettbewerbs notwendig
betrachtet wird.[33] Doch würde ein Schriftsteller bestimmt hinzufügen, daß die
Automation nur deshalb kostengünstig ist, weil Menschen ausgeschlossen werden, da
beim Versuch, die Menschen in den Produktionskreis einzufügen, die größten Kosten
auftreten. So schreibt Lawrence B. Evans, Chemie-Ingenieur beim MIT:

> Die Kosten zusammengesetzter elektronischer Schalter sinken exponentiell (mit
> einem Faktor von 1/2 jährlich) aufgrund der Technologie des umfangreichen
> integrierten Semikonduktors (LSI). Die eigentlichen Kosten des Systems liegen in
> der Hardware zur Kommunikation zwischen dem Menschen und diesem System
> (Bildschirm, Tastatur, Schreibmaschinen), und diese Kosten hängen von der
> Gestaltung des Systems ab. Daher sind automatisierte Funktionen und Datenver-
> arbeitung nur rentabel, wenn sie ohne den Bedarf an menschlicher Kommunika-
> tion, also blind verlaufen können.[34]

Die Schätzungen über den Unterschied zwischen Gebrauchskosten von Robotern oder
menschlicher Arbeit variieren, doch wird überall eine beträchtliche Kostenverminde-
rung angenommen. Wir lesen zum Beispiel, daß ein bei der Autoherstellung
eingesetzter Roboter dieselbe Arbeit für 5,50 Dollar pro Stunde leistet wie ein
gewerkschaftlich organisierter Arbeiter für 18,10 Dollar pro Stunde (Lohn und
Dienstleistungen inbegriffen).[35] Eine derartige Einschätzung beruht meist auf dem
Vergleich zwischen den Arbeitskosten und den Einkaufs- und Wartungskosten eines
Roboters. Roboterverkäufer behaupten, daß die Einkaufskosten in drei Jahren allein
durch die ersparten Arbeitskosten wiederzugewinnen sind. Natürlich müßten Geld-,
Installations-, Energie- und Wartungskosten an die heutige wirtschaftliche Situation
angeglichen werden. Allerdings sollten die ursprünglichen Produktionskosten eines
Roboters von 50.000 Dollar im Jahre 1980 auf 10.000 Dollar im Jahre 1990 sinken. So
sind also neuere Schätzungen proportional richtig. Die Frage der Kosten kann auch
unter Umständen in den Hintergrund treten und das Kriterium der Qualitätsverbes-
serung den Vorrang gewinnen wie im Falle des K-Autos der Firma Chrysler im
Newarker Betrieb in Delaware, oder auch bei der Produktion der Fleetwood der
General Motors, wo Roboter im Wert von 8.5 Millionen Dollar Arbeitskosten von nur

120.000 Dollar jährlich sparen. Natürlich wird in solchen Fällen auf wohlhabende Käufer gezielt, wobei erwartet wird, daß Produktionskosten durch Verkaufskosten ausgeglichen werden.[36]

Vom gesellschaftlichen Standpunkt her gesehen fällt allerdings auf, daß solche Kalkulationen nur die internen Kosten berücksichtigen, wobei die gesellschaftlichen Kosten der technologischen Umwälzung außer acht gelassen werden. In vieler Hinsicht sind westeuropäische Länder den Vereinigten Staaten weit voraus, insofern in Europa bereits Maßnahmen zur Erleichterung des durch die industrielle Umwandlung verursachten Übergangs in Kraft getreten sind. Obwohl sicherlich einige Fortschritte in den USA gemacht worden sind, scheinen im allgemeinen weder der private noch der öffentliche Sektor darauf vorbereitet zu sein, sich mit der in allen westlichen Ländern überhandnehmenden technologisch bedingten Arbeitslosigkeit auseinanderzusetzen.

Freisetzungen sind natürlich nicht Neues. Auch Freisetzungen als Folge technischer Neuerungen sind nicht ohne Beispiel. Ferner ist es auch keine Neuheit, daß sich technische Fortschritte auf einen besonderen Wirtschaftszweig enorm auswirken können. Am Anfang dieses Jahrhunderts ist mit der Mechanisierung der Landwirtschaft eine vergleichbare Umwandlung der Landwirtschaft eingetreten. Doch neu ist das Ausmaß der spezialisierten Qualifikationen, welche die neue Technologie ökonomisch immer mehr wertlos macht. Solche Geschicklichkeiten haben der Gesellschaft schon über Generationen ihren Dienst geleistet. Sie sind als direkte oder indirekte Folgeerscheinungen gesellschaftlicher Prioritäten und Programme erworben worden. Folglich könnte nur eine skrupellos gewordene oder vielleicht eine an Amnesie leidende Gesellschaft es zulassen, daß die Opfer ihrer eigenen Erfindungen einfach sich selbst überlassen werden.[37]

Die westeuropäischen Länder verfügen - zumindest theoretisch - über bessere Arbeitslosenunterstützung als es in Amerika der Fall ist. Obwohl der Prozentsatz der Arbeitslosenversicherungsempfänger in den USA erheblich größer ist als in mehreren europäischen Staaten, wo kleinere Firmen und die Landwirtschaft nicht einbezogen sind, zeigen die europäischen Staaten doch deutlich mehr Verantwortungsbewußtsein gegenüber den durch Technologie freigesetzten Arbeitskräften, vor allem in Schweden und anderen skandinavischen Ländern. Der jetzt in Europa üblich gewordene vertragliche Schutz des Arbeitsplatzes vor der neuen Technologie ist amerikanischen Gewerkschaften wie denen der Autoarbeiter und der Telekommunikationsarbeiter nicht unbekannt, doch im allgemeinen haben die Amerikaner in dieser Hinsicht noch viel zu lernen.

Zu welcher Entscheidung eine Gesellschaft kollektiv kommt, hängt hauptsächlich von ihren ideologischen Werten und deren praktischer Umsetzung ab. Aber die von der amerikanischen Öffentlichkeit unterstützten Wohlfahrtstheorien zeigen nicht dieselbe Rücksicht auf den Einzelnen wie etwa jüngst auf die Firma Chrysler, der schnell aus Schwierigkeiten geholfen wurde. Volkswirtschaftler, die schon lange das nicht mehr auszugleichende Budget im Staatshaushalt mit Resignation betrachten, debattieren darüber, ob so etwas wie die Phillipskurve der Arbeitslosigkeit existiert, oder aber darüber, wie am Anfang dieses Jahrhunderts von Kondratiev und nach ihm von Schumpeter behauptet wurde, ob überhaupt die technologische Revolution ein Faktor sei.[39] Allerdings sind es nicht nur die Volkswirtschaftler, die sich stillschweigend bewußt sind, daß wir vor einem Problem stehen, dem das Wissen ihres Berufes nicht mehr gewachsen ist. Angesichts der Tragweite der mikroelektronischen Umwandlung der Arbeit findet man nur wenig in herkömmlichen Werten und Institutionen, das uns helfen könnte, die wegen der technologischen Revolution einbrechende Arbeitslosigkeit menschlich zu bewältigen. Von besonderer Wirkung ist der der jüdisch-christlichen Tradition zugeschriebene Glaube, nach dem ein Kausalitätsverhältnis zwischen Lebensunterhalt und Arbeit bestehe.

"Wäre die Arbeit zum Heil, dann hätten die Reichen bestimmt herausgefunden, wie sie die Arbeit für sich behalten könnten", heißt es in einem derben haitianischen Sprichwort. Im Gegensatz dazu scheinen die Reichen de facto von der Pflicht zur Arbeit zum Lebensunterhalt befreit zu sein. Andere Menschen werden wegen einer körperlichen Behinderung, wegen ihres Alters (zu jung oder zu alt) oder ihres Gesundheitszustandes von der allgemeinen Arbeitspflicht ausgenommen. Fehlt einem die gesellschaftlich sanktionierte Entschuldigung, so sieht es aus, als ob der Wert der Person von ihrer Nützlichkeit als Arbeiter abhänge. Diese Nützlichkeit beruht, wie Marx richtig erkannte, vor allem auf den Marktbedingungen, die jedoch durch komplexe Zwischenstrukturen sozial und politisch vermittelt werden. In einer sozialistischen Wirtschaft ist die Vollbeschäftigung meist vorausgesetzt, wenn auch Arbeitsversäumnisse die eigentliche Arbeitsleistung auf ein Minimum reduzieren. In einem kapitalistischen System hängt die Beschäftigung, sogar in einem gewerkschaftlich organisierten Betrieb, grundstätzlich von den Bedürfnissen des Arbeitgebers ab, bzw. von dem größtenteils von ihm definierten Arbeitsbedarf.

Im angloamerikanischen Rechtssystem ist das Recht des Arbeitgebers in der seit lange bewährten Doktrin der "Beschäftigung nach Wunsch" verankert. Dies bedeutet, daß der Arbeitnehmer Rechte als Arbeitnehmer nur binnen der Zeit eines vom Arbeitgeber bestimmten Arbeitsverhältnisses besitzt. Zwar darf die Gewerkschaft gegen eine Freisetzung Einspruch erheben, aber nur wegen der Untauglichkeit angeführter Freisetzungsgründe. Meistens mischt sich eine Gewerkschaft in dem

Verfahren nur ein um zu bestimmen, ob dieser oder ein anderer Arbeitnehmer auf einen bestimmten Arbeitsplatz kommt. Stellt der Arbeitgeber Mangel an Arbeitsplätzen oder an Geld fest, so wird nur über die Umstände der als unvermeidbar betrachteten Freisetzung verhandelt. Und sollte ein Arbeitgeber, beispielsweise ein multinationaler Konzern zum Schluß kommen, daß die Arbeit eines besonderen Betriebs besser (d.h. billiger) anderswo (via "outsourcing") oder auf andere Weise (via Automation) gemacht werden kann, so wird die ganze Belegschaft eines Betriebs freigesetzt.

Das Arbeitgeberrecht der "Beschäftigung nach Wunsch" kann auf verschiedene Art und Weise modifiziert werden, hauptsächlich durch Vereinbarung zwischen Arbeitgeber und Arbeitnehmer oder aber durch Regierungsintervention. In einigen Ländern wie Italien und Schweden ist die Massenfreisetzung einfach nicht erlaubt. Es gibt andere Länder, in denen Verträge auf verschiedenen Ebenen den Arbeitnehmern Auskunft über bevorstehende technologische Veränderungen gewähren ("Datenverträge"), und/oder ihnen die Gelegenheit anbieten, die Auswirkungen solcher Veränderungen auf die Belegschaft einzuschränken ("Verträge zur Neuen Technologie"). Solche Verträge können alle Aspekte der eingeführten Technologie bzw. Sicherheitsmaßnahmen, Planung und Vorbereitung sowie Einführungsbestimmungen einschließen.

Viele europäische Gewerkschaften haben auf Betriebs-, Industrie- oder staatlicher Ebene Verträge abgeschlossen, um die Auswirkungen der neuen Technologie auf die bereits Beschäftigten einzuschränken, doch kaum zugunsten zukünftiger Arbeitskräfte. Gesundheitsgefährdung bei der Arbeit an der Bildschirmeinheit (VDU) ist z.B. üblicherweise ein Verhandlungsthema. Besonders in Norwegen und Schweden garantieren sowohl Statuten als auch gewerkschaftliche Verträge den Arbeitern ein bedeutendes Mitspracherecht bei den Entscheidungen, die sich auf die Einführung computerbegründeter Technologie beziehen. Von besonderem Belang in diesen Richtlinien sind erstens der Beschluß über die Mitbestimmung der Arbeiter im Entscheidungsprozeß und zweitens die Förderung der Computerqualifizierung unter den Arbeitern durch Weiterbildung. Ähnliche, jedoch weniger progressive Entwicklungen sind auch in der Bundesrepublik und in England zu finden.

Laut einer vom Trade Union Congress (TCU) 1979 herausgegebenen Kontrolliste haben die englischen Gewerkschaften mehr als hundert Verträge zur Neuen Technologie (New Technology Agreements) hauptsächlich auf der betrieblichen oder anderen unteren Ebenen abgeschlossen, welche vor allem den Büroangestellten und dem Leitungspersonal zugute kommen. Ungefähr die Hälfte der westdeutschen Arbeitskräfte sind gegen Rationalisierung im Bereich der Chemie-, Leder- und

Schuh-, Papier-, Textilien-, Metallverarbeitungs- und besonders der Druckindustrie vertraglich geschützt. Vor allem der Initiative der IG Metall ist es zu verdanken, daß die westdeutsche Uhrenindustrie schließlich den Übergang von mechanischen Uhren zur Quartztechnologie eingeleitet hat.[40]

Im Vergleich dazu hat sich in Nordamerika nur ein relativ kleiner Teil der Arbeitskräfte gegen die Ersetzung durch die Mikroelektronik wehren können. Zwei Ausnahmen, die Autoarbeiter und die Telekommunikationsarbeiter, sind bereits oben erwähnt worden. Es sollte betont werden, daß die kanadischen Arbeiter als erste die Freisetzung durch Mikroelektronik erkannten und dagegen reagierten. Daß sich die Gewerkschaften in den USA gegenüber der Mikroelektronik verhältnismäßig untätig verhalten, wirkt sehr befremdend, zumal sie gerade diejenigen waren, die in den sechziger Jahren außerordentlich (und damals frühzeitig) durch die Automatisierungsgefahr beunruhigt schienen. Andererseits wird das, was europäische Gewerkschaften kollektiv zu erzielen versuchen, in den USA individuell durch gerichtliche Verfahren gewonnen. So haben bereits in verschiedenen gerichtlichen Verfahren entlassene leitende Angestellte die (vielleicht derselben Lage ausgesetzten) Geschworenen überzeugen können, ihre Entlassung als "unberechtigt" oder "verletzend" zu erklären. Solche Urteilsprüche bringen gewöhnlich Entschädigungssummen von 200.000 - 300.000 Dollar mit sich, es sind sogar schon vier Millionen Dollar Schadenersatz durch gerichtliche Instanzen zuerkannt worden. Meist wird Klage über Vertragsbruch, Bruch des gegenseitigen Vertrauens oder der Redlichkeit bzw. der Verpflichtungen gegenüber der Öffentlichkeit erhoben.[41]

Könnte eine solche Anerkennung der Rechte der Arbeitnehmer von der Ebene des Leitungspersonals auf alle Arbeitskräfte übertragen werden, so wäre vielleicht im Bereich des Arbeitnehmerrechts so etwas wie ein Ausgleich zwischen beiden Seiten des Ozeans möglich. Tatsächlich enthält der kürzlich zwischen der ATT und der amerikanischen Telekommunikationsgewerkschaft CWA abgeschlossene Vertrag einige Rechte, wofür die Europäer im Blick auf die Neue Technologie bereits seit über einem Jahrzehnt kämpfen.[42]

Wie oben betont wurde, schützen Verträge zur Neuen Technologie nur diejenigen, die in einem Betrieb oder in einer Industriebranche bereits beschäftigt sind. Es gibt keine Schutzmaßnahme zugunsten der zukünftigen Stellensucher, die unter Umständen einen Arbeitsplatz, wenn überhaupt, nur in einem noch nicht existierenden Arbeitszweig finden werden. Die Frage, ob es dann genug Arbeitsplätze geben wird, oder ob Arbeit die Grundvoraussetzung zum Lebensunterhalt bleiben wird, läßt sich gegenwärtig noch nicht beantworten. Trotz der gesellschaftlichen Trägheit, die man auf die traditionelle Arbeitsethik zurückführen könnte, ist die Zeit gekommen für

Fortschritte im Sinne eines Vermögensausgleichs, etwa durch negative Besteuerung. Das weist andererseits auf die Notwendigkeit hin, sozialphilosophische Probleme in unsere Philosophie der Technik einzubeziehen. Was die Deutschen "Humanisierung der Arbeit" nennen, wird eigentlich nicht ohne eine Übereinstimmung über ethische Prioritäten und ihre Anwendung auf eine durch Mikroelektronik umstukturierte Gesellschaft fortschreiten können. Diese Prioritäten könnten dann wohl dem alten, aber noch nie zuvor so passenden Grundsatz entsprechen und darin ihre Begründung finden: "Jedem nach seinen Bedürfnissen, jeder nach seinen Fähigkeiten"!

<u>Anmerkungen</u>

1. Vgl. Clive Jenkins und Barrie Sherman, <u>The Leisure Shock</u>, London: Eyre Methuen, 1981. Vgl. auch Jozef Wolkowski, "The Philosophy of Work as an Area of Christian-Marxist Dialogue", <u>Dialectic and humanism</u> 5 (Winter 1978) 113-122.

2. Clive Jenkins und Barrie Sherman, <u>The Collapse of Work</u>, London: Eyre Methuen, 1979. Vgl. dazu J. L. Missika ed. al. <u>Informatisation et Emploi:</u> <u>Menaces ou Mutation?</u> Paris: La Documentation Francaise, 1981, S. 73-4.

3. Günter Friedrichs und Adam Schaff (Hrsg.), <u>Microelectronics and Society:</u> <u>A Report to the Club of Rome</u>, New York: NAL Mentor, 1983, S. 115-202; Christopher Evans, <u>The Micro Millenium</u>, New York: Washington Square, 1979, S. 121-145; Tom Stonier, <u>The Wealth of Information</u>, London:Thames Methuen, 1983, S. 99-122.

4. European Trade Union Institute (ETUI), <u>Negotiating Technological Change</u>, Brussels, 1982, S. 8-11, 16. Vgl. auch Ian Benson und John Lloyd, <u>New Technology and Industrial Change</u>, London: Kegan Paul, 1983, S. 39-43.

5. Paul Stoneman, <u>Technological Diffusion and the Computer Revolution</u>, London: Cambridge University Press, 1976, S. 177.

6. ETUI (Anm. 4), ebd., S. 12-8. Zur Auswirkung auf Frauen vgl. Ursula Huws, <u>Your Job in the Eighties: A Woman's Guide to Ney Technology</u>, London: Pluto Press, 1982.

7. ETUI (Anm. 4), ebd., S. 20.

8. Ebd., S. 33. Für eine ausführliche Analyse dieses Prozesses aus marxistischer Sicht siehe Harry Braverman, <u>Labor and Monopoly Capital: The Degradation of Work in the Twentieth Century</u>, New York und London: Monthly Review Press, 1974. Vgl. auch Benson und Lloyd, Ebd., S. 31-47.

9. ETUI (Anm. 4), ebd. S. 8-10.

10 Jasia Reichardt, Robots: Fact, Fiction and Prediction, New York: Penguin, 1978, S. 141; Wayne Chen, The Year of the Robot, Beaverton, Oregon: Dilithium Press, 1981, S. 9-24.

11. D. Smith, "The Robots (Beep, Click) Are Coming", Pan Am Clipper, April 1981, 33; E. Janicki, "Is There a Robot in Your Future?" The Indianapolis Star Magazine, 22. Nov. 1981, 55.

12. "Russian Robots Run to Catch Up", Business Week, 17. Aug. 1981, 120.

13. Ebd., S. 120.

14. "The Push for Dominance in Robotics Gains Momentum", Business Week, 14. Dez. 1981, 14, 108. Vgl. auch Business Week, 5. April 1982, 40; 27. Juni 1983, 40.

15. Smith (Anm. 11), ebd.

16. Reichardt (Anm. 10), ebd., S. 140.

17. "Racing to Breed the Next Generation", Business Week, 9. Juni 1980, 73, 76.

18. "How Robots are Cutting Costs for GE", Business Week, 9. Juni 1980, 68. See also "General Electric: The Financial Wizards Switch Back to Technology", Business Week, 16.März 1981, 112-3.

19. "Robots Join the Labor Force", Business Week, 9. Juni 1980, 62, 64; "GE ist About to Take a Big Step in Robotics", Business Week, 8. März 1982, 31-2.

20. "GM's Ambitious Plans to Employ Robots", Business Week, 16. März 1981, 31.

21. "Racing to Breed the Next Generation", (Anm. 17), ebd., 76.

22. "The Push for Dominance in Robotics Gains Momentum", Business Week, 14. Dez. 1981, 108.

23. "The Speedup in Automation", Business Week, 3. August 1981, 61. Vgl. auch Paul Kinnucan, "Flexible Systems Invade the Factory", High Technology, Juli 1983, 32-7, 40-2.

24. "High Technology: Wave of the Future or a Market Flash in the Pan?" Business Week, 10. Nov. 1980, 96: Graph., "The Coming Impact of Microelectronics".

25. "The Speedup in Automation", (Anm. 23), vgl. 58-9. Dazu auch "Robots Bump into a Glutted Market", Business Week, 4. April 1983, 45.

26. "Robots Join the Labor Force", (Anm. 19), vgl. 62-3, 65.

27. Vgl. Kuni Sadamoto (Hrsg.), Robots in the Japanese Economy, Tokio: Survey

Japan, 1981; "Japan: The Robot Invasion Begins to Worry Labor", <u>Business Week</u>, 29. März 1982, 46.

28. <u>International Metalworkers Federation News</u>, Mai 1983.

29. "A Changing Work Force Poses Challenges", <u>Business Week</u>. Sonderausgabe: Japan's Strategy for the 80's, 14. Dez. 1981, 116-8.

30. "Automation is Hitting a Low-Wage Bastion", <u>Business Week</u>, 15. März 1982, 38-9. Vgl. auch ebd. 14. Dez. 1981, 40; Juan F. Rada, "A Third World Perspective", in <u>Microelectronics and Society</u>, S. 203-31; Ira C. Magaziner and Robert B. Reich, <u>Minding America's Business</u>, New York: Vintage, 1983, S. 99-101.

31. "The Speedup in Automation", <u>Business Week</u>, 3. August 1981, 62-7; "Technology Challenges Postal Union", <u>In These Times</u>, 17.-23. Aug. 1977, 8; Missika et al., <u>Informatisation et Emploi</u> (Anm. 2), S. 157-220.

32. Simon Nora und Alain Minc, <u>L'Informatisation de la Société</u>. Rapport à M. le Président de la République. Paris: La Documentation Francaise, 1978 (English ed., MIT Press, 1980).

33. Vgl. Tom Forester (Hrsg.) <u>The Microelectronics Revolution</u>, Oxford: Basil Blackwell, 1980, S. 159-60, 192-5, 383.

34. "Industrial Uses of the Microprocessor", in Forester (Anm. 33), S. 144 (zuerst in <u>Science</u> veröffentlicht, 18. März 1977).

35. Janicki (Anm. 11), S. 54-5.

36. Nach einer Studie der Studenten der Carnegie-Mellon Universität, "The Impacts of Robotics on the Workforce and Workplace", Pittsburgh, 14. Juni 1981.

37. Ein besonders gutes Beispiel dafür ist die Herstellung von Werkzeugmaschinen. Vgl. ETUI (Anm. 4), S. 13.

38. Vgl. Roger Kaufman, "Why the U.S. Unemployment Rate is So High", Piore (Hrsg.) <u>Unemployment and Inflation</u>. White Plains, NY: M.E. Sharpe, S. 160; Magaziner and Reich, (Anm. 30), S. 12-8, 143-54, 211-4, 271-6, 333-4.

39. Vgl. Benson and Lloyd (Anm. 4), S. 49-55; David Wheeler, "Is There a Phillips Curve?", in <u>Unemployment and Inflation</u>, S. 46-57.

40. ETUI (Anm. 4), S. 50-1. Zum historischen Hintergrund dieser Entwicklung, vgl. Benson und Lloyd (Anm. 4).

41. "It's Getting Harder to Make a Firing Stick", <u>Business Week</u>, 27. Juni 1983, 104-5; "Fire Me? I'll Sue!", <u>American Bar Assoc. J.</u> 69 (Juni 1983) 719. Vgl. Paul O'Higgins, <u>Workers' Rights</u>, London: Arrow Books, S. 62-72; Jeremy Mc Mullen,

<u>Rights at Work</u>: <u>A Workers' Guide to Employment law</u>, London: Pluto Press, 1979, 1978, S. 144-84.

42. Allerdings schließen diese Rechte nicht die permanente Beschäftigung ein, wie die Belegschaft verschiedener bald zu schließender Betriebe der Western Electric kürzlich herausstellte. Vgl. z.B. <u>The Indianapolis Star</u>, 14. Sept. 1983.

Wer ist schuld an der ‚Datenverschmutzung'?

Zur Frage der individuellen moralischen Verantwortung im Zusammenhang
mit Informationstechnologie

Walther Ch. Zimmerli
Technische Universität Braunschweig

I.

Technologien sind theoretisch formulierbares Know-how, methodisches Instrumentarium zur Umgestaltung von Wirklichkeit. Technologien teilen das Schicksal allopathischer Medikamente: Wenn sie wirkungsvoll sein sollen, müssen sie negative Nebenfolgen haben, die man zusammenfassend als 'Verschmutzung' bezeichnen kann. Dies verhält sich bei allen Technologien so, und nur die Tatsache, daß man sich im Zusammenhang der Informationstechnologie durch die 'weiche' Formel von der 'Software' im Gegensatz zur 'Hardware' irreleiten läßt, erklärt, warum die vielen offenkundigen Probleme im Kontext der Informationstechnologie kaum je in Begriffen der 'Verschmutzung' diskutiert worden sind.[1]

Daß der Ausdruck 'Datenverschmutzung' zweideutig ist, wird von mir bewußt in Kauf genommen: Er soll beides, sowohl die Verschmutzung von Daten als auch die Verschmutzung durch Daten bezeichnen. Unter beidem läßt sich wieder jeweils Heterogenes subsumieren, wie noch zu zeigen sein wird. Kurz: Unter dem Begriff 'Datenverschmutzung' soll im folgenden die Menge aller 'Schmiereffekte' verstanden werden, die durch den informationstechnologischen Umgang mit Daten entstehen können. Bei dieser Bestimmung handelt es sich nicht um eine Definition im strengen Sinne, sondern nur um die Nennung eines Merkmals. Was also im einzelnen unter dem Begriff 'Datenverschmutzung' fällt, ist nicht schon ausgemacht, da dies sich in Kovarianz zu der informationstechnologischen Entwicklung sowie der Anwendung von Informationstechnologien auf neue Bereiche ändert. Die mit dem Namen 'Datenverschmutzung' bezeichnete Menge von Schmiereffekten ist also prinzipiell offen.

Wodurch 'Datenverschmutzung' bewirkt wird, ist unterschiedlich und vielfältig, - welche Effekte sie haben kann, ebenfalls. Wer einmal aufgrund der Tatsache, daß er dieselbe Schuhgröße, dieselben Eßgewohnheiten sowie dieselben Reiseziele wie ein Terrorist hat, in den Griff einer Rasterfahndung geraten ist, wen einmal die Buchungscomputer einer Fluggesellschaft 'vergessen' haben, wer einmal einen falschen Kontoauszug oder eine sich mit scheinbar konstanter Bosheit erneuernde fälschlicherweise erfolgende Zahlungsmahnung erhalten hat etc. (also jeder Mensch in zivilisierten Industrienationen), weiß, wovon ich spreche. Daß 'der Computer spinnt', 'sich irrt' oder schlicht 'streikt', wird im Regelfalle als die anonyme Ursache genannt, - indessen handelt es sich dabei einerseits um eine bloß metaphorische Redeweise[2] und zudem, läßt man dies beiseite, um eine nur in einigen Fällen zutreffende 'Schuldzuweisung', die dann auch für alle übrigen in Anspruch genommen wird.

Nun kann man oft hören, das sei nicht so schlimm, - es würde mindestens ebenso viele Probleme geben, wenn Menschen und nicht Maschinenrechner die betreffenden Daten bearbeitet hätten, und bei maschineller Bearbeitung sei immerhin Konsequenz und Verläßlichkeit eines ganz genau definierten Prozesses zu erwarten, was als Vorteil anzusehen sei. - Ich will dies alles vorläufig nicht bestreiten. Was ich indessen zeigen möchte, ist, daß die 'Datenverschmutzung', d.h. die 'Fehler' aufgrund des Einsatzes informationsverarbeitender Automaten, in bestimmten Bereichen prinzipiell andersartig[3] sind als die Fehler ihrer menschlichen Vorgänger bzw. Substitute, und daß sich hieraus grundsätzlich neue Probleme hinsichtlich der individuellen Verantwortlichkeiten ergeben.

Eine Analyse des Informationsverarbeitungsprozesses läßt - idealtypisch - drei Phasen unterscheidbar werden: 1. diejenige der Datenerfassung, 2. diejenige der Datenverarbeitung und -speicherung sowie 3. diejenige der Datenanwendung. Anders gesagt: Das 'Reich der Daten' läßt sich in drei Sektoren unterteilen: a) den der Gewinnung und 'Erzeugung' von 'Roh-Daten' (sic !), b) denjenigen der Weiterverarbeitung, Veredelung und Speicherung von Daten sowie c) denjenigen der Dienstleistungen der so verarbeiteten Daten für den gesellschaftlich-geschichtlichen Bereich, in den sie eingebettet sind. - In allen drei Sektoren können Verschmutzungseffekte eintreten, die sowohl die Daten als auch das Verhältnis der Datenbenutzer zu ihnen nachhaltig beeinflussen können. Eine genauere Analye dieses Zusammenhangs zeigt, daß der zweite Sektor (Verarbeitung) nochmals unterteilt werden muß, da Datenverunreinigungen in diesem Bereich sowohl durch Programmschwächen als auch durch unbeabsichtigte Nebeneffekte der Rückkopplung an sich bekannter Datenmengen geschehen können. Daraus ergeben sich mithin vier Problembereiche, die es zunächst hinsichtlich ihrer möglichen Realbedingungen zu untersuchen gilt.

1. Daß ein Fall von 'Datenverschmutzung' vorliegt, wird im allgemeinen durch das Eintreten kontraintuitiver Ergebnisse im Ausgang von im Prinzip bekannten physikalischen, chemischen etc. Methoden und Daten deutlich sichtbar. Hierfür sind verschiedene Gründe denkbar: Es kann daran liegen, daß die eingegebenen Daten nicht mit dem übereinstimmen, was sie abbilden sollen, m.a.W. daran, daß sie 'falsche Daten' sind. Als Benutzer bzw. Betroffener nimmt man im Regelfalle nur den Fehlereffekt wahr, nicht aber dessen Ursache, die wiederum

vielfältig sein kann. Die Fehler (z.B. in der Rechtschreibung des Personennamens, der Telefonnummer, der Kundennummer usw., Fehler, mit denen wir als Angehörige des informationstechnologischen Zeitalters täglich zu tun haben und die durchaus gravierende Konsequenzen etwa der Personenverwechslung nach sich ziehen können) lassen sich im Prinzip wiederum auf die genannten drei Fehlerquellen reduzieren: Sie können geschehen a) bei der Erfassung der 'Rohdaten', b) bei der Verarbeitung (Codierung) und Speicherung der Daten sowie c) bei der Anwendung, d.h. beim Abrufen und Rückadressieren der codierten und gespeicherten Daten. Neben diesen Fehlerquellen in Input, Blackbox und Output existiert auch noch die in ihren Konsequenzen erst noch zu überdenkende Datenverschmutzungs-Ursache des partiellen Datenverlustes aufgrund mangelnder Datensicherung (Bänder oder Floppy Discs werden nicht kopiert, und die Originalträger geraten beispielsweise unter elektromagnetische Einwirkungen, die einige der Daten auf diesen Trägern löschen oder anderweitig verändern).

2.   Nun handelt es sich aber bei Daten nicht um selbständige Realentitäten, sondern - wie zu vermuten - um Informationseinheiten. Damit soll gesagt sein, daß 'Datenverschmutzung' auch schon durch falsche Wahl bei der verwendeten Programmiersprache oder durch logische Fehler des Programmes selbst geschehen kann. So können sich etwa Schrittfolge-Befehle widersprechen, was aber aus den Befehlen selbst nicht ersichtlich ist, sondern erst nach einer, wenn auch großen, so doch im Prinzip endlichen Anzahl von Verarbeitungsschritten manifest wird. Oder die Progammiersprache enthält vorher nicht feststellbare Äquivokationen, oder sie ist zu simpel bzw. zu raffiniert, d.h. dem betreffenden Programm nicht angemessen. Es kann keinem Zweifel unterliegen, daß sich eine ganze Menge von Datenverarbeitungsprogrammen, die in dem Rahmen, in dem sie angewendet werden, brauchbar erscheinen, bei einem größeren oder qualitativ anderen Anwendungsbereich als widersprüchlich bzw. unzureichend erweisen würden. Durch die Mikroprozessoren-Technik wird es denkbar, daß solche Fehler, in der begrenzten Reichweite der spezifischen Anwendung eines Programms unerkannt, millionenfach reproduziert und weltweit 'begangen' würden. - Neben diesen beiden Fällen ist indessen noch der prinzipielle Fall einer 'Datenverschmutzung' zu bedenken, die auf der grundsätzlichen Unverständlichkeit eines Programms beruht.[4] Es lassen sich leicht Abfolgeregeln bzw. Umformungsbefehle denken, die Beziehungen herstellen, die keinen sinnvoll realistisch zu interpretierenden Sachverhalt mehr betreffen. Sofern diese Regeln aber in sich konsistent sind, wird das betreffende datenverarbeitende System in einer endlich großen Zahl von Schritten beliebig viele Kombinationen

zwischen den Daten der ursprünglich eingegebenen Menge, d.h. also beliebig viele, z.T. nicht sinnvoll semantisch zu interpretierende 'Daten' produzieren. (Nebenbei bemerkt, beruht m.E. ein Großteil der sogenannten korrelativen Statistiken im Rahmen der Sozialforschung auf in diesem strengen Sinne unverständlichen Programmen.)

Halten wir hier ein ... Jetzt sind wir nämlich an einer Stelle angelangt, an der der Übergang von jenen oben genannten Fehlern, die auch ein entsprechender menschlicher Sachbearbeiter, und zwar vermutlich in noch bedeutend größerer Zahl, begehen würde, zu dem Spezifikum informationsverarbeitender Systeme greifbar wird. Bezeichnungsfehler, Zuordnungsfehler, Ablagefehler, logische Fehler sowie Unzweckmäßigkeiten in der gewählten Sprache und Systematik sind etwas uns alltäglich Geläufiges, und wir haben gelernt, damit umzugehen. Zum einen können wir - nach einer bestimmten Zeit und einer bestimmten Erfahrungsmenge - aufgrund von Kosten-Nutzen-Rechnungen das Risiko solcher Fehler kalkulieren und mithin von vornherein in Rechnung stellen[5]. Zum anderen lassen sich hier aber - aller je beschworenen Zuständigkeit 'des Computers' zum Trotz - doch noch relativ eindeutige individuelle Zuständigkeiten und Verantwortlichkeiten ausmachen. Der betreffende zuständige Sachbearbeiter oder - in Solidarhaftung - die Dienststelle bzw. die Firma, die ihn beschäftigt, ist der jeweils verantwortliche individuelle Akteur, welche Probleme der Verantwortungsaufteilung das auch immer aufwerfen möge. Entstehen mir aus diesen Fehlern finanzielle oder ideelle Nachteile, so ist es mein moralisches wie juristisches Recht, auf den Betreffenden oder die betreffende Firma Regreß zu nehmen.[6] Schon bei spezifisch unverständlichen Programmen taucht jedoch die Frage auf, ob jemand für etwas, was er im Sinne einer rationalen Bewältigung nicht 'versteht', überhaupt moralisch verantwortlich gemacht werden kann, selbst wenn er juristisch haftet. Indessen ist hier im Grundsatz eine immer noch eindeutig individuelle Zuständigkeit gegeben.

Schwieriger verhält es sich damit bei den beiden nun zu diskutierenden Bereichen von 'Datenverschmutzung':

3.   Wie im Zusammenhang des 'informationstechnologischen Paradoxes' (s.u. II) noch zu zeigen sein wird, existieren prinzipielle Grenzen der Überprüfbarkeit dessen, was in einem Datenverarbeitungsprozeß geschieht. Nun ist es zwar (obwohl wir in unserem naturwissenschaftlichen Denken grundsätzlich davon ausgehen) aufgrund der uns in unserem Naturverhalten leitenden Stetigkeitsvermutung nicht eben wahrscheinlich, daß genau dort, wo sich ein Verarbeitungsprozeß unserer Kontrolle entzieht, qualitative Sprünge und unvorhergesehene Neben-

effekte eintreten, - Tatsache ist indessen, daß damit nicht nur gerechnet werden muß, sondern daß in vielen rechnergestützten Prozessen Effekte resultieren, die sich nicht anders als durch die Annahme qualitativer Sprünge erklären lassen. Natürlich sind diese oft extern induziert; als drastischstes Paradebeispiel ist in der letzten Zeit oft der totale Zusammenbruch aller Rechnersysteme unter Bedingungen bestimmter Konstellationen der nuklearen Kriegsführung diskutiert worden (EMP[7]). Aber es läßt sich auch nicht ausschließen, daß verarbeitungsinterne Koppelungen und qualitativ neue Probleme erst von einer bestimmten Datenverarbeitungskapazität und einer bestimmten Datenverarbeitungsgeschwindigkeit an auftreten. Zumindest kann dies nicht ausgeschlossen werden, und da dies der Fall ist, ergeben sich Schwierigkeiten hinsichtlich der moralischen Zurechenbarkeit von daraus resultierenden Effekten der 'Datenverschmutzung'.

4. Vollends problematisch wird es bei den sozialen Nebenfolgen, seien diese nun vorhergesehen oder unvorhergesehen. Es ist ein bekanntes Faktum, daß auch Information zu jenen Gütern gehört, deren quantitative Zunahme nicht ad infinitum und unbedingt eine qualitative Steigerung bedeutet. Vielmehr muß durchaus so etwas wie ein 'Informationsgrenznutzen' angenommen werden.[8] Das läßt sich leicht am Beispiel der Werbematerialien zeigen, mit denen jeder von uns seine Erfahrungen gemacht hat. Die Wagenladung von Prospekten, die sich im Laufe eines Monats in unseren Briefkästen ansammelt, hat einen Informationswert, der gegen Null tendiert, da von einer gewissen Menge von Werbeprospekten an nicht mehr nur die dazukommenden, sondern überhaupt alle Prospekte nicht mehr gelesen werden. Ähnliches gilt von Informationen im allgemeinen. Die Optimierung des Zugangs zu Daten ist jedenfalls mit Sicherheit - die Frequentierungszahlen unserer Universitätsbibliotheken sprechen hier eine deutliche Sprache - keine hinreichende Bedingung dafür, daß von dieser Zugriffsmöglichkeit auch vermehrt Gebrauch gemacht würde. Schließlich haben uns - um einen anders gelagerten Fall zu nennen - in der vergangenen Zeit die Probleme des Schutzes persönlicher Daten beschäftigt, - Probleme, die sich etwa in die Frage kleiden lassen: Wieviel Informationen dürfen andere haben, ohne daß ich meine eigene Privat- und Intimsphäre verliere? Das Bundesverfassungsgericht und die Regierung der Bundesrepublik Deutschland waren jedenfalls hinsichtlich der Frage einer Volkszählung offenkundig unterschiedlicher Ansicht. Auch hier - im Bereich der Verschmutzung <u>durch</u> Daten - entstehen Probleme einer individuellen oder anderweitigen Zurechnung von Verantwortung.

Jedenfalls gilt in den beiden letztgenannten Kontexten, daß die Frage offen ist: Wer ist an der Datenverschmutzung schuld?

II.

Schauen wir uns einen dieser beiden Zusammenhänge etwas genauer an:

Ich habe vorhin angedeutet, daß es prinzipielle Schwierigkeiten geben könnte, die Korrektheit der Verarbeitung von Daten sowie der Ergebnisse derselben zu überprüfen. Daß dies in der Tat sich so verhält, läßt sich leicht einsehen, wenn man einmal dem Sinn und Zweck von datenverarbeitenden Systemen nachdenkt. Seit den ersten Turing-Maschinen, ja - eigentlich schon seit der mechanischen Rechenmaschine von Leibniz, geht die Tendenz dahin, einen auf mechanisch/elektrisch/elektromagnetisch - jedenfalls nicht psycho-physisch - zu definierender Basis arbeitenden Automatismus zu entwickeln, der zum einen die Präzisions-, zum anderen die Geschwindigkeitsdefitzite des menschlichen Verstandes kompensiert. Natürlich ist damit ursprünglich nichts als ein Optimierungsinstrument intendiert gewesen. Seit indessen die Erforschung von Artificial Intelligence (AI) in zwei Phasen (1957 - 1962, 1962 - 1967[9]) intensiv vorangetrieben und in den Siebzigerjahren ins Zentrum einer kritischen Diskussion (H. L. Dreyfus, J. Weizenbaum u.a.[10]) gerückt wurde, sieht man, daß die Ansprüche in Wahrheit schon immer höher gewesen sind. Ob man hier den zuweilen fragwürdigen Thesen von Dreyfus bzw. Weizenbaum folgen will oder nicht: Es steht jedenfalls fest, daß im Ansatz bereits dem Leibniz-Projekt die Vorstellung zugrunde lag, eine Maschine zu konzipieren, die den menschlichen Geist in einigen spezialisierten Funktionen (einfachen Rechenoperationen) bei weitem übertreffe.[11] In der gegenwärtigen Realität ist diese Wunschvorstellung soweit sozial realisiert, daß bereits Kinder in den allgemeinbildenden Schulen nur noch rechnergestützt Mathematik betreiben.

Von hier aus bis zur Konstatierung der prinzipiellen Grenzen ist es ein kleiner Schritt: Wenn nämlich gilt, daß es geradezu Ziel der Computerentwicklung ist, daß bereits Kleinstrechner die menschliche Datenverarbeitungskapazität um ein n-faches übertreffen, dann resultiert daraus, daß der menschliche Verstand bereits relativ kurze Operationen von Großrechnern aus kontingenten Gründen (z.B. wegen der begrenzten Lebenszeit und der begrenzten Rechengeschwindigkeit) nie überprüfen kann. Dies gilt natürlich erst recht für komplexe Programme, in denen viele Rechenoperationen parallel und vernetzt laufen. Schon etwas so einfaches wie das Verkehrsplanungssystem (z.B. Ampelphasenschaltung) in einer Großstadt wäre um ein Vielfaches zu kompliziert für ein einzelnes menschliches Gehirn. Das bedeutet aber, daß wir uns von einer bestimmten Datenmenge und Rechengeschwindigkeit an auf das aufgrund unserer analytischen Bildung erworbene, bereits genannte, äußerst fragwürdige Vorurteil verlassen müssen, daß der Rechner sich z.B. auch im Bereich sehr großer Zahlen nicht anders verhalten werde als in dem von uns überblickten der Anwendung seiner Regeln auf kleine Zahlen. Der mögliche Einwand, dieses Vorurteil sei durch die Geltung der vollständigen Induktion in der Mathematik gestützt, verfügt nur scheinbar über einige Plausibilität, da es in meinem Argument nicht um die mathematische Theorie (deren Geltung unbestreitbar ist), sondern um ihre technologische Implementierung geht.[12]

Außerdem gilt es zu bedenken, daß die Steigerung der Geschwindigkeit etwa eines linearen Rechners nur dadurch möglich ist, daß er auf diese Sorte von Operationen spezialisiert ist, - soll heißen: im Gegensatz zum menschlichen Gehirn, in dem stets eine Unzahl von qualitativ unterschiedlichsten Operationen abläuft, geschieht im linearen Hochleistungsrechner nur jeweils eine bestimmte Art von Operationen. Auch diese grundsätzliche Differenz setzt der Kontrollier- und Überprüfbarkeit Grenzen.[13] Ob also ein Hochleistungsrechner oder irgendein anderes informationsverarbeitendes System 'richtig' arbeitet, kann letztlich nur ein weiterer Hochleistungsrechner von noch größerer Kapazität und Geschwindigkeit überprüfen. - Wer aber kontrolliert diesen?

Die hiermit formulierte Neuauflage einer alten Frage 'Wer kontrolliert die Kontrolleure?'[14] läßt einen Problemkomplex plastisch hervortreten, den ich als das 'informationstechnologische Paradox' bezeichnen möchte: Die Möglichkeit zur Kontrolle von informationsverarbeitenden Systemen schwindet im Maße der Einführung von Überprüfungsinstanzen. Je genauer wir also wissen wollen, was in jenen Bereichen geschieht, die unserem Wissen nicht zugänglich sind, desto weiter entfernen sich diese Bereiche von unserem Wissen. Wir können in diesem Zusammenhang auch sagen, die Frage, ob ein Computer in den der menschlichen Denkfähigkeit und -geschwindigkeit unzugänglichen Bereichen korrekt arbeitet, sei in einem streng terminologischen Sinne unentscheidbar.[15]

Dieser Gedanke gewinnt seine volle Durchschlagskraft erst, wenn wir ihn im Zusammenhang der Erforschung von Artificial Intelligence (AI) sehen. Ohne damit schon Stellung in der oben angesprochenen Diskussion beziehen zu wollen, übernehme ich eine Formulierung Joseph Weizenbaums zur Charakterisierung der Zielvorstellungen in der AI-Forschung. Unter Bezugnahme auf Arbeiten von H.A. Simon und R. Schank schreibt Weizenbaum 1976: "Sowohl Simon als auch Schank haben damit der eindringlichsten und grandiosesten Phantasie Ausdruck gegeben, von der die Arbeit über künstliche Intelligenz beseelt ist und in der es um nichts weniger geht als um die Konstruktion einer Maschine nach dem Bild des Menschen, eines Roboters, der seine eigene Kindheit haben, Sprachen wie ein Kind lernen und sein Wissen von der Welt dadurch erlangen soll, daß er die Welt durch seine eigenen Sinnesorgane erfährt und schließlich zu Betrachtungen über den gesamten Bereich menschlichen Denkens imstande ist."[16]

Das Ideal der AI-Forscher-community besteht - so formuliert - in der Konstruktion einer Maschine, die über die <u>Disposition</u> verfügt, sich in allen relevanten kognitiven Zusammenhängen so zu verhalten wie ein Mensch, - also nicht nur einmal eingegebene Programme immer wieder abspulen, sondern auch lernen, kommunizieren, kreativ tätig sein zu können. Nun sind allerdings Dispositionen, wie wir wissen, der Erkenntnis anderer nicht anders zugänglich als durch die Beschreibung und Vorhersage von Verhaltensformen unter bestimmten Bedingungen. Im Kontext des zuvor Entwickelten bedeutet das aber, daß sich der Erfolg der Bemühung um eine Konstruktion von AI den Menschen nur sukzessive durch immer wieder dargestelltes quasi-menschliches Verhalten der AI-Maschine zeigen würde, und auch dies - aus den erwähnten Gründen der Unmöglichkeit eines direkten Erkenntniszuganges zu Dispositionen - nur sehr mittelbar. Nur ein die AI-Maschine kontrollierendes datenverarbeitendes Supersystem, also eine Super-AI, die die Operationen der AI-Maschine vorauszuberechnen in der Lage wäre, könnte den Erfolg schnell bemerken.

Diese Überlegungen zeigen, daß die Konstruktion perfekter AI-Maschinen auf dem Computerwege ein in sich paradoxales Unternehmen ist. Zudem ist leicht zu sehen, daß damit jener oft genannten, mit der Kulturkritik in regelmäßigen Abständen immer wiederkehrenden Vermutung einer <u>Eigengesetzlichkeit</u> und <u>Undurchschaubarkeit</u> der Technik in der Tat Vorschub geleistet werden würde. Wenn es möglich wird - was ich selbst allerdings aus den genannten Gründen nicht annehme -, AI herzustellen (und ich spreche an dieser Stelle explizit nur von Computer-AI, nicht etwa von der in vitro Neukombination von Nukleinsäuren oder anderen Biotechnologien), dann wird zu eben diesem Zeitpunkt AI bereits bestehen müssen, was unserem Erkenntniszugriff allerdings entzogen wäre. Daraus aber würde sich eine nahezu vollständige Undurchdringlichkeit und damit eine weitgehende Abkopplung des Bereiches der informationsverarbeitenden AI-Maschinen ergeben; AI-Maschinen 'verkehrten' gleichsam nur noch unter sich. Das aber würde wiederum bedeuten, daß das 'Plansoll' der Konstruktion einer perfekten AI-Maschine in dem Sinne stets 'übererfüllt' werden muß, daß die Konstruktion einer AI-Maschine ohne eine diese Konstruktion überprüfende Super-AI-Maschine nicht denkbar ist.

Kehren wir von diesem Ausflug ins Reich kontrafaktischer Bedingungssätze[17] wieder zurück in den Bereich einfacher informationsverarbeitender Systeme. Auch schon hier zeigt sich, bereits in der breiten Einführung von kleinen Rechnern, eine Tendenz zur Hypostasierung und Undurchdringlichkeit. Das Gefühl des Bürgers, dem Staat als einer datenverarbeitenden Supermaschine ausgeliefert zu sein, beruht mithin nicht völlig auf Fiktion, sondern verfügt über ein fundamentum in re. An dieser Stelle ist nun ein altes Gegenargument natürlich schnell zur Hand, nämlich die beschwichtigende Versicherung, dies alles sei doch schon immer so gewesen; mit jedem

Werkzeug, das homo sapiens sich erfunden, mit jeder Maschine, die er sich gebaut und mit jedem Stück Technologie, das er erzeugt habe, habe er auch ein Stück Selbstmachen aus der Hand gegeben; dies allerdings sei nichts als die Kehrseite der dadurch zu erreichenden Rationalisierung und Optimierung der Arbeit. Dieses Argument beruht eigentlich auf einer Kontamination von zwei Teilargumenten:

(1) Zum einen steckt darin das konservativ-naturalistische Argument nach dem Muster 'Das ist schon immer so gewesen und ist deswegen nicht so schlimm'.

(2) Zum anderen ist darin aber das instrumentalistisch-naturalistische Argument enthalten: 'Es gilt für jeden technischen Einsatz von Werkzeugen, daß dadurch Ergebnisse erreicht werden, die ohne diesen Einsatz nicht hätten erreicht werden können'.

Beide Teilargumente lassen sich indessen leicht widerlegen:
(ad 1) Solange keine zusätzlichen Prämissen eingeführt werden, ist, daß etwas schon immer so war, ebensosehr ein Argument dafür, daß es deswegen nicht so schlimm ist, wie für das Gegenteil.
(ad 2) Der Einsatz von Werkzeugen zur Optimierung von etwas ist von qualitativ anderer Art als der Einsatz von Informationstechnologien. Im ersten Fall bleibt dem intelligenten menschlichen Subjekt die Kritikmöglichkeit (durch Messen, Zählen etc.) erhalten, während sie im zweiten Falle selbst durch informationstechnologisches 'Denkzeug' ersetzt wird.

Daher gilt, daß es sich bei dem diskutierten Problem des informationstechnologischen Paradoxes nicht um einen mit anderen Fällen im trivialen Sinne vergleichbaren Fall handelt, sondern um den Prozeß einer Abkoppelung und Verselbständigung der Steuerungsinstanz, nämlich der informationsverarbeitenden Systeme hoher Komplexität und Kapazität. Das unangenehme Gefühl, das die Menschen unweigerlich beschleicht, wenn sie sich klarmachen, daß ihr Wohl von den - ihrerseits undurchschaubaren - Steuerungskapazitäten jener Großrechner abhängt, die den Verteidigungsministerien zur Optimierung von Entscheidungen dienen sollen, - dies unangenehme Gefühl ist auf der Phänomenebene ein Indikator für den soeben analysierten Zusammenhang der Hypostasierung von Steuerungswissen.

III.

Von 'Verantwortlichkeit' kann im juristischen oder im moralischen Sinne die Rede sein[18]. Juristische Verantwortlichkeit läßt sich als durch positives Recht gesetzte Implikation verstehen: Jemand ist rechtlich verantwortlich für eine Handlung a, wenn er unter gewissen Bedingungen die in einer rechtsverbindlichen Weise kodifizierten Rechtskonsequenzen c_a zu tragen hat. In Übereinstimmung mit dem Sprichwort 'Nichtwissen schützt vor Strafe nicht' gilt diese Implikationsbeziehung objektiv, d.h. unabhängig davon, ob das betreffende Handlungssubjekt davon gewußt hat, daß seine Handlung a die Rechtsfolgen c_a nach sich zieht. - Der Fall der 'moralischen Verantwortlichkeit' verhält sich etwas komplizierter, da hier keine kodifizierten Folgenzuschreibungen existieren und Handlungen mithin auch nicht im engeren Sinne 'strafbar' sind.

Trotzdem kann auch moralische Verantwortlichkeit als Implikation zwischen entweder einer Handlungsmotivation (Maxime) m_a oder der Handlung a selbst sowie der moralischen Bewertung j_a dieser Handlung aufgefaßt werden, wobei sowohl die Frage nach dem Subjekt wie auch nach den Kriterien dieser Bewertung durchaus offen ist. Moralisch verantwortlich ist jemand also dann, wenn er - nach Maßgabe der moralischen Kriterien der Zeit sowie der sozialen Gruppe, der er angehört - damit rechnen muß, daß eine moralische Bewertung auf seine Handlungen bzw. auf die Maxime dieser Handlung folgt. Im Gegensatz zur juristischen Verantwortlichkeit gilt die Implikation der moralischen Verantwortlichkeit traditionellerweise nicht unabhängig davon, ob das handelnde Individuum von dieser Beziehung weiß oder nicht. Vielmehr kann jemand im engeren Sinne moralisch verantwortlich nur sein, wenn er oder sie darum weiß, daß es sich bei der anstehenden Handlung bzw. bei der die Handlung leitenden Maxime um eine moralisch relevante Handlung oder Maxime handelt.

Außerdem gilt es festzuhalten, daß es für die Frage der moralischen Verantwortlichkeit keine Rolle spielt, ob bewertende Subjekte faktisch existieren oder gar ob faktisch Bewertungen vorgenommen werden. Wichtig ist allein, daß eine solche Bewertung in den Augen des handelnden Individuums möglich wäre.

Die spezifisch spätneuzeitlich-moderne Situation, in der wir uns befinden, ist dadurch gekennzeichnet, daß allgemeinverbindliche inhaltliche Wertvorgaben (wenn denn überhaupt) nur noch in sehr abstrakter Form existieren. Die neuzeitliche Ethik ist mithin, da eine Allgemeinverbindlichkeit christlicher Wertvorgaben nicht mehr angenommen werden kann, durch die Suche nach neuen allgemeinverbindlichen Kriterien gekennzeichnet. Dabei handelt es sich um solche Prinzipien, die ihre Verbindlichkeit nicht aus dem Glauben, sondern aus rationaler Einsehbarkeit legitimieren. Welcher ethischen Richtung man auch immer angehören möge, so wird man doch trotzdem einige dieser Prinzipien als rationale Prinzipien anerkennen. Dabei ist vor allem an das Prinzip der Verallgemeinerbarkeit (Universalisierungsprinzip) und das Prinzip der Gleichbehandlung (bzw. der Fairneß) zu denken.[19] Ersteres empfiehlt, Handlungsmaximen der Prüfung zu unterziehen, ob alle moralisch relevanten Wesen ihnen beipflichten können (so zum Beispiel Kants Kategorischer Imperativ); letzteres empfiehlt eine Prüfung der Maximen, bzw. Handlungen unter der Annahme, daß unter gleichen Umständen entweder jedermann gleich behandelt werden oder man mindestens selbst bereit sein müßte, die Rolle eines jeden an dem Handlungszusammenhang beteiligten Individuums zu übernehmen. Es ist offenkundig, daß diese beiden, eng miteinander verwandten Prinzipien die Frage nach den Bewertungssubjekten sowie diejenige nach den Kriterien der Bewertung auf formalem Wege und unter Annahme der Gleichheit aller Handlungssubjekte zu beantworten versuchen.

Außerdem läßt sich, welchem ethischen 'Bekenntnis' man auch immer angehören möge, die grundlegende Unterscheidung nicht vermeiden, daß eine Handlung sowohl auf die Gesinnung des sie Vollziehenden (deontologisch) als auch auf die aus ihr resultierenden Folgen hin (teleologisch) beurteilt werden kann. Also können auch die beiden genannten Prinzipien der Verallgemeinerbarkeit und der Gleichbehandlung sowohl deontologisch als auch teleologisch angewendet werden. Im folgenden soll das, was ich oben (I) als 'Datenverschmutzung' eingeführt habe, insbesondere in der vorgenommenen Verengung auf den Bereich des informationstechnologischen Paradoxes (II) zunächst nach Maßgabe dieser ethischen Prinzipien, sodann in einer mehr kasuistischen Form untersucht werden. Dabei stellt sich die Frage, ob Handlungen im Zusammenhang von Informationstechnologien moralisch relevante Handlungen seien oder nicht. Da gilt, daß jemand moralisch nur verantwortlich ist für etwas, was er oder sie als moralisch relevant betrachtet, geht es dabei mithin im gleichen um die Frage der moralischen Verantwortlichkeit von Individuen für Handlungen im Bereich der Informationstechnologie.

Das Prinzip der Verallgemeinerbarkeit besagt, wie ausgeführt, daß Handlungsmaximen bzw. Handlungen der Prüfung unterzogen werden sollten, ob alle moralisch relevanten Wesen ihnen beipflichten könnten. Angesichts der Komplexität des anstehenden informationstechnologischen Problembereiches fragt sich allerdings, worauf sich dieses Beipflichtenkönnen überhaupt bezieht. Auf den ersten Blick sieht es so aus, als könne - rein deontologisch gesprochen - kein moralisch relevantes Wesen etwas gegen den Einsatz informationsverarbeitender Systeme einzuwenden haben. Angesichts des analysierten informationstechnologischen Paradoxes wird dies indessen bereits fraglich: Läßt sich in der Tat behaupten, alle Menschen müßten einer Gesinnung beipflichten, die den Einsatz von nicht nur prinzipiell, sondern auch faktisch zunehmend unkontrollierbar werdenden Technologien fordert? Die ursprüngliche Gewißheit, daß die Anwendung von Informationstechnologie moralisch legitimierbar sei, schwindet schließlich vollends, wo nicht mehr die Gesinnung als solche, sondern die Folgen dem Verallgemeinerbarkeitstest unterzogen werden. Es kann kaum fraglich sein, daß der Einsatz von Technologien, deren Folgen prinzipiell nicht vorhersehbar sind bzw. deren Folgen in der zur Verfügung stehenden Zeit den

Eingangshandlungen nicht kausal zugerechnet werden können, moralisch nicht gerechtfertigt ist. Die 'black box', die in einem nicht-trivialen Sinne zwischen den Informationseingaben und den möglichen Folgen der Anwendung derselben liegt, verhindert moralische Zurechenbarkeit (Verantwortlichkeit).

Ähnliches ergibt sich, unterzieht man die hier diskutierten Handlungen im Rahmen von Informationstechnologien der Prüfung durch das Gleichbehandlungs- bzw. Fairneß-Prinzip. Auch hier sieht es zunächst so aus, als sei eben gerade durch die Verwendung von informationsverarbeitenden Systemen eine optimale Gleichbehandlung ermöglicht, die es mithin für den den moralischen Gehalt von Handlungen Prüfenden leicht machen sollte, grundsätzlich zur Übernahme der Rolle eines jeden an dem Handlungszusammenhang beteiligten Individuums bereit zu sein. - Unter Berücksichtigung des informationstechnologischen Paradoxes wird indessen schon problematisch, ob es überhaupt immer so etwas wie definierbare 'Rollen' geben muß. Und schließlich lassen sich - teleologisch - ungewollte Folgen denken (mehr ist nicht möglich), die in einem von einem AI-System gesteuerten Gemeinwesen absurdeste und illiberalste Zustände allein aufgrund der Befolgung unsinnig angewendeter egalitärer Prinzipien und Korrelationen herbeiführten (z.B. daß alle Menschen mit Goldplomben im Gebiß gleich viel Geld verdienen müßten o.ä.).

Ganz offenkundig versagt die prinzipientheoretische ethische Überprüfung in den konkreteren Regionen des vorliegenden Beispielsfalles. Daraus ließe sich der Schluß ziehen, daß es sich hier um moralisch nicht relevante Fälle, mithin auch nicht um Fälle individueller moralischer Verantwortlichkeit handele. Dies wäre indessen ein Trugschluß. Wir haben es hier vielmehr mit einem Typ jener vielen Handlungen zu tun, die moralisch relevant sind, ohne sich den genannten allgemeinen Prinzipien einer ethischen Überprüfung ihrer Moralität zu fügen. Anders gesagt: Die hier anstehende Beurteilungsproblematik ist bei weitem zu spezifisch und zu inhaltsbezogen für die Reichweite der abstrakt-formalen Prinzipien. Es ist daher stärker fallbezogen (kasuistisch) zu argumentieren und nach Prinzipien niedrigeren Allgemeinheitsgrades zu suchen, die den Bereich moralischer Verantwortlichkeit entsprechend regionalisieren. Dabei muß allerdings vermehrt auf die Daten<u>anwendung</u> abgehoben werden, da Datenerhebung und Datenprogrammierung, wie bereits gesagt, ihrerseits keine grundsätzlich neuen ethischen Probleme aufwerfen; die Aporien im Zusammenhang des informationstechnologischen Paradoxes im Rahmen unbekannter Programmfolgen sind bereits diskutiert.

Regionalisierte ethische Prinzipien der Beurteilung des moralischen Gehalts von Handlungen sind uns aus dem Zusammenhang sogenannter 'professional ethics' bekannt. Insbesondere die Bioethik kann hier zum einen bereits auf eine beachtliche

Tradition (Hippokrates) zurückblicken und hat zum anderen in jüngerer Zeit berufsständische Verhaltenskodizes entwickelt, die bis zu einem gewissen Ausmaße den genannten Erfordernissen Genüge tun. Einen zu der informationstechnologischen Erfassung, Verarbeitung und Anwendung von Humandaten analogen Fall aus dem Bereich der Bioethik stellen die vieldiskutierten Humanexperimente[20] dar. Unter Berücksichtigung dieser Analogie läßt sich zentralisierte staatliche oder private Datenverarbeitung (wenn man sie nicht als zu diktatorischen Kontrollzwecken vorgenommen ansieht und dann sowieso gemäß dem Prinzip der Gleichbehandlung bzw. Fairneß moralisch verurteilen muß) als ein großangelegtes wissenschaftliches Humanexperiment auffassen. Dann gilt aber auch das seit dem Nuremberg Code akzeptierte ethische Postulat des 'informed consent'[21]: Wenn nach ausführlicher Information über den je bekannten Stand des Wissens hinsichtlich Folgen und Nebenfolgen die Menge der Betroffenen zu mehr als fünfzig Prozent die entsprechende Informationstechnologie immer noch will, dann und nur dann ist sie ethisch legitimiert. Außerdem gilt - moralisch gesprochen - das Prinzip, daß kein Individuum gegen seinen Willen gezwungen werden kann, Gegenstand eines solchen Humanexperiments zu sein; die Minderheit ist also in einem solchen Falle, in dem auch das Aufklärungspotential so gering ist wie nur irgend denkbar, moralisch legitimiert, dem Mehrheitsbeschluß nicht zu folgen. Daß sich dies in der Tat so verhalten muß, leuchtet ein, wenn man sich erneut das informationstechnologische Paradox vergegenwärtigt. Bei dermaßen prinzipiell ungewissen Entscheidungsgrundlagen, die u.U. aufgrund der zentralen instrumentellen Position von datenverarbeitenden Systemen sich ins Milliardenfache potenzieren können, muß ein entsprechender Minderheitenschutz eingebaut werden.

Also: Wer ist schuld an der Datenverschmutzung? - Diese Frage findet offenbar unterschiedliche Antworten. Im Bereich der Datenerfassung und der Datenprogrammierung sind es die betreffenden Akteure, die zuständig sind für die 'Schmiereffekte', die aus allen möglichen Fehlern resultieren. Beim Erreichen der prinzipiellen Grenzen der Überprüfbarkeit des Datenverarbeitungsprozesses entsteht das informationstechnologische Paradox, das dazu führt, daß keine individuellen Verantwortlichkeiten mehr nach allgemeinen Prinzipen zugeschrieben werden können. Hier entstehende 'Verschmutzungseffekte' können indessen ebensowenig durch menschliche Akteure festgestellt werden wie das Zustandekommen des technologischen Wunschtraumes von AI. Im Bereich der Datenanwendung hingegen ist nach bekannten regionalisierbaren ethischen Prinzipien wie etwa dem des 'informed consent' die Moralität der Handlungen desjenigen individuellen oder kollektiven Subjekts zu beurteilen, das die entsprechenden Handlungen veranlaßt.

Anmerkungen

1) Das soll nicht heißen, daß in der Literatur nicht immer wieder Kritik an Informationstechnologien, an den sozialen Folgen ihrer breiten Implementierung sowie an den damit verbundenen trügerischen Zukunftshoffnungen geäußert worden wäre. Vgl. etwa J. Weizenbaum: Die Macht der Computer und die Ohnmacht der Vernunft (1976, dt. Frankfurt a.M. 1977).

2) Zur Metaphorik und ihren Konsequenzen vgl. E. R. MacCormac: Men and Machines: The Computational Metaphor.

3) Die Annahme, daß informationsverarbeitende Automaten im Prinzip die Vorgänge des menschlichen Gehirns simulierten, die ursprünglich die Versuche zur Herstellung künstlicher Intelligenz (AI) bestimmt hatte ("Cognitive Simulation"), ist längst preisgegeben worden, da zum einen die Erfolge auf dem Wege der kognitiven Simulation ausblieben und zum anderen die Funktionsweise des Gehirns sich von derjenigen eines informationsverarbeitenden Automaten erheblich unterscheidet. Vgl. H. L. Dreyfus: What Computers Can't Do. The Limits of Artificial Intelligence, rev. ed. (New York/Hagerstown/San Francisco/London 1979), bes. 91 ff. Daher liegt die Vermutung nahe, daß sich bei der Lösung von strukturanalogen Problemen durch Menschen und durch Maschinenrechner unterschiedliche Probleme ergeben.

4) Vgl. Weizenbaum, a.a.O., S. 301 ff. - Interessant dabei ist das Zeitproblem, das Weizenbaum im Anschluß an Norbert Wiener so sieht, daß die Kritik an informationsverarbeitenden Systemen unter Umständen im Verhältnis zu diesen Systemen zu langsam erfolgt.

5) Die mathematischen Modelle der risk-analysis lassen sich hier anwenden, und für die Vermeidung allzu hoher Effekte solcher Fehler lassen sich personelle wie maschinelle Redundanzen einbauen.

6) Daß dies de facto stets große Komplikationen mit sich gebracht hat, wenn es darum ging, die 'verantwortlichen' Individual- wie Kollektivakteure ausfindig zu machen und 'zur Verantwortung' zu ziehen, trifft zwar zu, stellt aber keinen Einwand gegen die Behauptung einer prinzipiellen Möglichkeit dar. Vgl. die Fallstudiensammmlung R. J. Baum (ed.): Ethical Problems in Engineering. 2nd.ed. vol. 2: Cases (Troy: New York 1980).

7) Vgl. z.B. J. D. Steinbrunner: Nuclear Decapitation. In: Foreign Policy, H. 45 (1981/82), 16 - 28.

8) Zumindest gibt es ein Minimum an Informationen, unter das bei Gefahr des 'weißen Rauschens' nicht gegangen werden darf und das sich in kontextbezoge-

nen Proportionen von x Bit pro Kontexteinheit ausdrücken läßt. Die Aussage, eine Dings habe einem Dings ein Dings übergeben, enthält zu wenig, die Aussage, ein Mann männlichen Geschlechts habe einer Frau von weiblichem Geschlecht eine Rose überreicht, die eine Blume war, zu viel Information in Bezug auf die Kontexteinheit.

9) Nach Dreyfus, a.a.O. In der "Introduction" zu der überarbeiteten 2. Aufl. schreibt Dreyfus die Phaseneinteilung fort: Der Phase I ("Cognitive Simulation", 1957-62) und der Phase II ("Semantic Information Processing", 1962-67) läßt er eine Phase III ("Manipulating Micro-Worlds", 1967-72) und eine Phase IV ("Facing the Problem of Knowledge Representation", 1972-77) folgen.

10) Vgl. Dreyfus, a.a.O.; Weizenbaum, a.a.O.;

11) Das läßt sich eindrücklich an den heute erreichbaren Datenverarbeitungsgeschwindigkeiten zeigen: die des menschlichen Gehirns beträgt durchschnittlich 10^2 Bit.sec^{-1} die des elektronischen Computers 10^{16} bis 10^{17} Bit.sec^{-1}. Vgl. C. Christian: Das rekursive Inaccessibilitätstheorem und der Gödelsche Unvollständigkeitssatz in ihrer Bedeutung für die Informatik. In: H. Schauer/M. Tauber (Hg.): Informatik und Philosophie (Wien/München 1981), 154.

12) Jedenfalls lehrt uns die moderne Physik, nicht unbesehen von Invarianzen außerhalb des Mesokosmos auszugehen, und das gilt m.E. in dieser negativen Form auch für technische Geräte, die mit höchsten Geschwindigkeiten operieren.

13) Abgesehen davon, daß hier noch die entscheidende Frage nach der Differenz von 'mind' und 'brain' zu klären wäre, ist diese genannte Differenz bereits im Bereich des 'brain' anzusiedeln. Vgl. im übrigen auch Dreyfus, a.a.O., 159 ff.

14) An dieser Stelle ist die Frage noch rein epistemologisch gemeint. Es liegt indessen auf der Hand, daß sie auch ihre ethischen Konsequenzen hat.

15) Dies mag der Grund dafür sein, warum das informationstechnologische Paradox bislang nur als informationstheoretisches Gödel-Problem diskutiert worden ist. Indessen ist die technologisch induzierte Unentscheidbarkeit der Frage, ob ein Computer 'korrekt' arbeitet, zu unterscheiden von der theoretischen Unentscheidbarkeit der Frage, ob ein Computer, verstanden als technologisch implementiertes Axiomensystem, seine Widerspruchsfreiheit beweisen könne. Von beiden muß nochmals unterschieden werden die Frage des "rekursiv Inaccessiblen". Vgl. Christian, a.a.O.; K. Gödel: Über formal unentscheidbare Sätze der Principia Mathematica und verwandter Systeme. In: Monatshefte für Mathematik und Physik 38 (1931), 173 - 198.

16) Weizenbaum, a.a.O., 268.

17) Zur Diskussion um kontrafaktische Bedingungssätze vgl. G. Brunold: Erklärung, Prognostik & Scientific Fiction. Zur philosophischen Pathologie eines wissenschaftstheoretischen Notstands (Königstein/Ts. 1984).

18) Zum Begriff 'Verantwortung' vgl. auch H. L. A. Hart: Punishment and Responsibility (Oxford University Press 1968); vgl. hierzu und im folgenden vom Verf.: Mut zur Furcht. Facetten technischer Humanität in Vergangenheit und Zukunft. In: Mitteilungen der Technischen Universität Carolo Wilhelmina zu Braunschweig, XIX. Jg., H. 1 (1984), 33 - 40.

19) Vgl. M. G. Singer: Verallgemeinerung in der Ethik. Zur Logik moralischen Argumentierens (1961, dt. Frankfurt a.M. 1975); J. Rawls: Eine Theorie der Gerechtigkeit (1971, dt. Frankfurt a.M. 1975); W. K. Frankena: Analytische Ethik (1963, dt. München 1972).

20) Vgl. H. Lenk: Zu ethischen Fragen des Humanexperiments. In: ders.: Pragmatische Vernunft (Stuttgart 1979), 50 - 76. Vgl. auch T. L. Beauchamp/L. Walters (Hg.): Contemporary Issues in Bioethics (Encino and Belmont/Cal. 1978), Teil V: "Human Experimentation", 399 - 501.

21) The Nuremberg Code (1949), wieder abgedruckt in: Beauchamp/Walters, a.a.O., 404 f.

Privatleben als ethisches Problem in der Computer-Gesellschaft

Wolfgang Schirmacher
Universität Hamburg

I. Schutz des Privatlebens - philosophische Kritik einer politischen Illusion

Eine weitverbreitete Auffassung besagt, daß unser Recht auf Privatleben in einer Gesellschaft in Frage gestellt ist, die weitgehend von Computern geprägt sein wird. Schon in der jetzigen Anfangsphase haben sich daher in Europa Bürgerrechtsbewegungen entwickelt, die sich dagegen wenden, mit Hilfe der Informationstechnologie den "gläsernen Menschen" zu schaffen. Es wird zum Problem politischer Ethik erklärt, die persönliche Freiheit auch unter den Bedingungen der heraufziehenden Computer-Gesellschaft zu wahren. Vorgeschlagen wird vor allem, die Anwendung der Informationstechnologie auf das notwendige Maß zu beschränken und dabei die Privatsphäre strikt auszunehmen.

Sieht man von grundsätzlichen Datenfeinden ab, die den "Überwachungsstaat" (SPIEGEL 32/1983) an die Wand malen, so wird die Nützlichkeit einer Datenerhebung weithin eingesehen. Es leuchtet ein, daß es ohne präzise Daten keine zutreffende Planung geben kann. Daten ja, aber gesetzlicher Datenschutz! heißt die allgemeine Einstellung. Den Kreis der Datenberechtigten beschränken, eine Zusammenschaltung von Dateien vermeiden, was in Deutschland eine einheitliche Personenkennziffer ausschließen würde, frühestmögliche Löschung personenbezogener Daten - dies schlagen die Praktiker vor. Der Grundgedanke ist, die Privatsphäre durch freiwillige und gesetzlich verankerte Einschränkungen zu schützen. Das höchste Gericht der Bundesrepublik Deutschland, das Bundesverfassungsgericht, hat 1983 eine Verfassungsbeschwerde zur Entscheidung angenommen und positiv für die Kläger entschieden, die sich gegen die in jenem Jahr geplante allgemeine Volksbefragung richtete. Für unseren Zusammenhang ist wichtig, daß das Hauptargument darin bestand, die Datenerhebung als Verstoß gegen Artikel 1 und 2 des Grundgesetzes anzusehen. Diese Artikel lauten "Die Würde des Menschen ist unantastbar" und "Jeder hat das Recht auf freie Entfaltung seiner Persönlichkeit". Das Bundesverfassungsgericht hat in seinem Urteil eine Abgrenzung vorgenommen, die der Leitidee eines Schutzes des Privatlebens auch in der Computer-Gesellschaft genügen soll.

Doch ich behaupte, daß solche Vorschläge und Abgrenzungsversuche zwar theoretisch gut klingen und in der Tradition der aristotelischen Klugheit (phronesis) auch einleuchten, aber daß sie in der Praxis der technischen Zivilisation keine Aussicht auf Verwirklichung haben. Sie laufen auf einen kraftlosen Einspruch gegen eine übermächtige wissenschaftlich-technische Entwicklung hinaus. Die volle Entfaltung der Informationstechnologie ist weder von außen zu verhindern, noch werden die daran Beteiligten sie von sich aus freiwillig einschränken. (Ausnahmen wie Joseph Weizenbaum bestätigen die Regel!) Aber es steht immer noch aus, die Möglichkeiten der Informationstechnologie sine ira et studio zu begreifen.

Eine solche Ansicht widerspricht allerdings allem Wunschdenken und hat keinerlei Illusionen über die Natur des Menschen. Wer wie Weizenbaum auf die Selbstverpflichtung des Menschen setzt, ihm zutraut, nicht nur zu wissen, was unmoralisch ist, sondern auch danach zu handeln, muß verdrängen, wie wir sind. "So etwas tun wir nicht!" als Leitsatz einer Ethik ist gut aristotelisch und kann doch anders als der Grieche nicht für sich in Anspruch nehmen, die 2500-jährige Geschichte der alltäglichen Widerlegung dieser so bescheidenen ethischen Forderung nicht zu kennen. Das Ich ist nicht Herr im eigenen Haus - dies ist uns nicht erst seit Freud bekannt. Wir werden auch weiterhin alles tun, was uns unstillbare Gier und blinde Selbsterhaltung eingeben. Die Momente eines Handelns gegen die Triebbefriedigung werden - auf die Gattung Mensch bezogen - auch in Zukunft selten bleiben.

Aber selbst wenn man gegen alle geschichtliche Erfahrung an eine ethische Besserung des Menschen aus sich heraus glaubte, bliebe es unrealistisch, Interessengruppen - seien sie politisch oder wirtschaftlich motiviert - zu unterstellen, sie würden auf etwas verzichten, was ihrem Interesse dient. Gewiß lassen sich gesetzliche Sanktionen denken, die empfindlich sind, aber selbst die Todesstrafe für "Informationsverbrecher", wäre sie überhaupt in einem demokratischen System durchsetzbar, würde ernsthaft Interessierte keinesfalls abhalten. Wer bestimmte Daten sammeln will oder Zugang zu ihnen erhalten möchte, wird dies erreichen. Bezeichnend sind Berichte, daß es Computerfreaks, den "hacker" gelingt, alle ausgeklügelten Sperren zu durchbrechen und sich in hochgeheime Informationskanäle einzuschleusen. Da Informationstechnologie auf den Austausch von Informationen hin konzipiert ist, wird die Verschlüsselung stets eine prinzipielle Grenze haben. Informationstechnologie, die Informationen schützt, ist ein Widerspruch in sich selber. Gewiß bestreiten die Vertreter des Datenschutzes eine solche These und pochen auf die technischen Möglichkeiten, Daten "zuverlässig" vor Nichtberechtigten zu schützen. Aber ähneln sie dabei nicht allzu sehr jenen Waffenschmieden, die auch jedes Mal die Waffe gefunden haben wollen, gegen die es keine Abwehr gibt? Steht uns nach der Rüstungsspirale nun eine Spirale von Datenschutz und dessen Durchbrechung bevor? Faktisch wird dies wohl nur im militärischen Bereich mit hohen Kosten immer wieder versucht werden, und der ganze Rest ist vogelfrei. Gesetzliche Beschränkungen werden lediglich salvatorischen Charakter besitzen.

Mächtige gesellschaftliche Gruppen, von der katholischen Kirche bis zur KPDSU, sind daran gescheitert, den Fortschritt des Wissens anhalten zu wollen. So sehr der Mensch als einzelner seine Lebenslügen verteidigt, als Gattung will er wissen, wie die Welt wirklich ist. Die Informationstechnologie ist nicht bloß selbst ein faszinierender Teil dieses vermehrten Wissens, sondern ihr Medium bedeutet eine detektivische Erkenntnisweise, wie man sie sich nur wünschen kann. Dem großen Traum einer adäquaten Widerspiegelung der Realität in unserem Denken kommen wir in der Computer-Simulation vielleicht sehr nahe. Einwände, hier werde nur die quantifizierbare Seite der Welt wiedergegeben, sind plausibel und doch erschlichen. Die jetzige und auch die nächste Computer-Generation läßt bloß ahnen, was Informationstechnologie vermag, und erst als ausgewogenes Mensch-Computer-System erreichte unser Erkennen seine größte Nähe zum Wirklichen. Das Entweder-Oder von empfindsamem Geist und rationalem Computer ist ein Märchen und erzählt von alten Zeiten.

Ich sage also nicht nur, daß ein Zugewinn an Erkenntnis, ob guter oder schädlicher nach zeitgenössischen Maßstäben, auf Dauer unaufhaltsam ist, sondern behaupte zugleich, daß dies in einem verstärkten Maß für die Informationstechnologie gilt. Denn sie ist Wissen, und durch sie gibt es Wissen.

Allerdings reicht es für unseren Diskussionszusammenhang aus, die Prognose für wahrscheinlich zu halten, daß der "gläserne Mensch" unvermeidlich ist und in Jahrzehnten schon selbstverständlich sein wird. Die Streithähne von heute werden dann längst tot sein; und sollte die Gattung Mensch noch existieren (wogegen vieles spricht), wird man Kritiker wie Weizenbaum so nachsichtig belächeln, wie wir heute die engagierten Kämpfer gegen die Eisenbahn.

Man kann an dieser Stelle einwenden, daß solcher Realismus zynisch sei, und keinesfalls ausschließe, die Computer-Gesellschaft vom Standpunkt der Ethik eindeutig zu verurteilen, wenn sie kein Privatleben zulasse. Aber kann es im rechtverstandenen Sinn einer Ethik sein, die unser Verhalten normieren will, ein Sollen ohnmächtig gegen ein Sein zu setzen? Wenn Technik die Existenzform des Menschen darstellt, dann ist die Verurteilung einer so offensichtlich fruchtbaren Technik wie der Informationstechnologie nicht nur sinnlos, sondern unethisch. Sie käme einer mutwilligen Verstümmelung gleich.

II. Phänomenologie des Privatlebens

1. Soziale Bedeutung

Was also bleibt uns zu tun? Mit humanistischen Affekten zornig zusehen, wie wir immer unmenschlicher werden? Müssen wir hinnehmen, daß unsere Endlichkeit geleugnet wird und unser Leid nur als Problem erscheint, das behoben werden kann?

Aber vielleicht lassen wir uns hier in eine überholte Alternative drängen, ist die Fragestellung selbst unangemessen. Es ist das Recht des Philosophen, den Schein des Selbstverständlichen zu durchbrechen, und einen Sachverhalt erneut zu debattieren, den alle bereits für geklärt halten.

So fragen wir: Was ist ein Privatleben? Der Super-Computer "Colossus" antwortete im gleichnamigen Film 1969: "Privacy is the abscence of company or observation". Auffallend ist bereits, daß Privatleben dabei nur negativ definiert wird. Aber grundsätzlicher gefragt: Ist es denn ohne weiteres einleuchtend, daß der Mensch ein Privatleben als Schutzraum braucht, den keiner einsehen können soll? Mit welchem Recht dürfen wir denn verbergen, wie wir doch sind? Hat unser Mitgetier ein Privatleben, sind die Vortäuschungen von Pflanzen und gewissen Insekten anders als evolutionär bestimmt? Und weiter wäre zu fragen: Wie paßt das abgeschirmte Privatleben zum Pathos der Wahrheit, das ja nicht primär erkenntnistheoretische Quellen hat, sondern dem leiblichen Wissen entspricht, daß wir in der Verleugnung und Verzerrung, wenigstens auf Dauer, nicht überleben werden?

Gewiß ist es so, daß wir im Privatleben noch am ehesten wir selbst sein dürfen, also wahrer als irgendwo anders zu leben vermögen. Aber dies wird erkauft durch eine nur mit großem psycho-physischen Aufwand aufrechtzuerhaltende Fassadenlüge - angeblich notwendig, angeblich zur Beförderung der Humanität, angeblich ein Fortschritt gegenüber dem Naturzustand, angeblich demokratisch. Und erstaunlicherweise kann man dies sogar alles durch unsere Erfahrung belegen: wer wollte freiwillig ohne Privatleben auskommen! Nur in Gefängnissen und in Krankenhäusern ist es außer Kraft gesetzt. Unser Nachbar würde unser Feind, hätte er Einblick; und totalitäre Regime scheuen bezeichnenderweise kein noch so verwerfliches Mittel, um ihre Bewohner zu einem "freiwilligen Verzicht" auf ihr Privatleben zu bewegen. Bisher ist dies allerdings nirgendwo gelungen.

Doch sollten wir uns nicht irreführen lassen, denn solche Erfahrungen besagen vielleicht nur, daß wir auf eine verfehlte Situation zu reagieren gezwungen sind und das Beste daraus zu machen versuchen. Keinesfalls sind die genannten Erfahrungen schon ein Beweis dafür, daß Privatleben aus sich heraus gerechtfertigt werden könnte.

2. Ontologischer Sachverhalt

Braucht der Mensch, ontologisch gesehen, ein Privatleben? Die Antwort kann nur verneinend sein. Leben ist ohne Zweifel unteilbar - wir leben, nichts weiter. Oder wir sterben, wenn wir dies vermögen, verenden zumeist bloß. Daß es im Grunde nur eine Lebensform gibt, war den Griechen noch gegenwärtig. Der Privatmann (idiotes) blieb eine Minderform des Menschen, auf dem Weg zum Sklaven, der im wesentlich kein Mensch war. Heute hat sich dieses Alltagsverständnis fast umgekehrt. Die Bezeichnung "öffentliche Person" wird auch pejorativ gebraucht, und dort, wo sie Prominenz meint, bezeichnet sie faktisch eine Einschränkung der Lebensweise, die oft genug unmenschliche Züge annimmt.

Für Spitzenpolitiker und Stars bedeutet es, in Freiheit im Gefängnis zu sein. Privativ heißt grammatisch eine Beraubung. Wir dagegen haben Privatleben, verbunden mit persönlicher Freiheit und Unantastbarkeit der Person, zum höchsten Wert erklärt. Hier glauben wir, den innersten Kern zu finden, und bezeichnen wir das Gebiet, das niemand unaufgefordert betreten darf. Der Hauptvorzug der Moderne und ihrer bürgerlichen Revolution wird gerade in dieser sich im Privatleben realisierenden Freiheit des Subjekts gesehen. Eigentliches Leben ist nun mit Privatleben gleichgesetzt - eine Sonderform also mit dem ganzen und wirklichen Leben. Sollte dies wahr sein? Was kann die Betonung des Privaten und Öffentlichen heißen? Gibt es unpersönliche Freiheit oder ein Leben, in dem ich nicht ich selbst bin? Das kann doch bloß metaphorisch gemeint sein. Selbst wenn ich mich total verkenne und eingesperrt bin in der Konvention, so ist dies der Entwurf meines Lebens, und niemand nimmt mir die Verantwortung dafür ab. Kant nannte solches hochgemut "Kausalität aus Freiheit". Privatheit hat, so ist meine These, in den menschlichen Lebensbedingungen keine Basis, denn ich existiere einheitlich.

Zwar wird von der philosophischen Anthropologie hier eingewandt, daß es - unabhängig von der kulturellen Einstellung - Tätigkeiten gibt, die von sich her privat zu sein scheinen. Gleichgültig, wie kulturabhängig man nun das Gefühl der Scham einschätzt, müßten nicht wenigstens Beischlaf und Sterben, Verzweiflung und Glück privat bleiben, und gibt es nicht auch für den Kaiser einen Ort, wo er zu Fuß hingeht? Die Vertreter des "wilden Denkens" allerdings verlachen solche Einwände, und auch wir wissen inzwischen, wie relativ "anthropologische Konstanten" sind.

Human ist, öffentlich wie privat zu sein, und einfach in der Situation zu leben. Dies heißt ja nicht, daß man immer mit anderen zusammensein muß und einem kollektiven Zwang unterworfen wäre. Man kann bekanntlich einsam in Gesellschaft wie auch sehr mit anderen verbunden in der Einsamkeit sein. Jede Lebensäußerung hat ihre eigene Zeit und ihren eigenen Raum und ist weder über den privaten noch über den öffentlichen Leisten zu schlagen.

3. Verhältnis zu Staat und Öffentlichkeit.

Privatleben, so behaupten wir, hat keinerlei objektive Bedeutung, sondern ist ein ausgesprochener Kampfbegriff und nur insofern bedeutsam. Privatleben umschreibt ein in der Moderne entwickeltes Abwehrrecht gegen den Staat und seine Ansprüche. Diese enthalten vor allem moralische Reglementierungen. Gesetzliche Bestimmungen, im Strafgesetzbuch ebenso wie im Zivilrecht sind zu finden, deren rational auftretende Begründungen oft nur sehr dürftig den irrationalen Zwangscharakter verschleiern. Das kantische Sittengesetz und Aristoteles' Majorität der sittlich und gerecht Empfindenden müssen dann herhalten, um ein historisches Verständnis von Eigentum, Sexualität und Gesinnung in Normen festzuschreiben. Wer davon abweicht, riskiert Sanktionen, staatlich verhängte Strafen. Da uns dies aber, nähme man es völlig ernst, alle zu Vorbestraften machen würde, wird dem Bürger ein Privatleben zugestanden. In seinen eigenen vier Wänden, und wenn es niemand bemerkt, kann er - von Kapitalverbrechen abgesehen - unangepaßt sein, und damit jenes unmoralische Individuum, das er seinen Trieben nach ist. Am Beispiel der Sexualität läßt sich dies am deutlichsten zeigen: Die Swinger-Bewegung hat ihre eifrigsten Anhänger in jener gutbürgerlichen Schicht, die öffentlich die "Moralische Mehrheit" stellt.

Die Trennung von Privatleben und öffentlichem Leben ist also keineswegs im Sachverhalt Leben begründet, sondern eine geschichtliche Setzung, die jeder von uns nur als kleineres Übel und nicht als erstebenswertes Ziel ansieht. Richard Sennett bestreitet dies allerdings in seinem lesenswerten Buch "The Fall of Public Man" (1974, deutsch 1983) und beklagt ebenso wie schon vor Jahren Hannah Arendt, daß die Differenz von Öffentlichkeit und Privatheit immer stärker eingeebnet werde. Sennetts Analyse beschreibt einen interaktionistischen Zusammenhang: Der "Selbstverständigungsprozeß der Gesellschaft" darf weder völlig privat werden, noch ist er vom Privatleben abzukoppeln. Privatleben versteht Sennett dabei als "gegenseitige Selbstentblößung". Eine Wechselwirkung von Privatleben und Öffentlichkeit bleibe aber gerade notwendig, wenn die Selbstwahrnehmung vollständig sein soll. Es war Jean-Paul Sartre, der den "Blick" des anderen als eigentlichen Quell meines Selbstwissens herausstellte. Aber werde ich - so argumentiert Sennett - in der Familienbeziehung nicht anders gesehen als in gesellschaftlichen Gruppen? Die Sphäre der öffentlichen Kultur, die Hegels objektivem Geist entspricht, sollte daher nicht der neuen "Logik der Intimität" geopfert werden, fordert Sennett mit Nachdruck.

Dies klingt einleuchtend und verfehlt doch das Problem. Sennett unterscheidet nicht zwischen menschlichen Lebensbedingungen und historisch gewordenen Verhaltensweisen. Diese Unterscheidung ist aber heute, wo wir uns von der Geschichte verabschieden müssen, wenn wir überleben wollen, eminent wichtig. Es gehört keineswegs zu den Voraussetzungen des Menschseins, daß ich von anderen mein "Bild" aufgeprägt bekomme, in Rollen existiere und mich permanent rechtfertigen muß. Sennett zeigt sehr gut, welche Mechanismen hier am Werk sind, und wie eine von Moral (im weitesten Sinne) beherrrschte Welt funktioniert. Aber Sennett fragt nicht, ob ein solcher Entwurf uns im Zeitalter der Technik überhaupt am Leben erhalten kann, wenn man vom Problem der Humanität einmal absehen will. Schon Sennetts Terminologie verrät, wie traditionell und von der Metaphysik geprägt sein Denken bleibt. "Selbstentblößung" soll Privatheit bedeuten - ist das Selbst denn vor sich selbst versteckt? Und sollte dies faktisch zutreffen - wie kommt es denn zu solch einer Entfremdung? Entspricht es einem Selbst, zunächst und zumeist nicht es selbst zu sein? Kann sich ein Selbst entblößen, müßte es dazu nicht immer auch ein Nicht-Selbst sein?

Weiter gefragt: Gebührt Kultur, die Sennett gegen ein privates Leben ausspielt, tatsächlich so ohne weiteres der Vorrang? Freud analysierte Kultur als sublimierten Trieb, böse gesagt: als Scheinbefriedigung. Phänomenal ist Kultur ein Konglomerat natürlicher und künstlicher Techniken, die im "Prozeß der Zivilisation" (Norbert Elias) angewendet werden. Aber selbst im besten Sinne als vom Kulturbetrieb unterschiedene Sphäre des objektiven Geistes ist Kultur auch nach Hegel nicht das letzte Wort, sondern geht im absoluten Geist auf. Kultur kann jedenfalls keine Rechtfertigung sein für eine Welt, die täglich inhumaner wird. Sennett hat jedoch darin recht, daß Privatleben wesentlich unvollkommen ist und der Rückzug in dieses dem Eingeständnis eines halbierten Lebens gleichkommt. Im Privatleben ist zwar viel von dem verwirklicht, was ein Individuum ohne Angst als <u>sein</u> Leben wählen würde, aber die Dimension des Anderen, des Mitseins, der Gesellschaft fehlt.

Es gilt, das ganze menschliche Leben zurückzugewinnen. Wird Ethik nicht normativ aufgefaßt, sondern nach dem Vorbild Spinozas, Schopenhauers und Heideggers als Analyse der ontologischen Bedingungen der Humanität, dann wäre erst ein öffentliches Privatleben oder eine private Öffentlichkeit ethisch.

III. Öffentliche Privatheit als Perspektive politischer Ethik

Damit hat sich die anfängliche Problemstellung umgekehrt: Privatleben ist in der Tat ein ethisches Problem in der Computer-Gesellschaft, aber nicht die Informationstechnologie ruft die Schwierigkeiten hervor. Im Gegenteil, sie hilft uns vermutlich, erstmals unser authentisches Leben gegen seine geschichtliche Verzerrung zu erreichen. Denn: Alles, was Menschen tun, einzeln oder zusammen, kann offen zugänglich sein. Es gibt keinen sachlichen Anlaß, uns zu verbergen. Der entscheidende Vorteil der Informationstechnologie ist, daß unsere Dateien in den von ihnen abdeckbaren Feldern kein verzerrtes Bild des Lebens, sondern ein annähernd wahres wiedergeben. Dies ist keine positivistische Faktengläubigkeit, denn zugelassen sind in diesem Bild auch Meinungen, Stimmungen und Glaubensgewißheiten, wie sie einen Teil der Welt ausmachen. Im Sinne der Phänomenologie soll nicht vorentschieden werden, <u>wie</u> sich etwas von sich her für uns zeigt. Der natürliche Weltglaube, der immer schon zu wissen meint, was Realität ist und wie die Rangfolge der Phänomene zu verstehen sei, bleibt bei einer Computer-Simulation ausgeklammert. Interessen fälschen nicht länger die Datei-Eingabe, sondern sind selber Daten, nicht mehr, nicht weniger. (Von einem solchen sachgemäßen Umgang mit Computern sind wir allerdings noch weit entfernt.)

Es muß die Fülle oder die Leere selbst sein, die sich als Gegebenes zur Geltung bringt. Diese Öffnung zur interesselosen Einsicht in die Wirklichkeit, Wissen genannt, ist nicht zu überschätzen in einer Welt, die an ihrer Verkennung, an den falschen Gewichten und den systematisch verfälschten Daten zugrundezugehen droht. Wir können es bis heute nicht wagen, die Folgen unseres Tuns frei zuzulassen und schließen "ewige Gerechtigkeit" (Schopenhauer) aus, weil sie angeblich inhuman sei. Aber in Wahrheit wäre die Abschaffung übergeordneter Instanzen, die Sanktionen verhängen können und menschliche Gerechtigkeit produzieren, ein erster Schritt zur Humanität.

Unbestreitbar bleibt jedoch, daß die öffentliche Privatheit, solange es Herrschende gibt, nur zur Folge hat, daß wir alle bis in den letzten Winkel unserer Seelen gleichgeschaltet werden. Begründung und Legitimation der Herrschaft ist dabei gleichgültig, denn den sich eröffnenden Möglichkeiten wird auch der beste Herrscher nicht widerstehen können. Soll dies also heißen, den Staat abzuschaffen, die Moral auf den Müllhaufen der Geschichte zu werfen und Herrschaft überflüssig zu machen? Dies müßte ganz einfach sein, und jede neu geborene Generation kann zeigen, daß all die unveränderlich scheinenden Institutionen und Verhaltensmuster ein bloßer Albtraum sind. Der Mensch ist nach Hannah Arendt das Wesen, das beginnen kann. Wir sind stets fähig zum Anfang und frei, die Notwendigkeit unserer Natur als Techniker zu erfüllen. In gelingenden statt in mißlingenden Techniken zu existieren, ist uns immer möglich.

Aber wahr bleibt auch der skeptische Einwand, daß die Menschen seit Jahrtausenden vergeblich versuchen, human in der Weise zu leben, daß Brüderlichkeit die Herrschaft, Liebe den Neid, Friede die Aggression ablöst. Die Ethik der Bergpredigt sei politisch nicht praktikabel, sagen die Realisten zu recht. Aber ist Politik, diese grobe und gewalttätige Technik des Intersubjektiven, nicht längst obsolet geworden? Es gibt Veränderungen in der Grundschicht unseres Lebens, die jede geschichtliche Erfahrung außer Kraft setzen. Die innere Verfassung einer Computer-Gesellschaft bezeichnet seine solche wesentliche Veränderung, die uns zu anderen Menschen macht. Denn die Computer-Gesellschaft - und darin sind wir mit allen Kritikern einig - wäre von äußerster und sicherlich unerträglicher Inhumanität, bliebe der

Staat und die öffentliche Moral mit ihren Sanktionen bestehen.

Die inneren Kämpfe würden sich verschärfen, ein ständiger Bürgerkrieg und polizeistaatlicher Terror drohte auch in den Industriestaaten - El Salvador überall! Die Computer-Gesellschaft ist aber zugleich unvermeidlich und bringt uns so in eine letzte Krise. Es ist trotz aller metaphysischen Angst vor einer "Herrschaft der Maschine" durchaus einsichtig zu machen, daß die vom Staat an sich gezogenen und mit einem Herrschaftsanspruch verbundenen Dienstleistungen in einzelne technische Aufgaben aufgelöst werden und ohne Politik im klassischen Sinn gelöst werden können. Was uns berührt, läßt sich in direkter Demokratie verhandeln; die überregionale Zusammenarbeit kann als feed-back orientiertes System versachlicht werden. Das Recht auf Krieg hat sowieso niemand, und souverän kann nur eine Person sein, kein Staat. Weltwirtschaft, Welthandel, Weltökologie sind ein Bündel technologischer Fragen - jede andere Färbung verfehlte sie. Eine Computer-Gesellschaft, die weiter durch Hierarchie, Wertung, Sanktion organisiert wird, ist nicht realistisch, sondern nur die Vorhersage eines Fehlers, den die Menschheit nicht überleben wird.

Wird also die Abschaffung der Herrschaft des Menschen gefordert, sollen wir von einer "neutralen" Maschine regiert werden? Alle Affekte wehren sich gegen eine solche Vorstellung! Aber es geht überhaupt nicht um Macht. Der Computer ist human, ein Organ, nicht unser Werkzeug. Die Computer-Gesellschaft entläßt uns - in ihrer wahren Gestalt - aus der Angst. Wir brauchen uns nicht länger bedeckt zu halten. Der Mensch zeigt sich dann offen,wie sich alles in der Welt zeigt. Dies heißt nicht, daß der Mensch plötzlich gut würde. Sein Neid, seine Rachsucht, seine Schadenfreude bleiben erhalten, aber sie werden wirkungslos.

Freiheit ist nur auf die eigene Person beschränkt, gewährt keinerlei Übergriff auf das Leben anderer. Besonderheit wird in der Computer-Gesellschaft ethisch ernstgenommen. Nur im Vorbild, das freiwillig angenommen werden kann und das durch die psychologische Kritik hindurchgegangen sein wird, ist noch ein Rest von Einfluß erhalten. Die Informationen normieren nicht, sondern sind offen für die Fülle, den Wechsel und die Veränderlichkeit. Es besteht kein lebensweltlicher Anlaß festzuhalten, was gestern war, oder eine Zukunft einzuplanen, die neugierig erwartet werden kann. Allein unser Verlangen nach Sicherheit gefährdet uns, nicht deren scheinbare Abwesenheit.

IV. Zusammenfassung: Ethik der Computer-Gesellschaft

Öffentlich wie privat zu leben, lautet der Leitsatz der Ethik in der Computer-Gesellschaft. Dies bedeutet jedoch keinesfalls gezwungen zu sein, öffentlich zu leben, alle Fragen zu beantworten, die einem gestellt werden, oder anzuerkennen, daß irgendjemand sich zu recht auf den Standpunkt der Öffentlichkeit stellen darf. Privat wie öffentlich zu leben (der Satz ist umkehrbar), heißt im Gegenteil, keine Zweiteilung des Lebens zuzulassen, keine Sorge haben zu müssen vor Daten, die jemand über einen sammeln könnte, und daran festzuhalten, daß Personen nicht den Anspruch der Öffentlichkeit vertreten können. ("Öffentlich" sind nur intersubjektive Aufgaben.)

Die Ethik der Computer-Gesellschaft verwirklicht aber ebensowenig den hybriden Traum einer grenzenlosen Freiheit und eines schrankenlosen Sich-Auslebens. Widerstände sind, wie uns nicht zuletzt die Psychoanalyse gelehrt hat, entscheidend, um Persönlichkeit und Sprache zu entwickeln. Privatleben war sicher bisher solch ein Widerstand, gebildet an der Öffentlichkeit. Aber auch wenn dies wegfiele, bliebe die viel wichtigere Widerständigkeit der Dinge und der Lebenssituationen erhalten. Die Naturgesetze sind bloß ein Ausdruck davon, und das unaufhebbare Leiden ist stets gegenwärtig.

Den wirklichen Mangel, nicht den eingebildeten und selbstfabrizierten, gilt es zu erfahren. Ihn brauchen wir auch nicht zu verdrängen, denn seine Wahrheit spricht uns an. Heute haben wir künstliche Hindernisse und Ordnungen, die nur Surrogate sind, hinter denen die wirkliche Ordnung der Phänomene unkenntlich geworden ist.

In der Computer-Gesellschaft wollen wir also nicht im Paradies oder im Schlaraf-fenland leben, sondern in unserer authentischen Umwelt, mit unserer leiblichen Erfahrung der Gebrechlichkeit wie des Gelingens. Die Rückkehr zu natürlicheren Lebensformen ist davon nur ein Aspekt. Es gehört eine große kulturelle Anstrengung dazu, gewaltlos und ohne gesetzte Ordnungen zu leben.

Wir müssen uns dazu auch keineswegs den Begrenzungen anpassen, die uns der Computer aufzwingt, wie Weizenbaum befürchtet. Eine solche Sicht ist - ohne es zu wissen - den metaphysischen Kategorien von Herrschaft und Knechtschaft verpflich-tet und stellt bloß eine sich selbst erfüllende Prophezeiung dar. Die Computer-Wahrheit <u>differenziert</u> unsere Welterfassung - sie ist nicht alternativ dazu.

Informationen als "mitmenschliche Übermittlung von Bedeutungsgehalten" (R. Ca-purro) ist nicht die einzige Möglichkeit von Sprache. Auch wenn - wie jetzt im geplanten schwedischen "Rex"-System - die Dateien vom Strafregister bis zum Bankkonto zusammengeschaltet werden, müßte uns dies in keiner Weise als Person gefährden. Was die Register erfassen, bin ich doch überhaupt nicht. Und sollten Fernsehgewohnheiten, Krankheiten, berufliche Laufbahn und Wahlverhalten, um einige registrierbare Vorgänge zu nennen, tatsächlich schon die innere Verfassung eines Menschen ausdrücken, dann ist ein solch leerer Popanz nicht schutzwürdig.

Der freie Zugang zu Informationen über andere ist also nicht gleichbedeutend mit der Erfassung der Person. Alles, was wir neu erdenken, anders fühlen und in unserer privaten Sprache sagen, bleibt unvorhersehbar und gibt doch erst an, wer wir sind. Der Mensch ist die Fülle seiner Möglichkeiten, ein offener Horizont und ein "homo creator" (A.T. Tymieniecka). Was wir haben, ist gleichgültig, aber was wir nicht sind, läßt unser Leben humaner werden.

Daß uns die Informationstechnologie ethisch gefährlich zu sein scheint, liegt nicht an ihr, sondern an den übergeordneten Instanzen, deren Sanktionen wir zu fürchten haben. Der Versuch, die Aussichten der Informationstechnologie in Begriffen der Metaphysik wie Herrschaft, Geschichte, Moral zu beschreiben, ist von vornherein zum Scheitern verurteilt. Ein fundamentales Umdenken wird stattdessen nötig, wie es dem Ende der Metaphysik und einer Absage an jede Anthropozentrik entspricht. Privat wie öffentlich zu leben, ungeniert mit ruiniertem Ruf (wie Wilhelm Busch empfahl), ist nicht mit Herrschaft gleich welcher Erscheinungsform zu vereinbaren und wäre doch der Beginn eines ethischen Verhaltens in der Computer-Gesellschaft. Sartre hat in einem seiner letzten Texte ein solches Zsuammenleben gefordert: "Statt Geheimhaltung sollte jederzeit Offenheit herrschen, und ich kann mir gut den Tag vorstellen, an dem zwei Menschen keinerlei Geheimnisse mehr voreinander haben, weil sie vor niemandem mehr Geheimnisse haben werden, weil das subjektive Leben, genau wie das objektive Leben, völlig offen, eine Tatsache sein wird" (Sartre über Sartre. Reinbek 1977). Wir haben allen Anlaß, die ethische Herausforderung durch die heraufziehende Computer-Gesellschaft nicht mit einem Rückzug auf bekannte Positionen zu beantworten. Gefragt ist ein neuer Entwurf, der die Natur mit unserer Künstlichkeit versöhnt.

Namenregister

Strombach, W. 3, 10 f., 99, 110
Sturrock, J. 140
Sullivan, H. 93
Suppe, F. 79
Suppes, P. 94
Swanson, J. W. 128

Tarski, A. 127
Taschdjian, E. 93
Tauber, M. J. 11, 95, 207
Taylor, F. 180
Thum, B. 5, 10
Toffler, A. 149, 153 f.
Topitsch, E. 80
Trintscher, K. S. 93
Tucker, R. B. 32
Tuller, W. 93
Turing, A. M. 57, 62
Tversky, 171
Tymieniecka, A. T. 219

Ullman, J. R. 139
Unger, P. 127
Ursul, A. D. 95
Uttal, W. 139 f.

Van Steenberghen, F. 44
Vazquez 111

Walters, L. 208
Wartofsky, M. 33
Weaver, W. 79, 93 f., 99, 110, 117, 126
Weber, M. 95, 104 110
Weizenbaum, J. 106, 108, 110, 154, 160, 165,
　　198 f., 206 ff., 210 f., 218
Weizsäcker, C. F. von 6 f., 9, 11
Weizsäcker, E. von 95 f.
Wheeler, D. 191
Whitehead, A. N. 80
Wiener, N. 6, 28, 32, 93 f., 206
Wiesner, J. B. 154
Winckelmann, J. 110
Winner, L. 206
Winograd, T. 58
Witte, E. 95
Wittgenstein, L. 79 f., 96
Wittmann, W. 93
Wolkowski, J. 189
Worrall, J. 128
Wyatt, J. W. 32

Yankelovich, D. 154

Zemanek, H. 94
Zenkert, G. 138
Zimmerli, W. Ch. 30, 193
Zimmermann, M. 33

Sachregister